从零开始

数字图像处理的编程基础与应用

彭凌西 彭绍湖 唐春明 陈统 / 编著

人民邮电出版社
北京

图书在版编目（CIP）数据

从零开始 : 数字图像处理的编程基础与应用 / 彭凌西等编著. -- 北京 : 人民邮电出版社, 2022.4
ISBN 978-7-115-57955-3

Ⅰ. ①从… Ⅱ. ①彭… Ⅲ. ①数字图像处理 Ⅳ. ①TN911.73

中国版本图书馆CIP数据核字(2021)第235984号

内 容 提 要

本书主要介绍数字图像处理基础知识与基于 OpenCV 和 C++的图像编程技术的相关内容，旨在帮助读者尽快掌握数字图像理论知识和编程技术。

本书第 1 章主要介绍 OpenCV 基础；第 2 章主要介绍图像预处理；第 3 章主要介绍图像分割和数学形态学；第 4 章主要介绍特征提取与匹配；第 5 章主要介绍模板匹配与轮廓绘制；第 6 章主要介绍视频录制与目标追踪；第 7 章主要介绍三维重建；第 8 章主要介绍距离测量与角点检测；第 9 章主要介绍图像识别应用，涉及文字识别、二维码识别、人脸识别和车牌识别等内容；第 10 章主要介绍基于深度学习的图像应用。

书中通过近百个编程实例和项目，帮助读者掌握数字图像处理原理，并进一步掌握数字图像的编程技术。

本书不仅适合各类院校相关专业的学生使用，也适合对数字图像编程感兴趣，已有一定的 C++编程基础，但没有数字图像基础理论知识的读者阅读。

◆ 编　　著　彭凌西　彭绍湖　唐春明　陈　统
　责任编辑　张天怡
　责任印制　陈　犇

◆ 人民邮电出版社出版发行　　北京市丰台区成寿寺路 11 号
　邮编　100164　　电子邮件　315@ptpress.com.cn
　网址　https://www.ptpress.com.cn
　三河市祥达印刷包装有限公司印刷

◆ 开本：787×1092　1/16
　印张：19.75　　　　2022 年 4 月第 1 版
　字数：484 千字　　　2022 年 4 月河北第 1 次印刷

定价：79.90 元

读者服务热线：(010)81055410　印装质量热线：(010)81055316
反盗版热线：(010)81055315
广告经营许可证：京东市监广登字 20170147 号

序

PREFACE

“数字图像处理”是一门理论和实践紧密结合的课程，主要介绍通过计算机对数字图像去除噪声、增强、复原、分割和特征提取等处理原理、方法和技术。在该课程教学过程中，针对图像处理应用性较强的特点，可利用所学到的理论知识来解决实际的图像问题。

国务院在2017年7月印发了《新一代人工智能发展规划》，明确提出实施全民智能教育项目，逐步推广编程教育。“数字图像处理”课程具有教学内容较多、理论性偏强、缺乏数学基础难以理解和掌握、内容更新速度快、应用性强等特点，如何简明扼要、通俗易懂地讲解数字图像处理原理和技术，并与通用OpenCV库和C++结合，让读者高效、快速掌握数字图像处理编程技术的书籍和资料甚少。

本书较好地结合了编者在高校与企业多年的教学和研究经验，深入浅出地介绍了OpenCV基础、图像预处理、图像分割和数学形态学等内容，剖析数字图像处理在识别、视频录制与目标追踪等方面的典型案例，并给出全部已编译运行的源码、课件、大纲等资源，读者可事半功倍地掌握数字图像处理原理与基于OpenCV和C++的图像编程技术。

相信本书的出版会对想尽快掌握数字图像处理原理与基于OpenCV和C++的图像编程技术的读者与研究人员大有裨益，对编程教育和人工智能的发展起到很大的促进作用。同时也希望能够有更多的研究人员掌握数字图像编程技术，从事人工智能研究和教育工作，为推动我国新一代人工智能创新活动的蓬勃发展做出贡献。

张景中

教授　中国科学院院士

2022年1月

前言
FOREWORD

近年来，随着计算机技术和数学等基础学科的发展，以及军事、工业和医学等行业应用需求的急剧增长，数字图像处理（Digital Image Processing）技术得到了迅猛发展，已深入渗透到人类生活的各个领域，并得到越来越多的应用。

"数字图像处理"是一门理论和实践紧密结合的课程，具有很强的理论性和实用性，学生可掌握图像处理的理论、方法以及具体的应用技术。但是，"数字图像处理"课程涉及小波变换、高斯滤波、图像分割、图像特征提取等晦涩难懂的理论和概念，让初学者望而却步。另外，能简明扼要、通俗易懂地介绍数字图像处理基本原理和技术，并与数字图像处理领域首选的C++编程语言结合，让读者快速高效掌握数字图像处理编程方法的书籍和资料甚少。而本书采用数字图像处理中最为通用的OpenCV库，结合C++语言，对"数字图像处理"课程涉及的主要内容进行了通俗易懂和全面的讲解。与已有的图像处理和计算机视觉编程教材或书籍相比，本书具有以下特色。

- **通俗易懂，深入浅出。**

本书通过近百个编程实例和项目，详细的代码注释讲解和结果分析，简洁精练的语言，通俗易懂地介绍了数字图像处理领域的经典理论和算法，让难以理解的知识能够轻松被读者掌握，且内容深入浅出，让读者既能学习基础理论，又能提高应用所学知识分析解决问题的能力。本书的初稿完成后还请多位数字图像处理专家进行了审阅，多位教师试用，很多学生进行了编程实践操作。该书历经多年教学实践，反复修改，使其内容易懂、易教，可谓数年磨一剑。如果读者难以看懂书中的图像处理原理，建议先看图像处理效果。

- **重点突出，循序渐进。**

本书按照数字图像处理工程技术的编程思路，从OpenCV编程环境搭建入手，依次详细讲解了OpenCV基础，图像预处理，图像分割和数学形态学处理，最后对数字图像处理重点应用工程领域，如视频录制与目标追踪，三维重建，距离测量与角点检测，文字识别、二维码识别、人脸识别和车牌识别，基于深度学习的图像应用等进行了详细介绍。部分例子是研发实例的精简，这些例子没有一味追求实用和全面，而是重点讲解基本原理和操作，并添加了详尽的代码注释，以便读者快速掌握，同时又注意了可维护性和扩充性，可快速扩展到具体工程应用。

- **实例丰富，快速上手。**

书中在OpenCV基础部分，提供了9个编程实例；在图像预处理部分，提供了18个编程实例；在图像分割和数学形态学部分，提供了22个编程实例；在特征提取与匹配部分，提供了17个编程实例；在模板匹配与轮廓绘制部分，提供了3个编程实例；在视频录制与目标追踪部分，提供了4个编程实例；在三维重建部分，提供了8个编程实例；在距离测量与角点检测部分，提供了5个编程实例；在图像识别应用部分，提供了文字识别、二维码识别、人脸识别和车牌识别等8个编程实例；

在基于深度学习的图像应用部分，提供了3个编程实例。这些实例包含数字图像处理的基本原理和算法，也涉及数字图像处理的各个应用技术。

- **资源丰富，易学易教。**

本书QQ群（764353211）提供了在Qt 5.9 或VS 2019编程环境上编译通过的全部C++示例源码以及配套课件和大纲等资源。

本书第1、6章主要由梁志炜完成，第2章主要由李动员完成，第3章主要由彭绍湖和李动员完成，第4章主要由张一梵完成，第5章主要由彭凌西和唐春明完成，第7章主要由肖洪鑫完成，第8、10章主要由关喜荣完成，第9章主要由黄明龙、关喜荣完成，附录主要由陈统完成。彭凌西和关喜荣还对所有章节进行了修改，对部分章节进行了内容扩充，为本书做了较大贡献。

本书在编写过程中，得到了很多专家、教师、企业人员和学生的大力支持与帮助。胡晓、肖忠、林锦辉、柯子颜、罗雪冰等众多老师和学生对全书进行了试读与校稿，并提出许多宝贵的意见，让本书通俗易懂，从而达到提高学习效率的效果。他们认真、细致的工作让我感动。本书还得到数据恢复四川省重点实验室、广州大学研究生优秀教材建设项目和教务处的大力支持，受到国家自然科学基金项目（12171114、61772147和61100150）、广东省自然科学基金基础研究重大培育项目（2015A030308016）、国家密码管理局“十三五”国家密码发展基金项目（MMJJ20170117）、广州市教育局协同创新重大项目（1201610005）、密码科学技术国家重点实验室开放课题项目（MMK-FKT201913）的资助，并得到深圳市创科视觉技术有限公司、深圳越疆科技有限公司、广东轩辕网络科技股份有限公司和广州粤嵌通信科技股份有限公司等的竭诚帮助。

读者有任何意见或反馈，请联系关喜荣：836030680@qq.com，彭凌西：flyingday@139.com。

感谢可爱的女儿，你们的天真和可爱让一切忧愁与烦恼烟消云散。最后与读者分享编者在多年计算机教学、研究过程中的三点体会。

- 改变人生，从编程开始！
- 一个优秀的程序员成就于勤奋；一个程序员人生最大的满足，莫过于自己的代码被他人运行或复用。
- 忘却名利，做自己喜欢而又有利于社会的事情，这就是人生最大的幸福。

彭凌西

2022年1月于广州大学城

第 1 章

OpenCV 基础

OpenCV 是一个跨平台的计算机视觉和机器学习软件库，可运行在 Linux、Windows、Android 和 macOS 等操作系统上，虽然是轻量级的，但特别高效。它由一系列 C 语言函数和少量 C++ 类构成，目前实现了很多图像处理和计算机视觉方面的通用算法，并且提供了 C 语言、C++、Python、Ruby、MATLAB 等多种语言的接口。由于 OpenCV 的应用领域非常广泛，例如人机互动、图像分割识别、运动分析追踪、机器视觉等，所以它一直都很受欢迎，被广泛运用于各行各业，从互动艺术、矿山检查、网络地图到先进的机器人技术都有 OpenCV 的身影。

本章主要内容和学习目标如下。

- OpenCV 简介
- OpenCV 编程环境搭建
- Mat 图像存储容器
- 图像读取与保存
- 视频读取与输出
- 图像属性与基本图形绘制
- 计算机交互

1.1 OpenCV 简介

OpenCV（Open Source Computer Vision Library）是一个开源的计算机视觉和机器学习软件库。OpenCV 旨在为计算机视觉应用提供通用基础设施，并加速商业产品中机器感知技术的使用。作为伯克利软件套件（Berkeley Software Distribution，BSD）许可产品，OpenCV 允许企业利用和修改其代码。该库拥有超过 2500 种优化算法，其中包括一套全面的经典算法，以及十分先进的计算机视觉和机器学习算法。这些算法可用于检测和识别面部，识别物体，对视频中的人体动作进行分类，追踪相机移动，追踪移动物体，提取物体的 3D 模型，从立体相机生成 3D 点云，将图像拼接在一起以产生高分辨率的整个场景图像，从图像数据库中找到相似的图像，从使用闪光灯拍摄的图像中移除红眼，追踪眼睛运动，识别风景并建立标记以用增强现实覆盖等。

OpenCV 具有 C++、Python、Java 和 MATLAB 等多种语言接口，并支持 Windows、Linux、Android 和 macOS 等操作系统。OpenCV 主要倾向于实时视觉应用。OpenCV 本身是用 C/C++ 编写的，具有模板化的接口，可以与标准模板库（Standard Template Library，STL）容器无缝协作。

1.2 OpenCV 编程环境搭建

本书使用的编程语言为 C++，编程环境可为 Visual Studio 或 Qt，读者可根据自己的偏好搭建相应的编程环境，例如使用“Visual Studio 2019 + OpenCV 4.4”，或者“Qt + OpenCV 4.4”。下面将详细介绍软件环境搭建方法。

· 1.2.1 Visual Studio 2019 安装

Visual Studio 2019（VS 2019）安装包可直接在 Visual Studio 官方网站下载，下载页面如图 1-1 所示。

图 1-1 VS 2019 下载页面

下载 VS 2019 安装包后，双击打开安装包开始安装，安装页面如图 1-2 所示。

图 1-2　VS 2019 安装页面

单击“继续”按钮，选择“Visual Studio Community 2019”选项，单击“安装”按钮。安装组件选择“使用 C++ 的桌面开发”，如图 1-3 所示。设置 VS 2019 安装路径为 D:\VS，并对下载缓存进行设置，如图 1-4 所示。

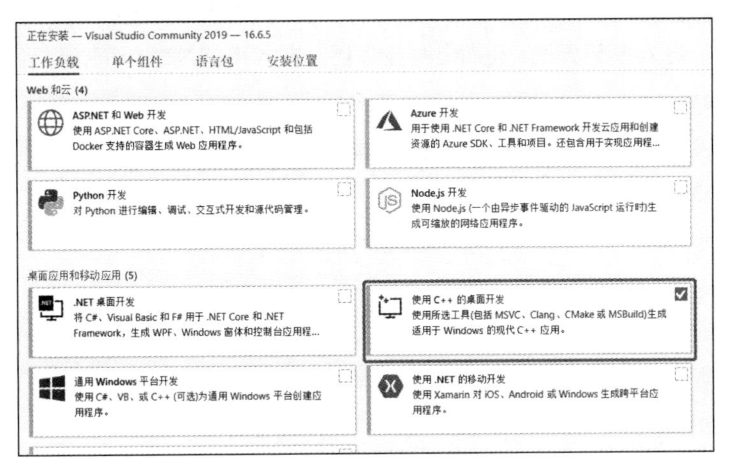

图 1-3　开发组件的选择

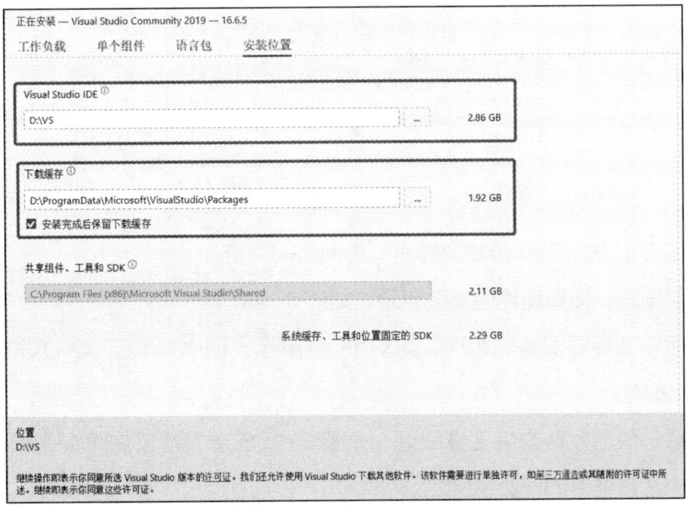

图 1-4　VS 2019 安装位置

单击“安装”按钮，如图 1-5 所示，下载时间较长，请耐心等待，下载安装完成后重启计算机即可使用 VS 2019。

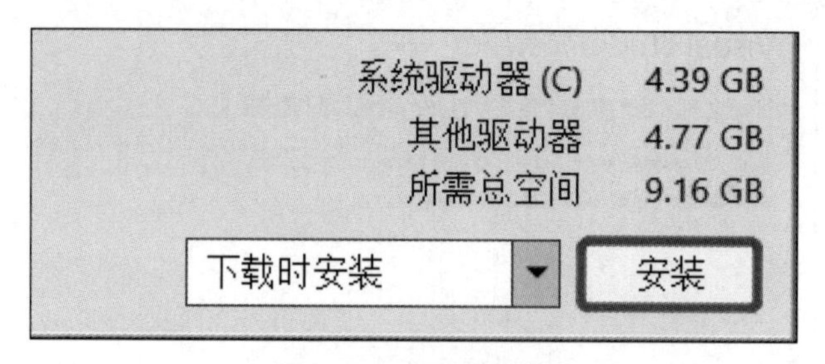

图 1-5　开始下载安装

1.2.2　Qt 安装

Qt 是一个跨平台的 C++ 开发库，主要用来开发图形用户界面（Graphical User Interface，GUI）程序，当然也可以开发不带界面的命令行用户交互（Command User Interface，CUI）程序。本书将使用 Qt 来编写程序。本书使用的 Qt 版本号为 5.9.9，系统环境为 Windows 10。

打开 Qt 官网，进入下载界面，选择 5.9 版本后，进入下载地址界面，找到 qt-opensource-windows-x86-5.9.9.exe 安装包下载即可，如图 1-6 所示。

安装向导如图 1-7 所示。本书中 Qt 的安装目录为 D:\QT，Qt 代码存放路径为 D:\QTCode（例如第 1 章的代码，Qt 代码路径为 D:\QTCode\1），图像路径统一为 D:\images。

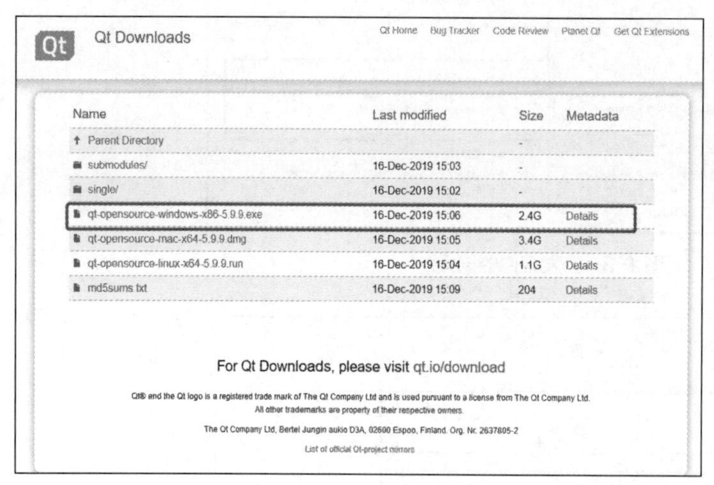

图 1-6　下载 Qt

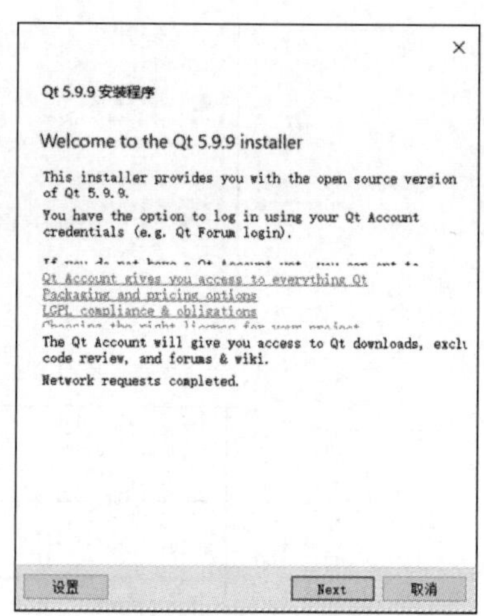

图 1-7　安装 Qt 向导

单击“Next”按钮，进入下一步欢迎界面，如图 1-8 所示。

单击“下一步”按钮，选择具体的安装目录，如图 1-9 所示。

选择安装目录后，选择要安装的组件，如图 1-10 所示。图中勾选了 32 位选项，64 位计算机建议勾选第二个 64 位选项。

选择安装组件后，使用默认安装工具即可，如图 1-11 所示。建议在图 1-10 和图 1-11 中同时勾选 MinGW 编译器（注意选 64 位或 32 位）。

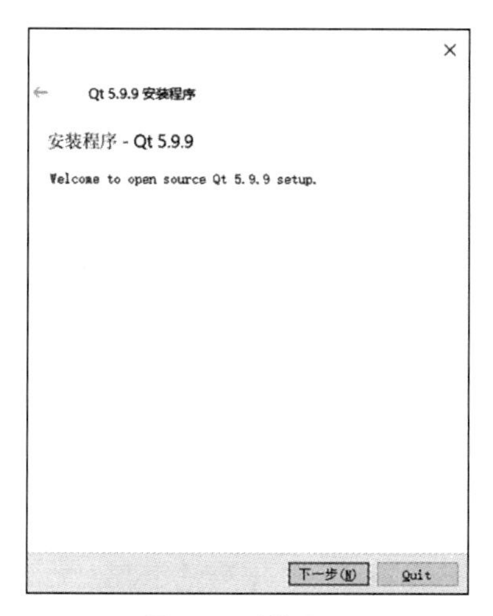

图 1-8　欢迎界面

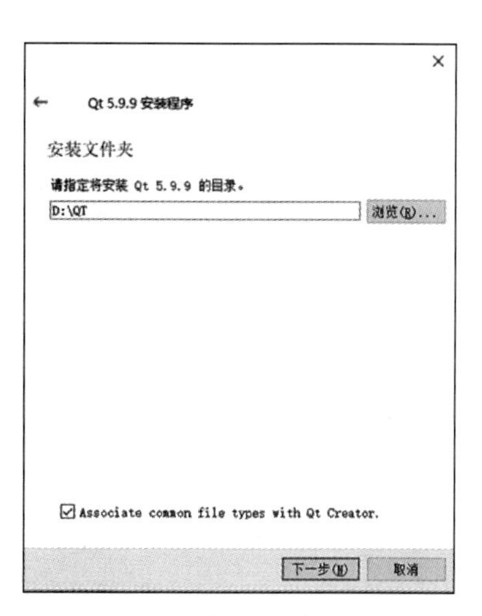

图 1-9　自定义安装目录

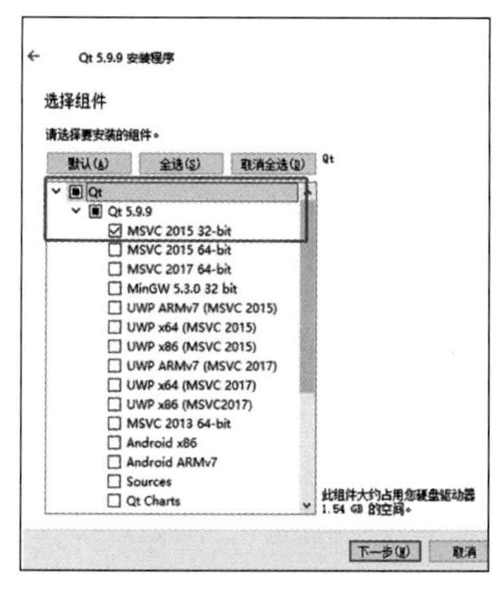

图 1-10　选择安装组件

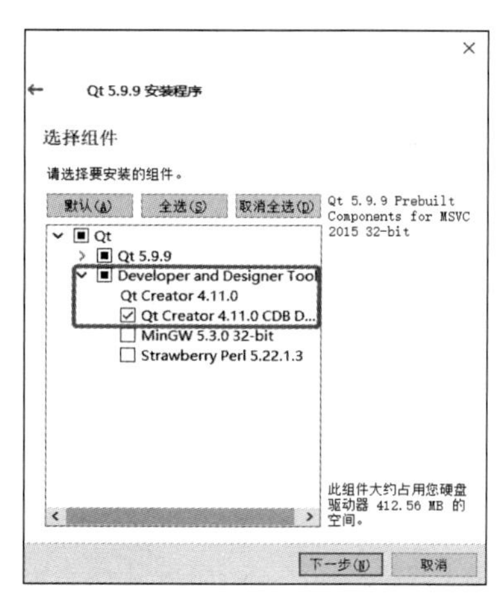

图 1-11　默认安装工具

同意许可协议如图 1-12 所示。

单击“下一步”按钮开始安装，安装完成后如图 1-13 所示，Qt Creator 启动页面如图 1-14 所示。

图 1-12　同意许可协议

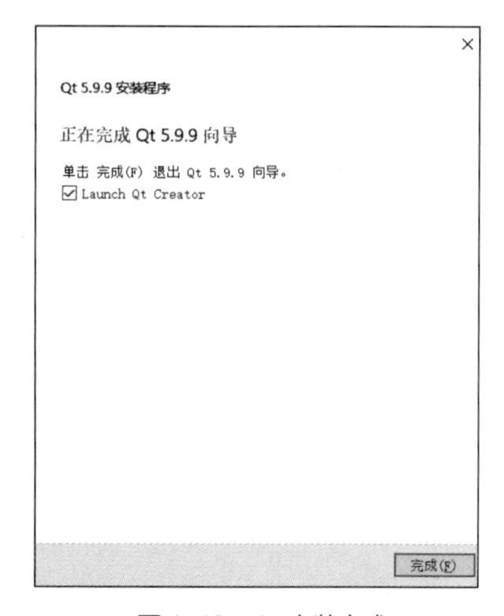

图 1-13　Qt 安装完成

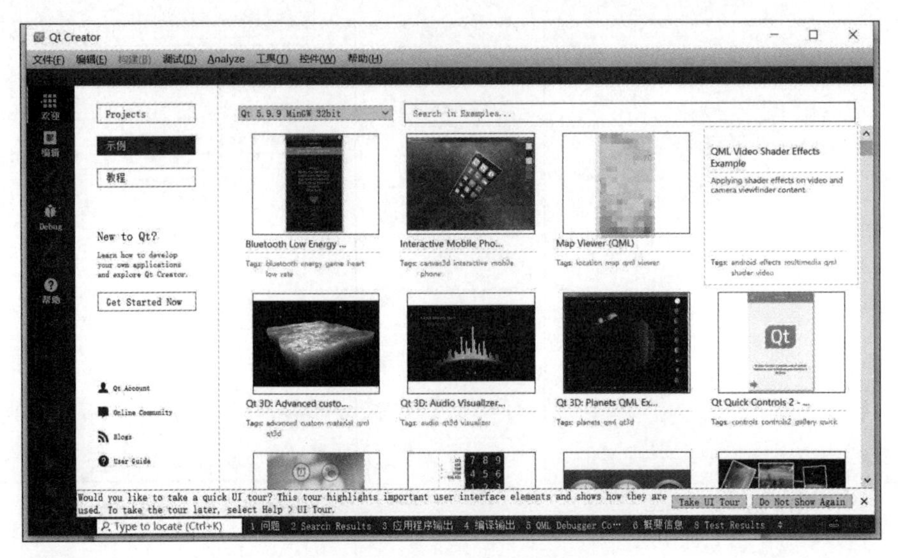

图 1-14　Qt Creator 启动页面

Qt 在统信 Unity Operating System（UOS）上面的安装比较简单，在统信 UOS 的桌面单击鼠标右键并选择“在终端中打开”，打开 UOS 的命令行终端，在命令行终端输入如下安装命令即可完成 Qt 的安装。

```
$ sudo apt-get install qt5-default qtcreator
```

输入命令后，sudo（类似于 Windows 的添加 / 删除程序）自动从网络下载所需的包，例如开发工具 Qt Creator，编译器 QMake，帮助文档，开发样例，等等，下载时输入字母 y 确认下载即可。

· 1.2.3　OpenCV Release 版本安装

OpenCV 4.4 安装包可直接在官网下载。OpenCV 包括 Release（发行）版和 Debug（调试）版，对于初学者来说，直接下载源码编译比较困难，可以下载 Release 版配置后运行。本书附录 2 给出了 OpenCV 4.4 源码和 opencv_contrib 模块的编译配置过程。

这里首先介绍 Release 版的安装配置过程。下载 Release 版后（约 203 兆字节，安装包名为 opencv-4.4.0-vc14_vc15.exe），双击打开安装包，指定解压缩目录为 D:\OpenCV，如图 1-15 所示。

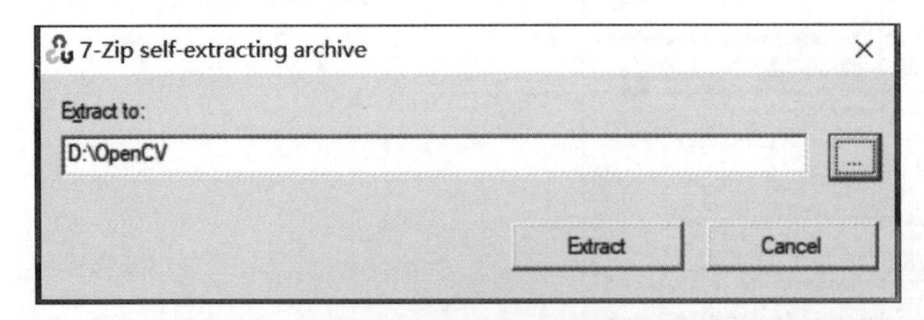

图 1-15　指定解压缩目录

· 1.2.4　VS 2019 中 OpenCV 4.4 环境的配置

在 VS 2019 中配置 OpenCV 4.4 的具体过程如下。

（1）右击“此电脑”图标，选择“属性”命令进入系统窗口。选择左侧的“高级系统设置”选项，打开“系统属性”对话框，选择“高级”选项卡，然后在最下方单击“环境变量”按钮。在系统变量 Path 中添加以下路径。

D:\OpenCV\opencv\build\x64\vc15\bin

注意在前面变量前添加“；”，以便与另外一个路径分开。

（2）设置 VS 环境变量。

新建 VS 空项目 HelloCV，并设置项目为 Debug x64 模式（若需设置 Release 模式，则设置项目为 Release x64。建议设置两种模式），如图 1-16 所示。

图 1-16　设置 Debug x64 模式

（3）添加属性表。

单击“视图”菜单，然后选择“其他窗口”命令，选择“属性管理器”子命令，打开“属性管理器”面板。在“属性管理器”面板的 Debug | x64 文件夹中添加新项目属性表，命名为 OpenCV440Debug，如图 1-17 所示。

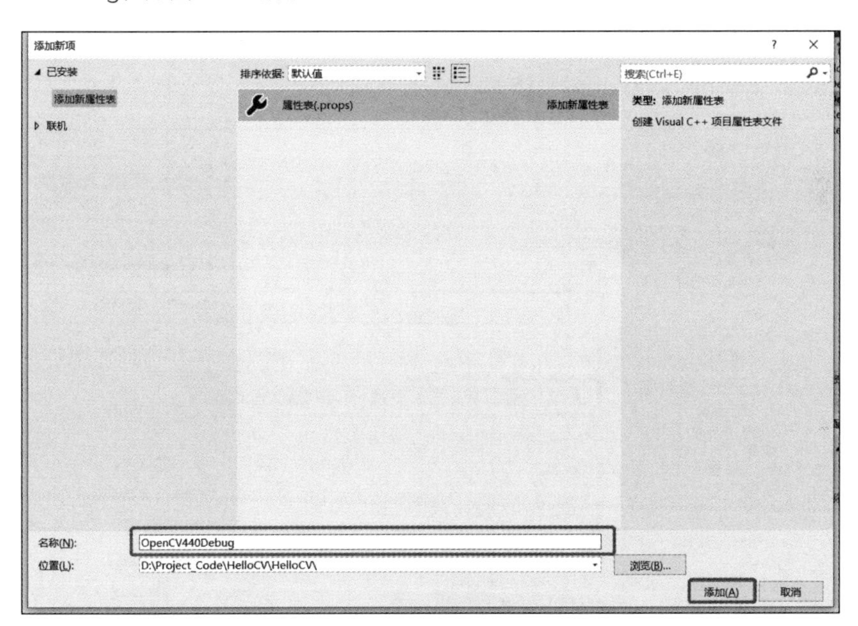

图 1-17　添加属性表

（4）编辑属性表。

在 OpenCV440Debug 属性表上右击，在弹出的快捷菜单中选择“属性”命令，对该属性表进行编辑，具体步骤如下。

①选择左侧“通用属性”目录下的“VC++ 目录”选项，在右侧“常规”列表中选择“包含目录”选项，在弹出的“包含目录”对话框中单击“添加”按钮，添加以下目录，然后单击“确定”按钮，

如图 1-18 所示。

D:\OpenCV\opencv\build\include

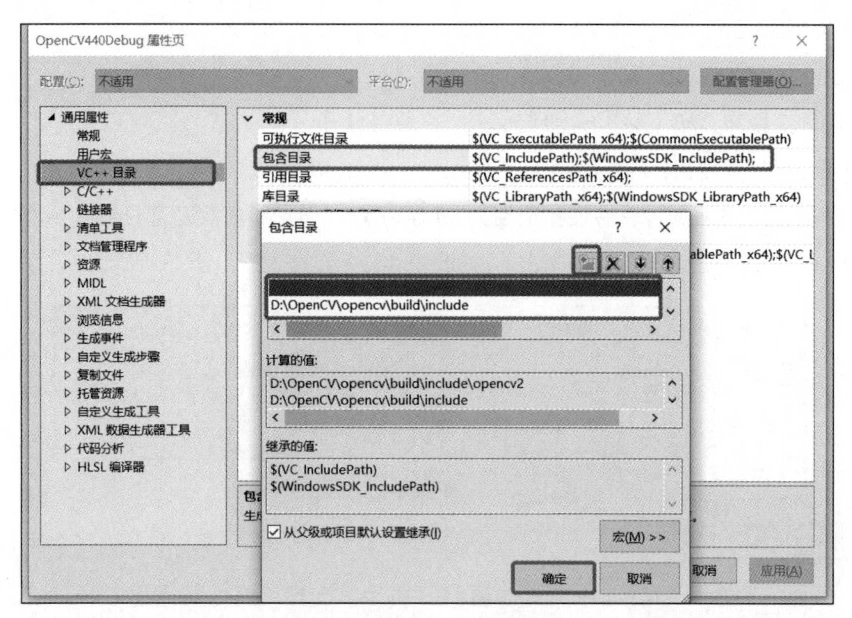

图 1-18　添加“包含目录”

②在“常规”列表中选择“库目录”选项，在弹出的“库目录”对话框中添加以下目录，然后单击“确定”按钮，如图 1-19 所示。

D:\OpenCV\opencv\build\x64\vc15\lib

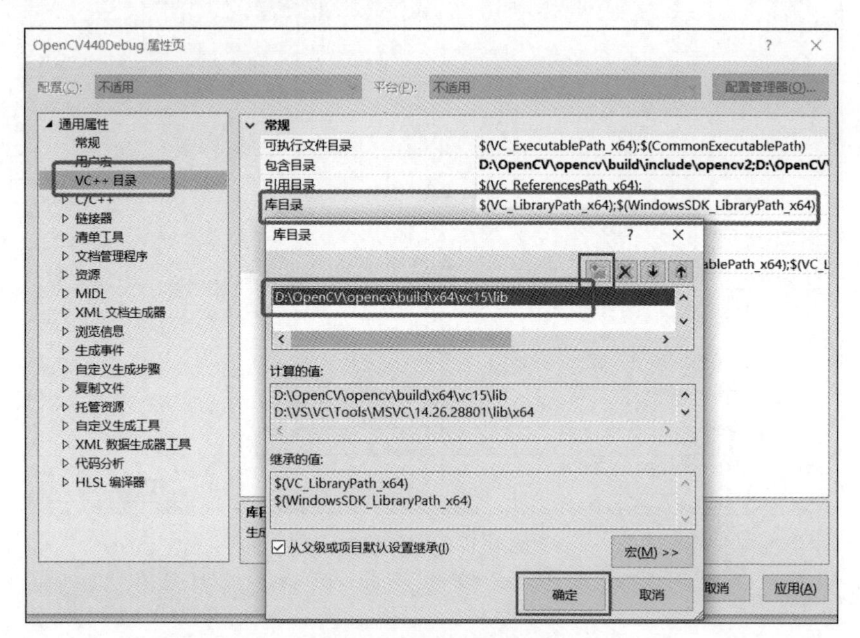

图 1-19　添加“库目录”

③选择左侧“通用属性”目录下的“链接器”选项，选择其下方的“输入”子选项，在右侧“附加依赖项”中添加以下文件，如图 1-20 所示。

opencv_world440d.lib

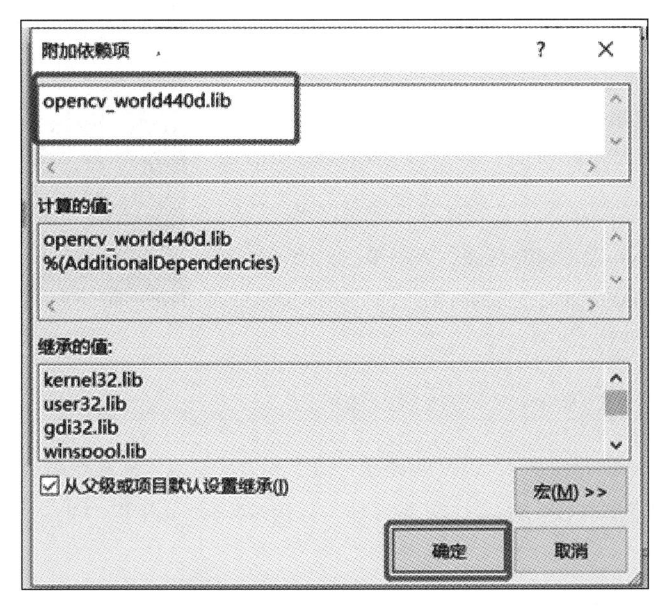

图 1-20 添加“附加依赖项”

opencv_world440d.lib 文件名中的最后一个字母“d”表示 VS 生成解决方案为 Debug 模式。如果为 VS 中设置 Release 模式，注意去掉该字母。

（5）确认更改，退出属性编辑器。

（6）进行测试（此处代码暂时不予解释，将在 1.3 节介绍）。

编辑测试代码源 .cpp 文件，内容如下。

```
#include <iostream>
#include <opencv2/core.hpp>
#include <opencv2/imgcodecs.hpp>
#include <opencv2/highgui.hpp>
using namespace std;
using namespace cv;
int main(int argc,char** argv)
{
    String imageName("touxiang.jpg"); // 默认文件
    if (argc > 1)
      imageName = argv[1];
    Mat image = imread(samples::findFile(imageName), IMREAD_COLOR); // 读取文件
    if (image.empty()) { // 检查无效输入
      cout << "Could not open or find the image"<< endl;
      return -1;// 依次处理
    }
    namedWindow("Display window", WINDOW_AUTOSIZE); // 新建一个显示窗口，默认图像大小
    imshow("Display window", image);              // 在窗口中显示图像
    waitKey(0);  // 无限等待，直到有按键被按下结束
    return 0;
}
```

注意：将图像文件 touxiang.jpg 放到源 .cpp 文件所在的目录下，程序运行结果如图 1-21 所示。

那么，是否每次新建项目都需要配置属性表呢？其实并不需要，有下面两种方法可以使用。

方法一：将此项目作为一个模板，以后新建项目时都复制此项目，在其基础上进行编辑。

方法二：此项目创建好之后，会在项目根目录下形成OpenCV440Debug.props 文件，将此文件复制出来，放到一个固定目录下，以后新建项目时在属性表里单击“添加现有属性表”按钮，导入该文件即可。

图1-21　程序运行结果

1.2.5　Qt 5.9.9 中 OpenCV 4.4 环境的搭建

编译Qt程序常用MinGW和MSCV编译器。由于MinGW编译器需要用CMake重新编译源码，操作起来较为烦琐，因此本书采用 MSCV 编译器，且通过配置 Qt 工程中的 .pro 文件添加 OpenCV 的库文件和头文件。搭建过程如下。

（1）打开 Qt Creator，新建 C++ 项目，如图 1-22 所示。

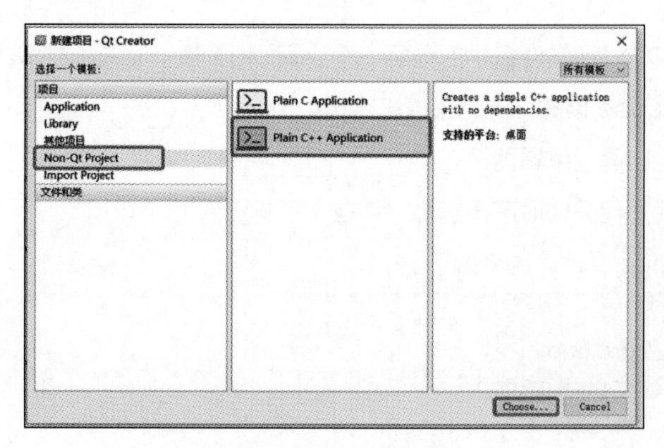

图1-22　新建 C++ 项目

（2）设置项目名称、路径，如图 1-23 所示。

注意，Qt 代码路径统一为 D:\QTCode，第 1 章的程序和代码对应的 Qt 代码路径为 D:\QTCode\1。

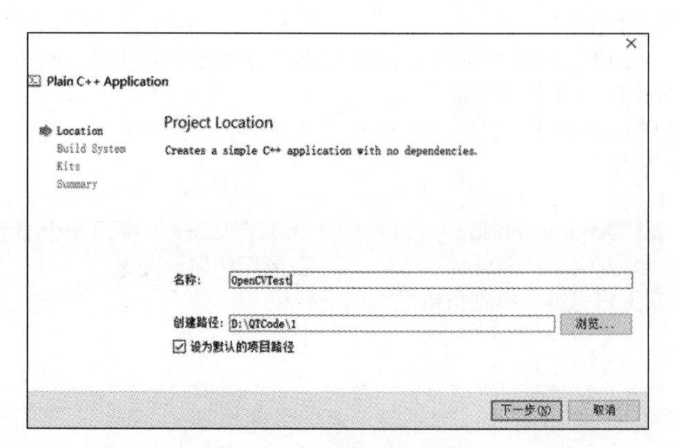

图1-23　项目名称、路径

（3）选择编译器。这里可选的编译器有 QMake、CMake 等，默认使用 Qt 自带的 QMake 编译工具。

（4）工程配套选择“Desktop Qt 5.9.9 MSVC2015 32bit”（应与图 1-10 选择的组件对应），如图 1-24 所示。

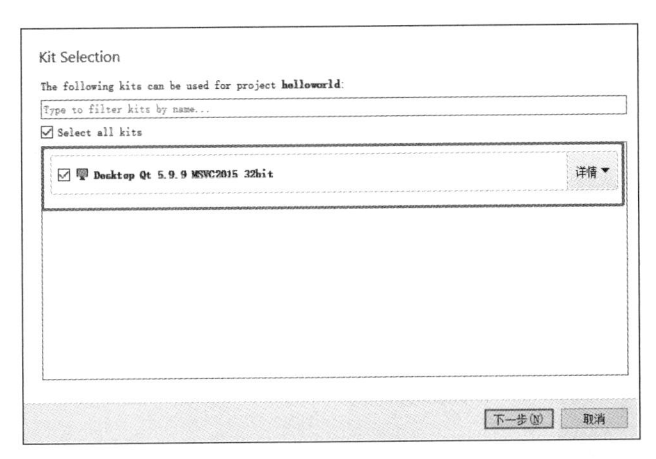

图 1-24 工程配套选择

（5）不需要配置工程管理则此处保持默认设置，单击“完成”按钮，如图 1-25 所示。

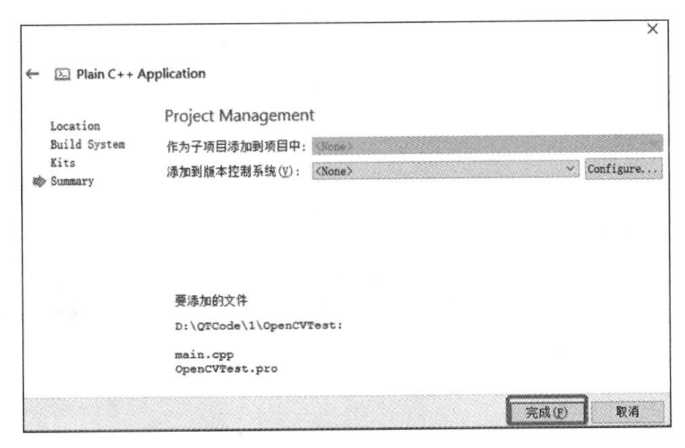

图 1-25 工程管理

（6）项目创建完成后可以看到项目目录和文件，如图 1-26 所示。

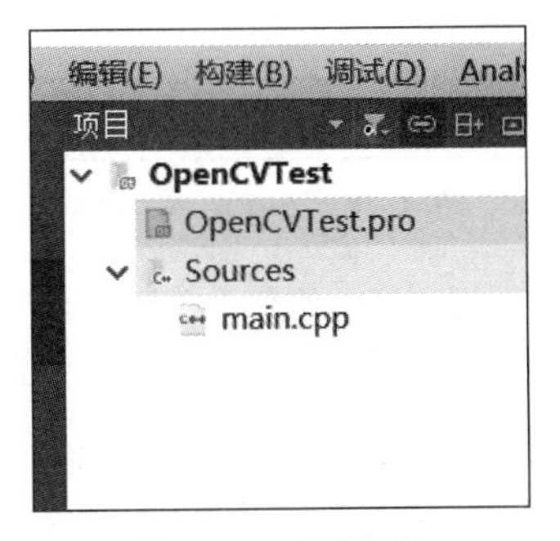

图 1-26 项目目录

第一次构建 Qt 项目时可能会出现文件不属于项目的警告提示，如图 1-27 所示。

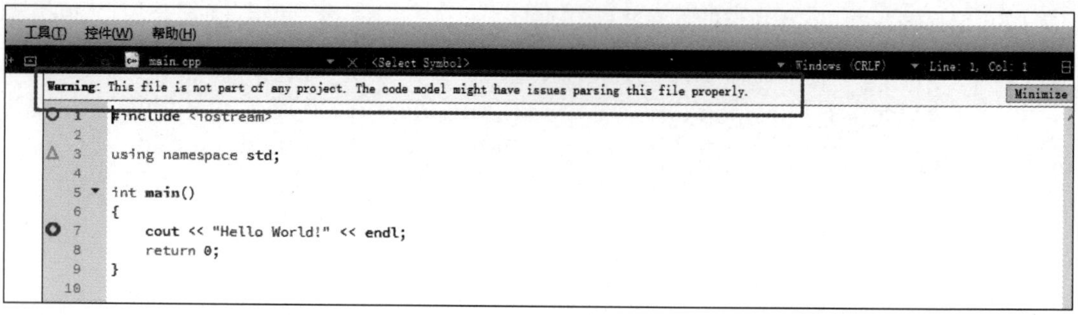

```
Warning: This file is not part of any project. The code model might have issues parsing this file properly.
#include <iostream>

using namespace std;

int main()
{
    cout << "Hello World!" << endl;
    return 0;
}
```

图 1-27　警告提示

单击左侧的项目，配置项目模式，如图 1-28 所示。进入项目模式后，可以看到项目配置窗口，如图 1-29 所示。

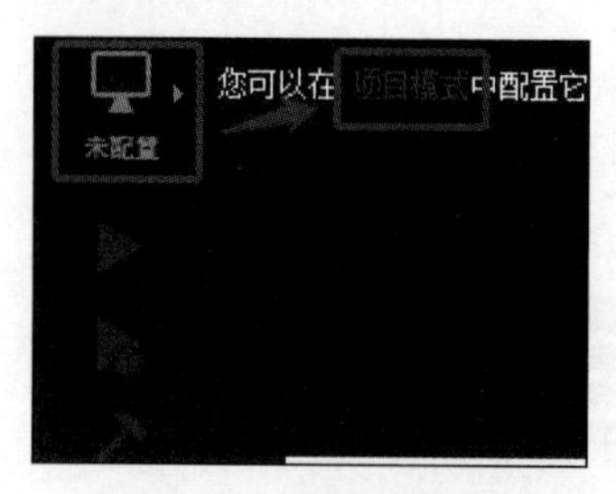

图 1-28　配置项目模式

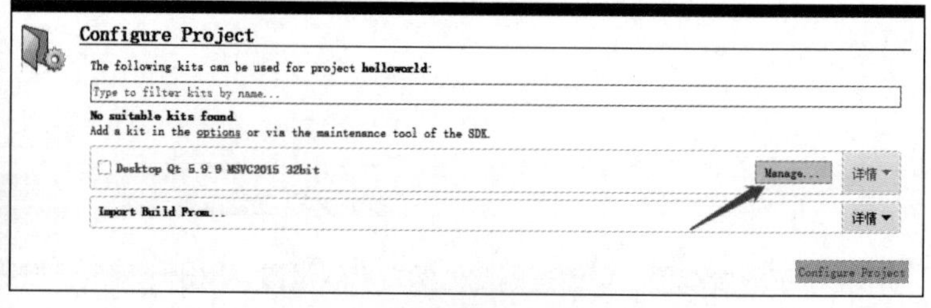

图 1-29　项目配置窗口

单击“Manage...”按钮，配置编译工具（应与图 1-10 中对应），如图 1-30 所示。

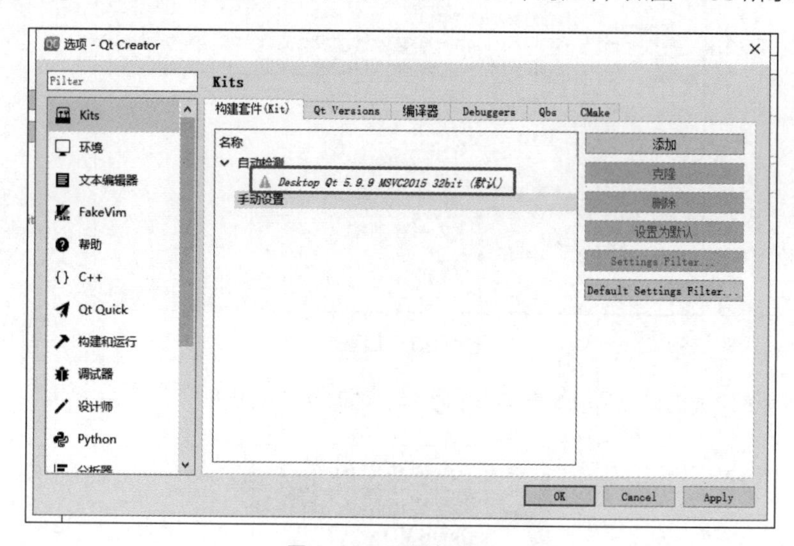

图 1-30　配置编译工具

按图 1-31 所示，务必在这一步选择正确的组件，否则后续构建时会出现错误，注意 x86（代表 32 位）与 64 位计算机不兼容。

选择正确的 C++ 编译器 Microsoft Visual C++ Compiler 16.6.30320.27(amd64) 即可，不需要配置 C 语言编译器（本书使用 C++ 进行开发），如图 1-32 所示。

至此，问题得到解决。

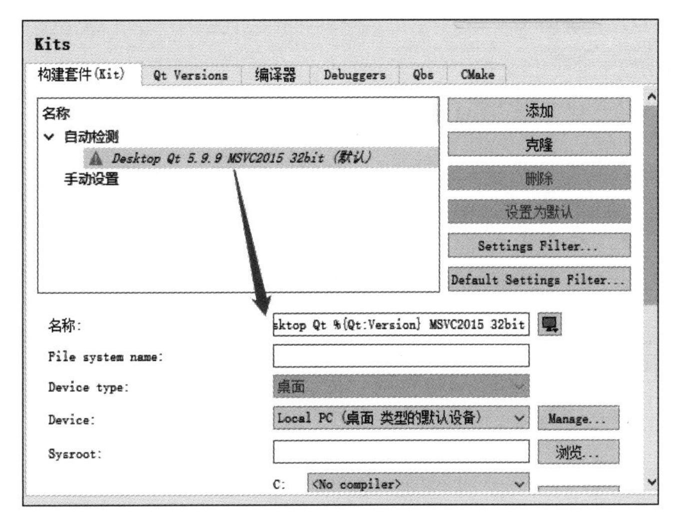

图1-31 Kits 配置

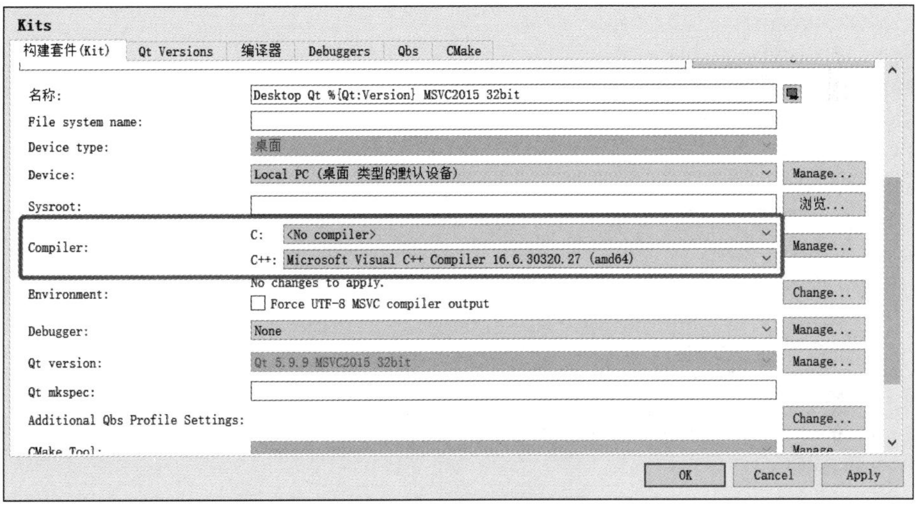

图1-32 选择 C++ 编译器

（7）双击 OpenCVTest.pro 文件进行编辑，添加如下 OpenCV 配置。

添加 OpenCV 的头文件和库文件，头文件只需要添加所在路径即可，库文件则需要提供库文件的所在路径，以及编译的时候链接到哪一个库文件，如图 1-33 所示。

```
# 导入头文件
INCLUDEPATH+=D:/OpenCV/opencv/build/include
INCLUDEPATH+=D:/OpenCV/opencv/build/include/opencv2
# 导入库文件
win32:CONFIG(debug, debug|release): {
LIBS+=-LD:/OpenCV/opencv/build/x64/vc14/lib\
-lopencv_world440d
}
else{
LIBS+=-LD:/OpenCV/opencv/build/x64/vc14/lib\
-lopencv_world440
}
```

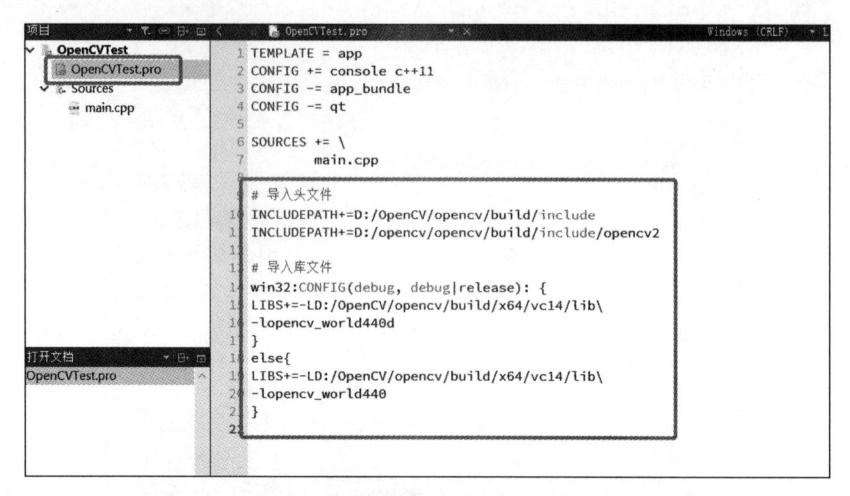

图 1-33　在 .pro 文件中添加 OpenCV 的头文件和库文件

（8）编写测试程序 main.cpp 文件，具体内容如下。

```
#include<iostream>
#include<opencv2/core.hpp>
#include<opencv2/imgcodecs.hpp>
#include<opencv2/highgui.hpp>
using namespace std;
using namespace cv;
int main(int argc,char** argv)
{
    String imageName("D:/images/touxiang.jpg"); // 默认文件路径
    if (argc > 1)
      imageName = argv[1];
    Mat image = imread(samples::findFile(imageName), IMREAD_COLOR); // 读取文件
    if (image.empty()) {  // 检查输入文件
      cout << "Could not open or find the image"<< endl;
      return -1;
    }
    namedWindow("Display window", WINDOW_AUTOSIZE); // 创建窗口显示
    imshow("Display window", image);                // 显示图像
    waitKey(0);  // 等待键盘事件

    return 0;
}
```

注意：图像路径统一为 D:\images，在该目录下放置图像 touxiang.jpg，如图 1-34 所示。

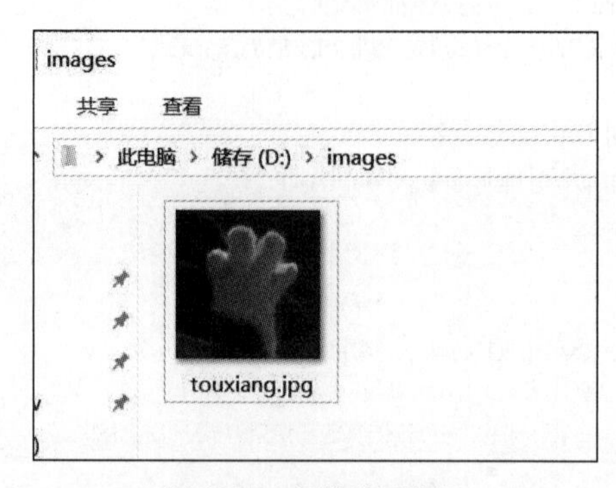

图 1-34　图像放置路径

（9）对工程进行 QMake 编译。将鼠标指针移动到左侧的工程名上右击，在弹出的快捷菜单中选择“qmake”命令进行 QMake 编译。QMake 编译根据实际环境创建项目文件 .pro，生成适当的 Makefile 文件。这个步骤如果不执行，后面无法编译运行。

如果状态栏下方的“编译输出”窗口没有出现异常错误提示，则表示编译通过，如图 1-35 所示。

```
编译输出                                    Filter
20:33:17: 正在启动 "D:\QT\Tools\QtCreator\bin\jom.exe" -f D:/QTCode/1/b
Desktop_Qt_5_9_9_MSVC2015_32bit-Debug/Makefile qmake_all


jom 1.1.3 - empower your cores

20:33:17: 进程"D:\QT\Tools\QtCreator\bin\jom.exe"正常退出。
20:33:17: Elapsed time: 00:00.
```

图 1-35　编译程序

（10）QMake 编译通过之后，将鼠标指针移动到左侧的工程名上右击，在弹出的快捷菜单中选择“构建”命令。同样，此时下方的“编译输出”窗口没有出现异常错误提示，则表示编译通过，此时才生成可执行的 .exe 文件，如图 1-36 所示。

```
编译输出                                    Filter
        D:\QT\Tools\QtCreator\bin\jom.exe -f Makefile.Debug
        cl -c -nologo -Zc:wchar_t -FS -Zc:strictStrings -Zi -MDd -W3 -w44456 -w44457 -
w44458 /Fddebug\test.vc.pdb -DUNICODE -D_UNICODE -DWIN32 -DWIN64 -DQT_QML_DEBUG -I..\test
-I. -I..\..\..\OpenCV\opencv\build\include -I..\..\..\opencv\opencv\build\include\opencv2
-I..\..\..\QT\5.9.9\msvc2015_64\mkspecs\win32-msvc -Fodebug\ @C:
\Users\LZW\AppData\Local\Temp\main.obj.8944.0.jom
main.c
        link /NOLOGO /DYNAMICBASE /NXCOMPAT /DEBUG /SUBSYSTEM:CONSOLE "/
MANIFESTDEPENDENCY:type='win32' name='Microsoft.Windows.Common-Controls' version='6.0.0.0'
publicKeyToken='6595b64144ccf1df' language='*' processorArchitecture='*'" /MANIFEST:embed
/OUT:debug\test.exe @C:\Users\LZW\AppData\Local\Temp\test.exe.8944.640.jom
20:41:29: 进程"D:\QT\Tools\QtCreator\bin\jom.exe"正常退出。
20:41:29: Elapsed time: 00:01.
```

图 1-36　构建项目

（11）编译生成 .exe 文件之后，可以单击 Qt Creator 窗口左下方的三角形按钮，运行编译通过的测试程序，如图 1-37 所示。

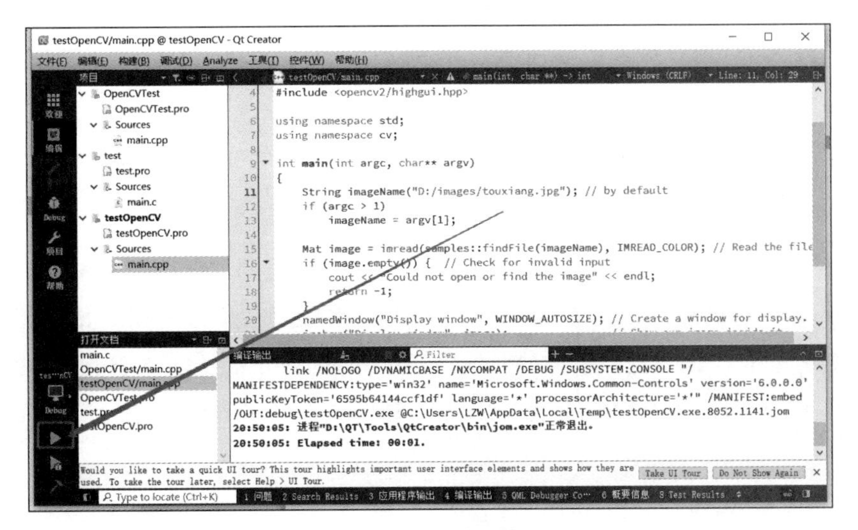

图 1-37　运行程序

（12）程序运行结果如图 1-38 所示。

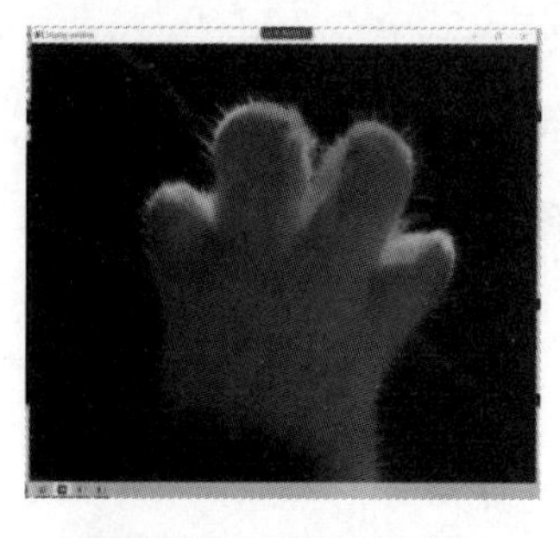

图 1-38　程序运行结果

在 Qt 中编译运行的顺序为先执行 QMake，然后构建，最后运行。

这里需要特别注意的一点是，OpenCV 基础模块的 Release 版安装完成后，可以满足大多数初学人员的正常使用需要，但有很多非常实用的功能并没有被集成在基础模块中，而是被放在被称为 opencv_contrib 的扩展模块中，例如人脸识别、生物视觉、特征点提取等众多非常强大的功能。扩展模块是对基础模块功能的补充，欲了解 OpenCV 4.4 源码和 opencv_contrib 模块的编译与安装，请参考本书附录 2。

1.3 Mat 图像存储容器

人们从现实世界中获取数字图像的途径有数码相机、扫描仪、计算机断层扫描和核磁共振成像等。在任何情况下，人眼所看到的都是图像。然而，实际上数字设备记录的是图像中每个点的数值，如图 1-39 所示。

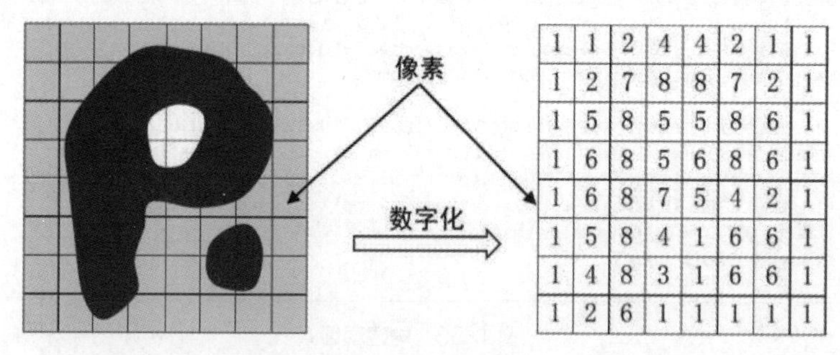

图 1-39　图像表示

可以看到，在上述图像中，图像的成像只不过是一个包含所有像素点强度值的矩阵。获取和存储像素值的方法可能会根据不同的需要而有所不同，但最终，计算机世界里的所有图像都可以简化为数值矩阵信息。OpenCV 是一个计算机视觉库，可以帮助我们处理和操纵这些信息。因此，读者需要熟悉的第一件事是 OpenCV 如何存储和处理图像。

· 1.3.1　Mat 容器简介

Mat 容器是早期（2001 年）OpenCV 基于 C 语言接口建立的。为了在内存中存放图像，当时采用的是 IplImage C 语言结构体。然而，采用这种方法用户必须接受 C 语言所有的不足，其中最大的不足是需要手动进行内存管理，即用户需要对开辟和销毁内存负责。虽然对于小型的程序来说手动管理内存不是问题，但一旦代码变得庞大，用户就会越来越多地纠结于这个问题，而不是着力实现其开发目标。

幸运的是，C++ 出现了，并且带来了类的概念。同时，由于 C++ 与 C 语言完全兼容，所以在进行代码更改时不会出现任何兼容性问题。为此，OpenCV 在 2.0 版本中引入了一个新的 C++ 接口，并在 OpenCV 中使用了 Mat 类，通过 Mat 解决了内存管理和运算符重载等问题，利用自动内存管理给出了解决问题的新方法。使用这个方法，用户不需要纠结于如何管理内存，而且代码会变得简洁。C++ 接口唯一的不足是当前许多嵌入式开发系统只支持 C 语言，所以当用户的目标不是这种开发平台（嵌入式）时，没有必要使用“旧”方法。

对于 Mat 类，首先要知道的是用户不必再手动为其开辟空间，也不必在不需要时立即将空间释放（但手动做这些工作还是可以的，大多数 OpenCV 函数仍会手动为输出数据开辟空间）。当传递一个已经存在的 Mat 对象时，开辟好的矩阵空间会被重用。也就是说，用户每次都使用大小正好的内存来完成任务。

Mat 类由两个数据部分组成：矩阵头（包含矩阵尺寸、存储方法、存储地址等信息）和一个指向存储所有像素值矩阵（根据所选存储方法的不同，矩阵可以是不同的维数）的指针。矩阵头的尺寸是常数值，但矩阵本身的尺寸会因图像的不同而不同，通常比矩阵头的尺寸大好几个数量级。因此，当在程序中传递图像并创建副本时，大的开销是由矩阵造成的，而不是矩阵头。OpenCV 是一个图像处理库，其中包含大量的图像处理函数。为了解决问题，通常要使用库中的多个函数，因此经常需要在函数中传递图像。同时，对于那些计算量很大的图像处理算法，除非万不得已，否则不应该复制“大”图像，因为这会降低程序运行速度。

为了解决这个问题，OpenCV 使用引用计数机制，其思路是让每个 Mat 对象有自己的矩阵头，但共享同一个矩阵（通过让矩阵指针指向同一地址来实现）。当使用复制构造函数（又称拷贝构造函数）时，只需复制矩阵头和矩阵指针即可，而不用复制矩阵本身，代码如下。

```
Mat A,C;                              // 只创建矩阵头部分
A = imread(argv[1],CV_LOAD_IMAGE_COLOR); // 这里为矩阵开辟内存
Mat B(A);                              // 使用复制构造函数
C = A;                                 // 赋值运算符
```

以上代码中的所有 Mat 对象最终都指向同一个，也是唯一的数据矩阵。虽然它们的矩阵头不同，但通过任何一个对象所做的改变都会影响其他对象。实际上，不同的对象只是访问相同数据的不同途径而已。这里还要提及一个强大的功能：可以创建只引用部分数据的矩阵头。例如用户想要创建一个感兴趣区域（Region of Interest,ROI），只需要创建包含边界信息的矩阵头即可。

```
Mat D (A,Rect(10,10,100,100) ); // 使用矩阵确定感兴趣区域
Mat E = A(Range:all(),Range(1,3)); // 使用行和列确定边界，这里为 A 矩阵全部行的第 1—3 列
```

如果矩阵属于多个 Mat 对象，那么当不再需要它时谁来负责清理？简单的回答是最后一个使用它的对象。清理工作可以通过引用计数机制来实现。无论用户什么时候复制一个 Mat 对象的矩阵头，都会增加矩阵的引用次数；反之，当一个矩阵头被释放之后，这个计数被减 1；当计数值为 0，矩阵就会被清理。但在某些时候确实需要完全复制矩阵本身（不只是矩阵头和矩阵指针），这时可以使用函数 clone() 或者 copyTo() 实现深复制。示例如下。

```
Mat F = A.clone();
Mat G;
A.copyTo(G);
```

此时改变 F 或者 G 就不会影响 Mat 矩阵头所指向的矩阵。二者的区别在于，copyTo() 是否申

请新的内存空间，取决于目标头像矩阵头中的大小信息是否与源图像一致，若一致则是浅复制，不申请新的空间，否则先申请空间后再进行复制；clone () 是完全的深复制，在内存中申请新的空间。

以上内容可以总结如下。

① OpenCV 函数中输出图像的内存分配是自动完成的（如果不特别指定的话）。

②使用 OpenCV 的 Mat 类时不需要考虑内存释放问题。

③赋值运算符和复制构造函数只复制矩阵头。

④函数 clone() 或者 copyTo() 可用来复制表示图像的矩阵。

· 1.3.2 存储方法

这一小节讲述如何存储像素值。存储像素值需要指定颜色空间和数据类型。颜色空间是指对一个给定的颜色，如何组合颜色元素以对其编码。最简单的颜色空间要属灰度级空间，只处理黑色和白色，对它们进行组合可以产生不同程度的灰色。

对于彩色，则有更多种类的颜色空间。但不论哪种存储方法，都是把颜色分成3个或者4个基元素，通过组合基元素来产生所有的颜色。RGB 颜色空间是最常用的颜色空间之一，它也是人眼内部构成颜色的方式。它的基色是红色、绿色和蓝色，有时为了表示透明颜色也会加入第四个元素 alpha (A)。

不同的颜色空间，各有自身的优势，具体介绍如下。

- RGB（Red：红，Green：绿，Blue：蓝）是最常见的颜色空间之一，这是因为人眼采用相似的工作机制，所以它也被显示设备所采用。
- HSV（Hue：色调或色相，Saturation：饱和度，Value：明度）和 HLS（Hue：色调或色相，Lightness：亮度，Saturation：饱和度）把颜色分解成色调、饱和度和明度 / 亮度。这是描述颜色更自然的方式，比如可以通过抛弃最后一个元素，使算法对输入图像的光照条件不敏感。
- YcrCb（即 YUV），“Y”表示明亮度（Luminance 或 Luma），也就是灰度值；而“U”和“V”表示色度（Chrominance 或 Chroma），描述影像色彩及饱和度，用于指定像素的颜色，YcrCb 在 JPEG 图像格式中广泛使用。
- CIE L*a*b* 是目前最流行的测色系统之一。以明度 L* 和色度坐标 a*、b* 来表示颜色在颜色空间中的位置。L* 表示颜色的明度，范围由 0 到 100，表示颜色从深（黑）到浅（白），a* 正值表示偏红，负值表示偏绿；b* 正值表示偏黄，负值表示偏蓝。

每个组成元素都有自己的定义域，具体取决于其数据类型。如何存储一个元素决定了在该元素定义域上能够控制的精度。最小的数据类型是 char，占 1 字节或者 8 个二进制位，可以是有符号型（0 到 255 之间）或无符号型（-127 到 +127 之间）。尽管使用 3 个字符 char 型元素已经可以表示 1600 万种可能的颜色（使用 RGB 颜色空间），但若使用单精度浮点数 float（4 字节，32 位）型或双精度浮点数 double（8 字节，64 位）型元素则能分辨出更加精细的颜色。但增加元素的尺寸也会增加图像所占的内存空间。

OpenCV 中图像的通道数可以是 1、2、3 或 4。其中常见的是单通道和三通道，二通道和四通道不常见。

①单通道的是灰度图像。

②三通道的是彩色图像，例如 RGB 图像。

③四通道的图像是 RGBA 图像，是 RGB 加上一个 A 通道，也叫 alpha 通道，表示透明度。PNG 图像是一种典型的四通道图像。alpha 通道可以赋值 0 到 1，或者 0 到 255 的数字，表示从透明到不透明。

④二通道的图像是 RGB555 和 RGB565 格式的图像。二通道图像在程序处理中会用到，如傅里叶变换。其中，RGB565 是 16 位的，只需要 2 字节存储每个像素点，其中第一字节的前 5 位是 R(红色)，第一字节后 3 位 + 第二字节前 3 位是 G（绿色），第二字节后 5 位是 B（蓝色），相对 3 个字节，对源图像进行了压缩。

- HSI（Hue,Saturation,Intensity），其中 H 定义颜色的频率，称为色调; S 表示颜色的深浅程度，称为饱和度; I 表示强度或亮度。

· 1.3.3 创建 Mat 对象

Mat 不仅是很优秀的图像容器类，同时也是通用的矩阵类，可以用来创建和操作多维矩阵。创建一个 Mat 对象有多种方法，此处将通过项目 1-1 来介绍这一部分内容。

创建 Mat 对象的具体操作过程如下。

（1）创建 Qt 项目 1-1，如图 1-40、图 1-41 所示。

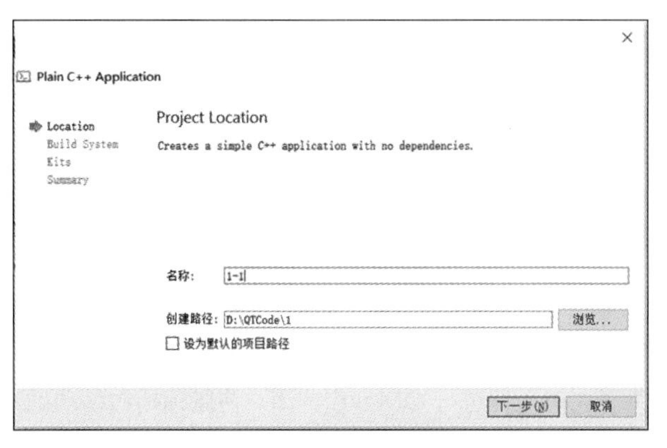

图 1-40 创建 Qt 项目 1-1

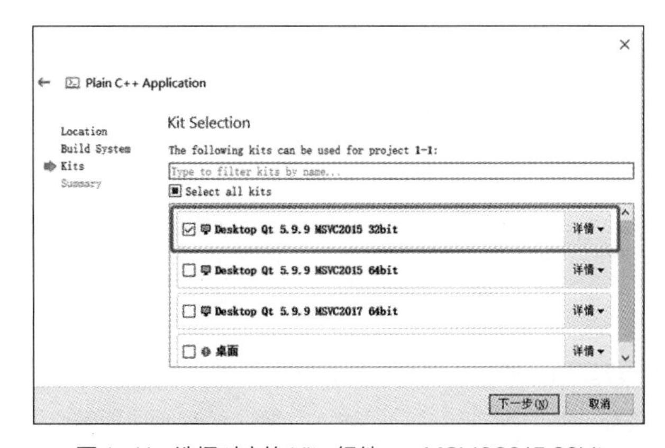

图 1-41 选择对应的 Kits 组件——MSVC2015 32bit

（2）修改 1-1.pro 文件来配置 OpenCV 环境。往 1-1.pro 文件中加入如下代码。

```
# 导入头文件
INCLUDEPATH+=D:/OpenCV/opencv/build/include
INCLUDEPATH+=D:/opencv/opencv/build/include/opencv2
# 导入库文件
win32:CONFIG(debug, debug|release): {
LIBS+=-LD:/OpenCV/opencv/build/x64/vc14/lib\
-lopencv_world440d
}
else{
LIBS+=-LD:/OpenCV/opencv/build/x64/vc14/lib\
-lopencv_world440
}
```

至此，环境已经配置完毕。本书后面的环境如无特殊说明均默认使用此处的环境配置方法，不再重复说明，请读者注意。

1. 采用 Mat() 构造函数创建 Mat 对象

例 1-1：使用 Mat() 构造函数创建 Mat 对象。

（1）编辑 main.cpp 文件。

```
#include<iostream>
#include<opencv2/opencv.hpp>
using namespace std;
using namespace cv;
int main()
{
// 创建一个类型为 8 位 uchar、颜色为三通道黄色的 2×2 Mat 对象
Mat img(2,2,CV_8UC3,Scalar(0,255,255));
cout <<" 矩阵元素 " << endl << img << endl;
return 0;
}
```

（2）运行代码，步骤如下。本书后面的运行代码方法如无特殊说明均默认为此处的运行方法，不再重复说明，请读者注意。

（3）编译程序前，需要先对工程进行 QMake 编译。将鼠标指针移动到左侧的工程名上并右击，在弹出的快捷菜单中选择“qmake”命令进行 QMake 编译，结果如图 1-42 所示。

```
20:03:29: 进程"D:\QT\5.9.9\msvc2015\bin\qmake.exe"正常退出。
20:03:29: 正在启动 "D:\QT\Tools\QtCreator\bin\jom.exe" -f D:/QTCode/1/build-1-1-Desktop_Qt_5_9_9_MSVC2015_32bit-Debug/Makefile qmake_all


jom 1.1.3 - empower your cores

20:03:30: 进程"D:\QT\Tools\QtCreator\bin\jom.exe"正常退出。
20:03:30: Elapsed time: 00:01.
```

图 1-42　QMake 编译结果输出

（4）QMake 编译通过之后，继续将鼠标指针移动到左侧的工程名上并右击，在弹出的快捷菜单中选择“构建”命令。同样，此时下方的“编译输出”窗口没有出现异常错误提示，表示编译通过，

此时才真正生成了可执行的 .exe 文件，如图 1-43 所示。

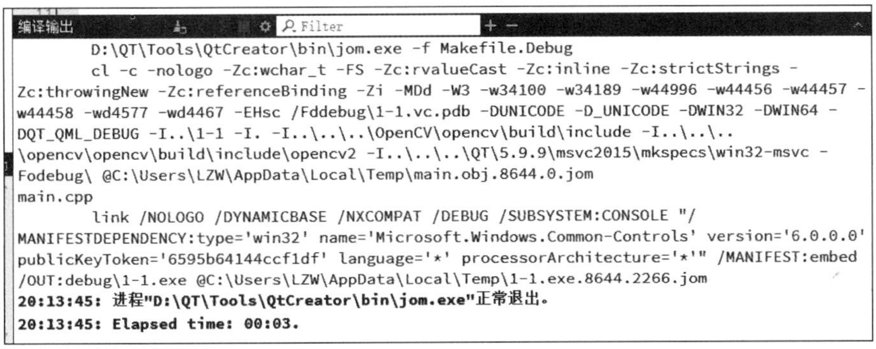

```
编译输出
        D:\QT\Tools\QtCreator\bin\jom.exe -f Makefile.Debug
        cl -c -nologo -Zc:wchar_t -FS -Zc:rvalueCast -Zc:inline -Zc:strictStrings -
Zc:throwingNew -Zc:referenceBinding -Zi -MDd -W3 -w34100 -w34189 -w44996 -w44456 -w44457 -
w44458 -wd4577 -wd4467 -EHsc /Fddebug\1-1.vc.pdb -DUNICODE -D_UNICODE -DWIN32 -DWIN64 -
DQT_QML_DEBUG -I..\1-1 -I. -I..\..\..\OpenCV\opencv\build\include -I..\..\..
\opencv\opencv\build\include\opencv2 -I..\..\..\QT\5.9.9\msvc2015\mkspecs\win32-msvc -
Fodebug\ @C:\Users\LZW\AppData\Local\Temp\main.obj.8644.0.jom
main.cpp
        link /NOLOGO /DYNAMICBASE /NXCOMPAT /DEBUG /SUBSYSTEM:CONSOLE "/
MANIFESTDEPENDENCY:type='win32' name='Microsoft.Windows.Common-Controls' version='6.0.0.0'
publicKeyToken='6595b64144ccf1df' language='*' processorArchitecture='*'" /MANIFEST:embed
/OUT:debug\1-1.exe @C:\Users\LZW\AppData\Local\Temp\1-1.exe.8644.2266.jom
20:13:45: 进程"D:\QT\Tools\QtCreator\bin\jom.exe"正常退出。
20:13:45: Elapsed time: 00:03.
```

图 1-43 编译输出

（5）编译生成 .exe 文件之后，可以单击 Qt Creator 窗口左下角的三角形按钮，运行编译通过的测试程序，程序运行结果如图 1-44 所示。注意其中的行数为 2，而列数为 2×3=6。

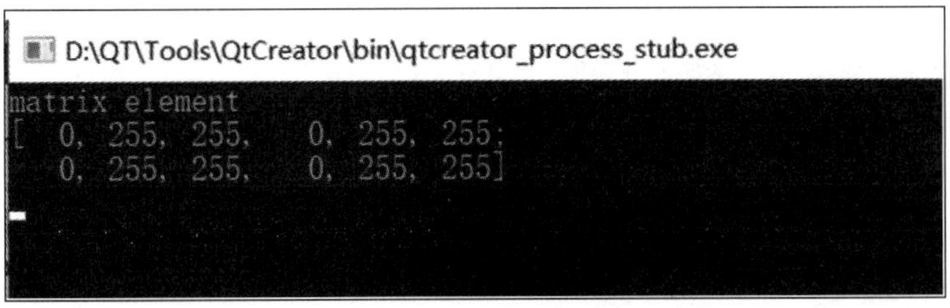

```
D:\QT\Tools\QtCreator\bin\qtcreator_process_stub.exe
matrix element
[  0, 255, 255,   0, 255, 255;
   0, 255, 255,   0, 255, 255]
```

图 1-44 例 1-1 程序运行结果

由此可知，在创建 Mat 对象时，对于二维多通道图像，首先要定义其尺寸，即行数和列数。然后需要指定存储元素的数据类型，以及每个矩阵点的通道数。为此，依据下面的规则有多种定义方法。

```
CV_[The number of bits per item][Signed or Unsigned][Type Prefix]C[The channel number]
```

例如前面例 1-1 中的“CV_8UC3”表示使用 8 个二进制位；U 表示 Unsigned int，即无符号整型；C 代表所存储图像的通道；3 代表所存储图像的通道数，每个像素由 3 个元素组成三通道。预先定义的通道数可以多达 4 个。Scalar 是一个 short 整型的 vector 容器，指定这个参数能够使用指定的定制化值来初始化矩阵。

在 C/C++ 中通过构造函数进行初始化，此处基于前面例 1-1 的方法进行了修改。

```
#include<iostream>
#include<opencv2/opencv.hpp>
using namespace std;
using namespace cv;
int main()
{
// 创建一个类型为 8 位 uchar、颜色为三通道黄色的 2×2 Mat 对象
// Mat img(2,2,CV_8UC3,Scalar(0,255,255));
// cout <<"matrix element"<< endl << img << endl;
// 创建一个超过二维的矩阵
   int sz[3] = { 2,2,2};
```

```
    // 三维的 Mat 对象（2×2×2），元素全部为 0
    Mat array2(3,sz,CV_8UC1,Scalar(0));
    // 因为是三维的，所以不能用 DOS 命令行界面显示
    return 0;
}
```

上面演示了如何创建一个超过二维的矩阵：指定维数，然后传递一个指向一个数组的指针，这个数组包含每个维度的尺寸；其余的参数含义参考例 1-1，此处为单通道图像，所以是 CV_8UC1,Scalar(0)。

2. 采用 create() 函数创建 Mat 对象

```
#include<opencv2/opencv.hpp>
#include<iostream>
using namespace cv;
using namespace std;
int main()
{
// 创建一个类型为 8 位 uchar、颜色为三通道黄色的 2×2 Mat 对象
// Mat img(2,2,CV_8UC3,Scalar(0,255,255));
// cout << "matrix element" << endl << img << endl;
//... 中间注释省略前面介绍的代码
// 用 create() 函数实现对 Mat 对象的初始化
Mat img;
img.create(4,4,CV_8UC(2));
cout <<"M = " << endl << img << endl;
return 0;
}
```

程序运行结果如图 1-45 所示。

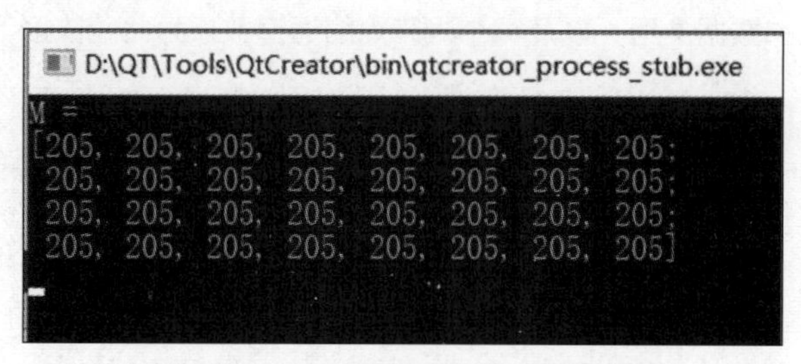

图 1-45　create() 函数创建的 Mat 对象

注意，这个创建 Mat 对象的方法不能为矩阵设初值，只是在改变尺寸时重新为矩阵数据开辟内存。

3. 采用 MATLAB 样式初始化器 cv::Mat::zeros、cv::Mat::ones、cv::Mat::eye 创建 Mat 对象

用这种方法创建 Mat 对象时，需要指定要使用的矩阵大小和数据类型。

```
#include<iostream>
#include<opencv2/opencv.hpp>
using namespace std;
using namespace cv;
int main()
{
// 创建一个类型为 8 位 uchar、颜色为三通道黄色的 2×2Mat 对象
// Mat img(2,2,CV_8UC3,Scalar(0,255,255));
// cout <<"matrix element"<< endl << img << endl;
```

```
//... 中间注释省略前面介绍的代码
Mat array1 = Mat::eye(4,4,CV_64F); // 对角矩阵
Mat array2 = Mat::ones(4,4,CV_32F); // 全 1 矩阵
Mat array3 = Mat::zeros(4,4,CV_8UC1); // 全 0 矩阵
cout <<"Diagonal matrix"<< endl << array1 << endl;
cout << "full one matrix" << endl << array2 << endl;
cout << "full zero matrix" << endl << array3 << endl;
return 0;
}
```

程序运行结果如图 1-46 所示。

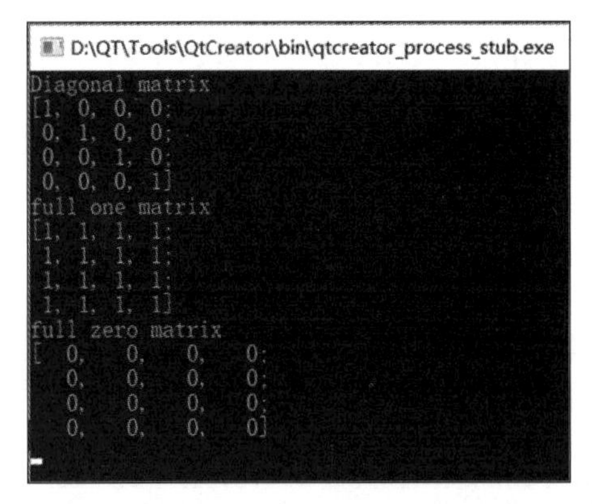

图 1-46 MATLAB 样式初始化器创建的 Mat 对象

4. 在小矩阵中可以用逗号分隔的初始化函数

```
// 在小矩阵中可以用逗号分隔的初始化函数
#include<iostream>
#include<opencv2/opencv.hpp>
using namespace std;
using namespace cv;
int main()
{
// 创建一个类型为 8 位 uchar、颜色为三通道黄色的 2×2 Mat 对象
// Mat img(2,2,CV_8UC3,Scalar(0,255,255));
// cout << "matrix element" << endl << img << endl;
//... 中间注释省略前面介绍的代码
    Mat array = (Mat_<double>(3,3) << 0,-1,5,-1,5,-1,0,-1,0);
    cout << "matrix" << endl << array << endl;
    return 0;
}
```

程序运行结果如图 1-47 所示。

```
D:\QT\Tools\QtCreator\bin\qtcreator
matrix
[0, -1, 5;
 -1, 5, -1;
 0, -1, 0]
```

图 1-47 在小矩阵中使用逗号分隔的初始化函数

5. 使用 clone() 或者 copyTo() 函数为一个存在的 Mat 对象创建一个新的信息头

```
#include<iostream>
#include<opencv2/opencv.hpp>
using namespace std;
using namespace cv;
int main()
{
// 创建一个类型为 8 位 uchar、颜色为三通道黄色的 2×2 Mat 对象
// Mat img(2,2, CV_8UC3,Scalar(0,255,255));
// cout << "matrix element" << endl << img << endl;
//... 中间注释省略前面介绍的代码
// 使用 clone() 或者 copyTo() 函数为一个存在的 Mat 对象创建一个新的信息头
Mat srcImage(3,3,CV_8UC3,Scalar(0,0,255));
Mat copyImage;
srcImage.copyTo(copyImage);
Mat newImage = srcImage.row(1).clone();
cout << "matrix"<< endl << newImage << endl;
return 0;
}
```

程序运行结果如图 1-48 所示。

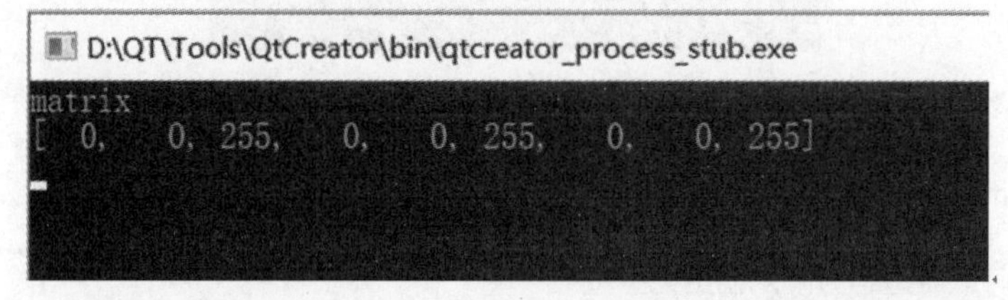

图 1-48　使用 clone() 或者 copyTo() 函数为一个存在的 Mat 对象创建一个新的信息头

1.4 图像读取与保存

对于 OpenCV 中图像的读取，前文（1.2.4 小节和 1.2.5 小节）已略有提及，本节将详细介绍 OpenCV 中图像的读取与保存方法。

1.4.1　图像读取

在 OpenCV 中，使用 cv::imread() 函数来读取和加载图像，该函数的形式如下。

```
Mat cv::imread(const String & filename, int flags = IMREAD_COLOR)
```

可以看到，imread() 函数的定义非常简单，其解析如下。

- 返回值 Mat 类型：返回读取的图像，读取图像失败时返回一个空的矩阵对象（Mat::data == NULL）。
- 参数 filename：读取图像的文件名，可以使用相对路径或者绝对路径，但必须带完整的文件扩展名（图像格式后缀）。

- 参数 flags：一个读取标记，用于选择读取图像的方式，默认值为 IMREAD_COLOR，flags 值的设定与用什么颜色格式读取图像有关。

此外，imread() 函数支持读取的常用图像格式有如下几种。

- Windows bitmaps：*.bmp，*.dib。
- JPEG files：*.jpeg, *.jpg, *.jpe。
- JPEG 2000 files：*.jp2。
- Portable Network Graphics：*.png。

imread() 函数中参数的标识 flags 值被定义在 enum cv::ImreadModes 枚举类里面，其值及含义如表 1-1 所示。

表 1-1　imread() 函数的参数 flags 的值及其含义

C++ 定义	说明
IMREAD_GRAYSCALE	如果设置，则始终将图像转换为单通道灰度图像（编 / 解码器内部转换）
IMREAD_COLOR	如果设置，则始终将图像转换为三通道 BGR 彩色图像（在 OpenCV 中，默认的颜色排列是 BGR 而非 RGB）。imread() 函数如不填写参数，默认使用这种方式读取图像
IMREAD_ANYCOLOR	如果设置，则以任何可能的颜色格式读取图像
IMREAD_REDUCED_GRAYSCALE_2	如果设置，则始终将图像转换为单通道灰度图像，图像尺寸减小 1/2
IMREAD_REDUCED_COLOR_2	如果设置，则始终将图像转换为三通道 BGR 彩色图像，图像尺寸减小 1/2
IMREAD_IGNORE_ORIENTATION	如果设置，则不会根据 EXIF 信息的方向标志旋转图像

下面将创建例 1-2 来实现并展示图像的读取操作。

例 1-2：图像的读取。

具体操作过程如下。

（1）在 .pro 文件中配置 OpenCV 环境。

```
# 导入头文件
INCLUDEPATH+=D:/OpenCV/opencv/build/include
INCLUDEPATH+=D:/opencv/opencv/build/include/opencv2
# 导入库文件
win32:CONFIG(debug, debug|release): {
LIBS+=-LD:/OpenCV/opencv/build/x64/vc14/lib\
-lopencv_world440d
}
else{
LIBS+=-LD:/OpenCV/opencv/build/x64/vc14/lib\
-lopencv_world440
}
```

（2）编辑 main.cpp 文件（需要提前将 touxiang.jpg 文件放入 D 盘 images 文件夹中）。

```
#include<iostream>
#include<opencv2/opencv.hpp>
using namespace cv;
using namespace std;
int main()
{ // 读取图像
    Mat image = imread("D:/images/touxiang.jpg");
    if (image.data != NULL)
    { // 显示图像
      imshow("touxiang",image);
      waitKey(0);
    }
    else {
       cout << "can&apos;t open the file!" << endl;
       getchar();
    }
    return 0;
}
```

（3）对项目进行 QMake 编译和构建后，程序运行结果如图 1-49 所示。

图 1-49　例 1-2 程序运行结果

注意

- imshow() 函数应用简单，函数定义为 cv::imshow (const String & winname, InputArray mat)。参数 const String & winname 为显示的窗口名，可以使用 cv::namedWindow() 函数创建窗口，如不创建，imshow() 函数将自动创建；参数 InputArray mat 为待显示的图像。需要注意的是，imshow() 函数之后必须有 waitKey() 函数，否则显示窗口将一闪而过，不会驻留屏幕。inputArray 这个接口类可以是 Mat、Mat_<T>、Mat_<T, m, n>、vector<T>、vector<vector<T>>、vector<Mat>，也就意味着函数的参数类型是 InputArray 型时，把上述几种类型作为参数都可以。另外，OutputArrayOfArrays、InputOutputArray、InputOutputArrayOfArrays 都是 OutputArray 的别名。
- waitKey() 函数是 OpenCV 中的内置函数，语句 waitKey(0) 表示“暂停程序，等待一个按键输入”，也就是说，当程序执行到 waitKey(0) 时暂停运行，只有当用户按下一个按键时，它才会继续运行。

· 1.4.2 图像保存

同图像读取类似，OpenCV 中使用 cv::imwrite() 函数实现将图像保存到指定的文件，该函数定义如下。

```
bool cv::imwrite(const String & filename,
InputArray img,
const std::vector<int> & params = std::vector<int>() ) ;
```

imwrite() 函数的参数解析如下。

- const String & filename：需要保存图像的文件名，要保存图像为哪种格式，就带什么扩展名。
- InputArray img：要保存的图像。
- const Std::Vector <int> & params：表示为特定格式保存的参数编码。

需要注意的是，imwrite() 函数是基于文件扩展名选择图像的格式。通常，使用此功能只能保存 8 位单通道或三通道（带有 BGR 通道顺序）图像，但有以下例外。

- 对于 PNG、JPEG2000 和 TIFF 格式，可以保存 16 位无符号（CV_16U）图像。
- 32 位浮点（CV_32F）图像可以保存为 PFM、TIFF、OpenEXR 和 Radiance HDR 格式，可使用 LogLuv 高动态范围编码（每像素 4 字节）保存三通道（CV_32FC3）TIFF 格式图像。
- 可以使用此功能保存带有 alpha 通道的 PNG 格式图像。为此，创建 8 位（或 16 位）四通道 BGRA 图像，其中 alpha 通道在最后。完全透明的像素应该将 alpha 通道的值设置为 0，完全不透明的像素应该将 alpha 通道的值设置为 255/65535。

imwrite() 函数中特定格式的编码参数及其含义如表 1-2 所示。

表 1-2　imwrite() 函数中特定格式的编码参数及其含义

编码参数	含义
IMWRITE_JPEG_QUALITY	JPEG 格式图像的质量，其值可以是 0 ~ 100（越大越好），默认值为 95
IMWRITE_PNG_COMPRESSION	PNG 格式图像的压缩级别，其值可以是 0 ~ 9，值越大意味着越小的尺寸和越长的压缩时间。如果指定，则策略更改为 IMWRITE_PNG_STRATEGY_DEFAULT（Z_DEFAULT_STRATEGY）。该参数默认值为 1（最佳速度设置）
IMWRITE_PNG_BILEVEL	二进制级别 PNG，其值为 0 或 1，默认为 0
IMWRITE_PXM_BINARY	PPM、PGM 或 PBM 二进制格式标识，其值为 0 或 1，默认值为 1
IMWRITE_WEBP_QUALITY	覆盖 EXR 存储类型，默认为 FLOAT（FP32）。代表 WEBP 格式图像的质量，其值可以是 1 ~ 100（越大越好）。默认情况下（不带任何参数时），如果质量值大于 100，则使用无损压缩

下面将通过例 1-3 展示图像的加载和保存操作。

例 1-3：图像的加载和保存。

操作过程如下。

（1）在 .pro 文件中配置 OpenCV 环境。

```
# 导入头文件
INCLUDEPATH+=D:/OpenCV/opencv/build/include
INCLUDEPATH+=D:/opencv/opencv/build/include/opencv2
# 导入库文件
win32:CONFIG(debug, debug|release): {
LIBS+=-LD:/OpenCV/opencv/build/x64/vc14/lib\
-lopencv_world440d
}
else{
LIBS+=-LD:/OpenCV/opencv/build/x64/vc14/lib\
-lopencv_world440
}
```

（2）编辑 main.cpp 文件（需要提前将 touxiang.jpg 文件放入 D 盘 images 文件夹中）。

```
#include<opencv2/opencv.hpp>
#include<iostream>
using namespace cv;
using namespace std;
int main()
{
    Mat image;
    // 加载图像
    image = cv::imread("D:/images/touxiang.jpg");
    if (image.empty())
    {
      cout << "can&apos;t open the file!" << endl;
      return -1;
    }
    imshow("main window", image);
    // 保存图像到当前项目
    imwrite("D:/images/save.jpg", image);
    waitKey(0);
    // 销毁所有窗口
    destroyAllWindows();
    return 0;
}
```

（3）程序运行结果如图 1-50 所示。

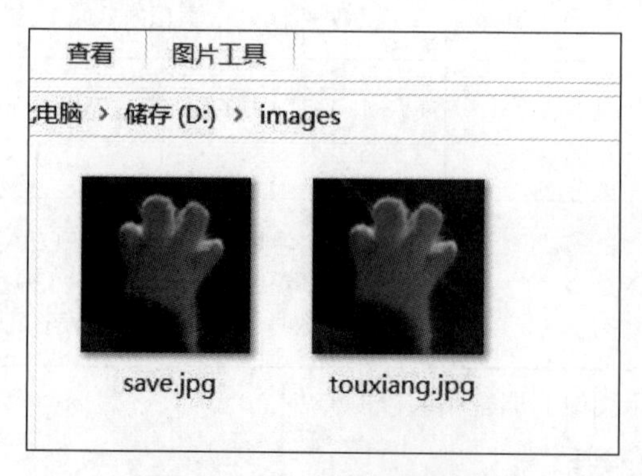

图 1-50　例 1-3 程序运行结果

1.5 视频读取与输出

OpenCV 中视频的读和写操作，分别是通过 cv::VideoCapture 和 cv::VideoWriter 两个类来实现的。

· 1.5.1 视频读取

cv::VideoCapture 类是读取视频的，cv::VideoCapture 既支持视频文件的读取，也支持从视频捕捉设备中读取视频。cv::VideoCapture 类的对象创建方式有以下 3 种。

```
cv::VideoCapture capture(const string& filename,);
// 第一种：从输入文件名对应的文件中读取
cv::VideoCapture capture(int device);
// 第二种：从视频捕捉设备 ID 中读取视频
cv::VideoCapture capture();
// 第三种：调用无参构造函数创建对象
```

第一种方式是从文件（AVI 格式或者 MP4 格式等）中读取视频，对象创建完成以后，OpenCV 将会打开文件并准备读取它。如果打开成功，将可以开始读取视频的帧，通过 cv::VideoCapture 类的成员函数 isOpened() 返回的 true 结果可以判断打开读取对象成功（建议在打开视频或摄像头时都使用该成员函数，以判断是否打开成功）。

第二种方式是从视频捕捉设备中读取视频。这种情况下，可以给出一个标识符，用于表示想要访问的视频捕捉设备，及其与操作系统的握手方式。对于视频捕捉设备而言，这个标识符就是一个标识数字——如果只有一台视频捕捉设备，那么就是 0，如果系统中有多台视频捕捉设备，那么增加标识数字的值即可。

第三种方式仅创建一个捕获对象，而不提供任何关于打开的信息。对象创建以后通过成员函数 open() 来设定打开的信息。open() 操作也有以下两种方式。

```
cv::VideoCapture cap;
cap.open( "my_video.avi"); // 第一种方式打开视频文件
cap.open(0); // 第二种方式打开视频捕捉设备
```

打开视频后，需要将视频帧读取到 cv::Mat 矩阵中，共有两种方式，一种是 read() 操作，另一种是 >> 操作。示例如下。

```
cv::Mat frame;
cap.read(frame); // 读取方式一
cap >> frame; // 读取方式二
```

综上，视频的读取操作步骤如下。

（1）创建 cv::VideoCapture 的对象。

```
cv::VideoCapture capture("D:/images/test1.mp4");
```

参数类型为 const string&，即从文件中读取，若设置为 0 则读取视频捕捉设备。

（2）验证视频读取是否成功。

```
if (!capture.isOpened())
    {
       std::cout << "Vidoe open failed!" << std::endl;
       return -1;
    }
```

（3）验证完成，开始读取视频。

```
cv::Mat frame;
capture >> frame;
```

用户可以将 VideoCapture 对象像流一样读入 Mat 类型的对象（即图像）中。

下面将创建例 1-4 来展示视频文件的读取操作。

例 1-4：视频文件读取。

项目完整代码文件（main.cpp 文件）如下（需在 1-4.pro 文件中加入 OpenCV 配置信息，此处不再重复，详情可参考例 1-3）。

```
#include<opencv2/opencv.hpp>
#include<iostream>
using namespace std;
using namespace cv;
int main()
{
      VideoCapture capture("D:/images/test1.mp4");
      if (!capture.isOpened())
      {
         cout << "Read video Failed !" << std::endl;
         return -1;
      }
      Mat frame;
      namedWindow("video test");
      int frame_num = capture.get(cv::CAP_PROP_FRAME_COUNT);
      cout << "total frame number is: " << frame_num << std::endl;
      for (int i = 0; i < frame_num - 1; ++i)
      {
                capture >> frame;
                //capture.read(frame); 第二种方式
                imshow("video test", frame); // 展示帧图像
                if (cv::waitKey(30) == 'q')
                {
                   break;
                }
      }
      destroyWindow("video test"); // 销毁窗口
      capture.release(); // 释放对象
      return 0;
}
```

注意，上面的代码中使用 cv::VideoCapture 类的成员函数 get() 和设定标识 cv::CAP_PROP_FRAME_COUNT 获取了读取视频的总帧数。同样，可以通过指定其他标识来获取读取视频或视频捕捉设备的其他属性。

程序运行结果如图 1-51 所示。

图 1-51 例 1-4 程序运行结果

1.5.2 视频输出

cv::VideoWriter 类用于写入视频，该类使用起来比 cv::VideoCapture 类稍微复杂一些。cv::VideoWriter 类的对象的创建有两种方式，第一种是使用构造函数，第二种是使用 open() 函数，具体示例如下。

第一种方式。

```
cv::VideoWriter out(
    const string& filename, // 输出文件名
    int fourcc, // 编码形式，使用 CV_FOURCC() 宏
    double fps, // 输出视频帧率
    cv::Size frame_size, // 单帧图像的大小
    bool is_color = true // 如果是 false, 则可传入灰度图像，true 为彩色图像
);
```

第二种方式。

```
cv::VideoWriter out;
    out.open(
    "my_video.mpg", // 输出文件名
    CV_FOURCC('D','I','V','X'), // MPEG-4 编码
    30.0, // 输出视频帧率
    cv::Size( 640, 480 ), // 单帧图像分辨率为 640 像素 ×480 像素
    true // 只可传入彩色图像，false 为灰度图像
);
```

其中需要注意的是 FOURCC 编码形式，操作时常用以下函数把 4 个字符连接起来形成一个 FOURCC 码，形式为 cv::VideoWriter::fourcc(char c1,char c2,char c3,char c4)。

常用的格式有如下几种。

- CV_FOURCC('P','I','M','1') = MPEG-1 codec。
- CV_FOURCC('M','J','P','G') = motion-jpeg codec。
- CV_FOURCC('M', 'P', '4', '2') = MPEG-4.2 codec。
- CV_FOURCC('D', 'I', 'V', 'X') = MPEG-4 codec。
- CV_FOURCC('F', 'L', 'V', '1') = FLV1 codec。

向创建的 cv::VideoWriter 对象写入图像也有两种方式，即 write() 操作和 << 操作，示例如下。

```
cv::VideoWriter::write(
        const Mat& image // 写入图像作为下一帧
);
out << frame;
```

下面通过创建例 1-5 展示完整的视频读取（同例 1-4，需要在 1-5.pro 文件中加入 OpenCV 配置信息）、处理及输出操作。

例 1-5：读取视频。

具体代码如下。

```
#include<stdio.h>
#include<opencv2/core/core.hpp>
#include<opencv2/highgui/highgui.hpp>
#include<opencv2/imgproc/imgproc.hpp>
#include<iostream>
using namespace std;
using namespace cv;
int main()
{
    Mat frame;
    string filename = "D:/images/test1.mp4";
    VideoCapture cap(filename);
    VideoWriter out;
    out.open("D:/images/out.mp4",
      cv::VideoWriter::fourcc('D','I','V','X'),
      cap.get(CAP_PROP_FPS),
      Size(cap.get(CAP_PROP_FRAME_WIDTH),cap.get(CAP_PROP_FRAME_HEIGHT)),
      true);
    if (!cap.isOpened())
    {
      cout << "Video load failed!" << endl;
      return -1;
    }
    while (1)
    {
      cap >> frame;
      if (frame.empty())
      {
        cout << "Video process finished!" << endl;
        return 0;
      }
      imshow("video",frame);
      if (waitKey(10) == 'q') break;
      out << frame;
    }
    cap.release();
    return 0;
}
```

注意，上面的代码中使用 cv::VideoCapture 类的成员函数 get() 和设定标识 CAP_PROP_FPS 获取读取视频的帧率。标识 CAP_PROP_FRAME_WIDTH 和 CAP_PROP_FRAME_

HEIGHT 分别表示获取的视频图像的长度和宽度。

程序运行结果如图 1-52 所示。

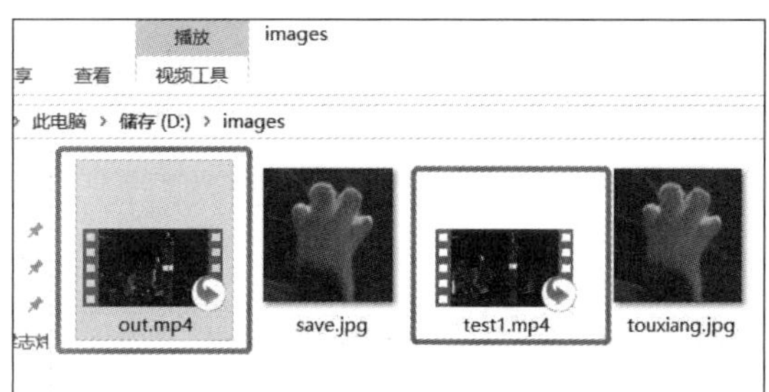

图 1-52　例 1-5 程序运行结果

1.6 图像属性与基本图形绘制

本节将介绍图像的属性定义和表示方法，以及如何绘制基本图形（如直线、矩形和圆形）。

1.6.1　图像属性

1. 画点 cv::Point()

OpenCV 中使用 cv::Point() 表示其图像坐标和指定的 2D 点。cv::Point() 类的对象创建有两种方式：第一种是使用构造函数，第二种是使用成员变量赋值。具体示例如下。

```
Point pt = Point(x,y) // 第一种方式：使用构造函数
Point pt; // 第二种方式：使用成员变量赋值
Pt.x = 10;
Pt.y = 8;
```

2. 定义颜色 cv::Scalar()

OpenCV 中使用 cv::Scalar() 类来表示一个 4 元素的向量。其定义如下。

```
Scalar scalar(
double val[4];
)
```

Scalar 类型被广泛应用于 OpenCV 中，常用于传递像素值，也常用于表示 BGR 颜色值（3 个参数）。如果不使用最后一个参数，则无须定义最后一个参数。

当要定义一个颜色参数时，可以通过 Scalar(a, b, c) 来表示。例如，当要定义一个 RGB 颜色时，可以使 Blue = a、Green = b、Red = c。

3. 设置尺寸 cv::Size()

OpenCV 中图像的大小可以通过 cv::Size 类来表示，第一个参数 width 表示图像的宽度，第二个参数 height 表示图像的高度，其定义如下。

```
cv::Size(
    int _width,
    int _height
)
```

这里介绍的是 Size 类的简单使用方法，即可以通过“Size size(5, 10);”语句创建对象，通过 size.width 和 size.height 访问对象数据成员。

· 1.6.2　基本图形绘制

1. 绘制直线

cv::line() 函数用于在图像中绘制连接点 pt1 和点 pt2 的直线。cv::line() 函数定义如下。

```
void cv::line (
    inputOutputArray img,// 图像
    Point pt1,// 点 1
    Point pt2,// 点 2
    const Scalar & color,// 绘制直线的颜色
    int thickness = 1,// 直线的厚度
    int lineType = LINE_8,// 直线的类型
    int shief = 0 // 点坐标中的小数位数
)
```

2. 绘制矩形

cv::rectangle() 函数用于绘制矩形。OpenCV 中通过 cv::Rect 类定义矩形，Rect 矩形类包括 Point 点类的成员 x 和 y(表示矩形的左上角) 以及 size 类的成员 width 和 height(表示矩形的大小)。但是，矩形类不会从 Point 点类或 size 类继承，因此通常不会从它们中继承操作符。其基本定义和使用方法如表 1-3 所示。

表 1-3　cv::Rect 类的定义与使用方法

功能	实现
默认构造函数	cv::Rect r;
复制构造函数	cv::Rect r2(r1);
带值的构造函数	cv::Rect(x, y, w, h);
访问函数成员	r.x; r.y; r.width; r.height;
面积计算	r.area();
判断 p 点是否在 r 中	r.contains(p);

cv::rectangle() 函数定义有以下两种形式。

形式一：

```
void rectangle(
 cv::Mat& img,// 待绘制的图像
 cv::Point pt1,// 矩形的第一个顶点
 cv::Point pt2 // 矩形的对角顶点
 const cv::Scalar& color,// 线条的颜色（RGB）
 int lineType = 8,// 线型（4 邻域或 8 邻域，默认为 8 邻域）
 int shift = 0 // 偏移量
);
```

形式二：

```
void rectangle(
 cv::Mat& img,// 待绘制的图像
 cv::Rect r,// 待绘制的矩形
 const cv::Scalar& color,// 线条的颜色（RGB）
 int lineType = 8,// 线型（4 邻域或 8 邻域，默认为 8 邻域）
 int shift = 0 // 偏移量
);
```

3. 绘制圆形

cv::circle() 函数用于绘制圆形。cv::circle() 函数定义如下。

```
void circle(
cv::Mat& img,// 待绘制的图像
cv::Point center,// 圆心位置
int radius,// 圆的半径
const cv::Scalar& color,// 线条的颜色（RGB）
int thickness = 1,// 线宽
int lineType = 8,// 线型（4 邻域或 8 邻域，默认为 8 邻域）
int shift = 0// 偏移量
);
```

下面将通过例 1-6 展示如何绘制点、直线、矩形和圆形等基本图形（同前面一样，需在 1-6.pro 文件中导入 OpenCV 环境配置信息）。

例 1-6：基本图形绘制。

具体代码如下。

```
#include<opencv2/highgui/highgui.hpp>
#include<opencv2/imgproc/imgproc.hpp>
#include <iostream>
#include <stdio.h>
using namespace std;
using namespace cv;
int main()
{
// 设置窗口
Mat img = Mat::zeros(Size(800,600),CV_8UC3);

img.setTo(255);           // 设置屏幕为白色
Point p1(100,100);        // 点 p1
Point p2(758,50);         // 点 p2
// 画直线函数
```

```
line(img, p1, p2, Scalar(0,0,255), 2);  // 红色
line(img, Point(300,300), Point(758,400), Scalar(0,255,255), 3);
Point p(20,20);// 初始化点 p 的坐标为 (20,20)
circle(img,p,1,Scalar(0,255,0),-1); // 画半径为 1 的圆形（画点）
Point p4;
p4.x = 300;
p4.y = 300;
circle(img, p4, 100, Scalar(120,120,120), -1);
int thickness = 3;
int lineType = 8;
double angle = 30;  // 椭圆旋转角度
ellipse(img, Point(100,100), Size(90,60),angle,0,360, Scalar(255,255,0),thickness,lineType);
// 画矩形
Rect r(250,250,120,200);
rectangle(img,r,Scalar(0,255,255),3);
imshow("pic",img);
waitKey();
return 0;
}
```

程序运行结果如图 1-53 所示。

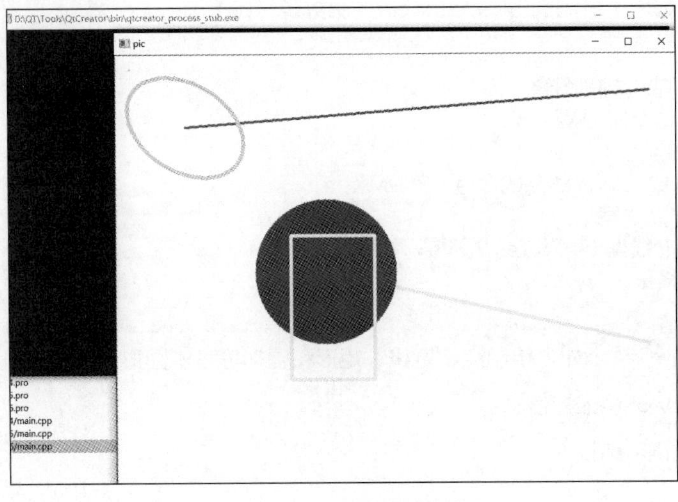

图 1-53　例 1-6 程序运行结果

1.6.3　颜色空间转换

我们在生活中看到的彩色图像大多数是 RGB 类型的，但是在进行图像处理时，需要用到灰度、二值、HSV、HSI 等颜色空间（又称颜色模式）。OpenCV 中提供了 cvtColor() 函数来实现这些空间之间的相互转换。cvtColor() 函数定义如下。

```
void cvtColor(InputArray src, OutputArray dst, int code[,int dstCn=0]);
```

该函数的参数解析如下。

- InputArray src：输入图像，即要进行颜色空间转换的源图像，可以是 Mat 类。
- OutputArray dst：输出图像，即进行颜色空间转换后的图像，也可以是 Mat 类。

- int code: 转换的代码或标识，即在此确定将什么模式的图像转换成什么模式的图像，后面会详细介绍。
- int dstCn: 目标图像通道数，如果取值为 0，则由 src 和 code 决定。

该函数的作用是将图像从一个颜色空间转换到另一个颜色空间。应注意的是，从 RGB 颜色空间向其他颜色空间转换时，必须明确指出图像的颜色通道。前面提到过，在 OpenCV 中，默认的颜色排列是 BGR 而非 RGB。所以对于 24 位颜色图像来说，前 8 位是蓝色，中间 8 位是绿色，最后 8 位是红色。常见的 RGB 通道的取值范围如下。

- 0 ~ 255: CV_8U 类型图像。
- 0 ~ 65535: CV_16U 类型图像。
- 0 ~ 1: CV_32F 类型图像。

对于线性变换来说，这些取值范围是无关紧要的。但是对于非线性变换，输入的 RGB 图像必须归一化到其对应的取值范围来获得最终正确的转换结果，例如 RGB → CIE L*u*v* 转换。如果有一个 32 位浮点图像直接从 8 位图像转换而不进行任何缩放，那么它将具有 0 ~ 255 的值范围而不是该函数假定的 0 ~ 1。所以，在调用 cvtColor() 函数之前，需要先将图像缩小。

```
img * = 1./255;
cvtColor ( img,img,COLOR_BGR2Luv ) ;
```

cvtColor() 函数中的转换代码（code）如表 1-4 所示。

表 1-4　转换代码（code）表

转换类型	转换代码（code）
RGB ↔ GRAY	COLOR_BGR2GRAY、COLOR_RGB2GRAY、COLOR_GRAY2BGR、COLOR_GRAY2RGB
RGB ↔ CIE XYZ.Rec	COLOR_BGR2XYZ、COLOR_RGB2XYZ、COLOR_XYZ2BGR、COLOR_XYZ2RGB
RGB ↔ YCrCb	COLOR_BGR2YCrCb、COLOR_RGB2YCrCb、COLOR_YCrCb2BGR、COLOR_YCrCb2RGB
RGB ↔ HSV	COLOR_BGR2HSV、COLOR_RGB2HSV、COLOR_HSV2BGR、COLOR_HSV2RGB
RGB ↔ HLS	COLOR_BGR2HLS、COLOR_RGB2HLS、COLOR_HLS2BGR、COLOR_HLS2RGB
RGB ↔ CIE L*a*b*	COLOR_BGR2Lab、COLOR_RGB2Lab、COLOR_Lab2BGR、COLOR_Lab2RGB
RGB ↔ CIE L*u*v*	COLOR_BGR2Luv、COLOR_RGB2Luv、COLOR_Luv2BGR、COLOR_Luv2RGB
Bayer → RGB	COLOR_BayerBG2BGR、COLOR_BayerGB2BGR、COLOR_BayerRG2BGR、COLOR_BayerGR2BGR、COLOR_BayerBG2RGB、COLOR_BayerGB2RGB、COLOR_BayerRG2RGB、COLOR_BayerGR2RGB

下面通过例 1-7 演示 cvtColor() 函数的使用方法。

例 1-7：cvtColor() 函数的使用方法。

具体代码如下。

```
#include <opencv2/opencv.hpp>
#include <iostream>
using namespace cv;
using namespace std;
```

```
int main(int argc,char** argv)
{
    Mat src,dst,dst1;
    src = imread("D:/images/touxiang.jpg");
    // 判断图像是否载入成功
    if (src.empty())
    {
        cout<< "can not open the image"<<endl;
        return -1;
    }
    imshow("touxiang.jpg",src);
    cvtColor(src,dst,COLOR_BGR2GRAY);// 转换方式 1，转换为灰度图，经常使用，需要记住
    cvtColor(src,dst1,COLOR_BGR2Lab);// 转换方式 2
    imshow("CV_BGR2GRAY change",dst);
    imshow("COLOR_BGR2Lab change",dst1);
    waitKey(0);
    return 0;
}
```

程序运行结果如图 1-54 所示。

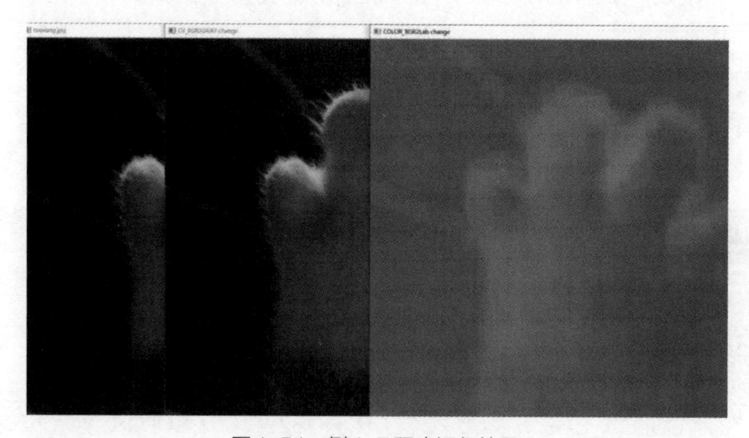

图 1-54　例 1-7 程序运行结果

1.7 计算机交互

在用 OpenCV 编制的程序运行过程中，可通过计算机鼠标、键盘等输入设备和屏幕等输出设备，以有效的方式实现人机交互。

1.7.1　鼠标和键盘

下面通过例 1-8 演示用鼠标绘制矩形的过程。

例 1-8：用鼠标绘制矩形。

在这个例子中，鼠标左键被按下后，记录起始点（矩形），当鼠标左键被释放后，在起始点和释放点之间绘制一个矩形，如果按 Esc 键，则结束程序的运行。

程序代码和详细注释如下。

```
#include<opencv2\opencv.hpp>
#include<iostream>
#include<opencv2\highgui\highgui_c.h>
using namespace cv;
using namespace std;
Point pt;
void OnMouse(int event, int x, int y, int flags, void* param) {
// 将 param 强制转换为 Mat 指针，*(Mat*)=Mat，就如 *（int*）=int 一样
    Mat img = *(Mat*)param;
    switch (event) {
    case CV_EVENT_LBUTTONDOWN:// 鼠标左键被按下
      pt.x = x;
      pt.y = y;// 记下起始点
      break;
    case CV_EVENT_LBUTTONUP:// 鼠标左键被释放
      rectangle(img, pt, Point(x, y), Scalar(0, 255, 0), 2, 8);// 画矩形
      break;
    default:
      break;
    }
}
void main() {
    Mat img(500, 500, CV_8UC3, Scalar(255, 255,255));
    // 创建图像并指定高、宽，格式、Scalar 设置白色
    namedWindow("mouse", CV_WINDOW_AUTOSIZE);// 创建窗口 mouse
    setMouseCallback("mouse", OnMouse, &img);
    // 在窗口 mouse 中加载鼠标事件，并传入 img 的地址
    while (1) {
      imshow("mouse", img);// 在窗口 mouse 中显示绘制的图像
      char c = (char)waitKey(10);
      if (27 == c)// 每隔 10 毫秒检测 Esc 键是否被按下
        break;// 如果 Esc 被按下，则结束循环
      else
        printf("Other Operation\n");
    }
}
```

程序运行结果如图 1-55 所示。

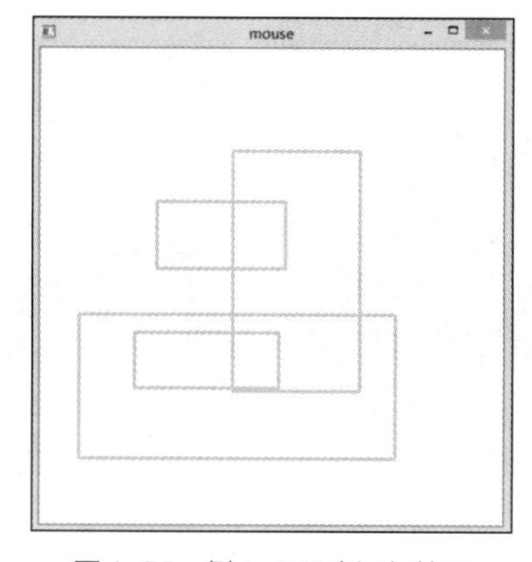

图 1-55 例 1-8 程序运行结果

· 1.7.2 滑动条

OpenCV 中的滑动条是一种图形用户界面控件，通过鼠标拖动，可以选择需要的取值。下面通过例 1-9 演示如何通过滑动条来实现图像的缩放。

例 1-9：利用滑动条实现图像缩放。

在这个例子中，通过滑动条选择不同的值，可以分别对图像进行 20%、40%、60%、80%、100% 比例的缩放。

```
#include<iostream>
#include<opencv2\opencv.hpp>
#include<opencv2\imgproc\types_c.h>
#include<opencv2\highgui\highgui_c.h>
using namespace std;
using namespace cv;
   int val=1;
   Mat srcImage,dstImage;
   void back(int,void*)
{
   Size dsize = Size(srcImage.cols*val/5, srcImage.rows*val/5);
   dstImage = Mat(dsize,CV_32S);
   resize(srcImage, dstImage, dsize);
   imshow(" 滑动条 ",dstImage);
}
int main()
{
namedWindow(" 源图像 ", WINDOW_NORMAL);//WINDOW_NORMAL 表示窗口大小可以改变
srcImage = imread("lena.png");
imshow(" 源图像 ", srcImage);
namedWindow(" 滑动条 ", WINDOW_AUTOSIZE); //WINDOW_AUTOSIZE 表示窗口自动适应大小
createTrackbar(" 比例 20%,40%,60%,80%,100%", " 滑动条 ", &val, 5, back);
//5 个参数分别为滑动条的名字、窗口的名字（即滑动条对应窗口）、滑块值、最大值、回调函数
back(val,0);
waitKey();
}
```

程序运行结果如图 1-56 所示。

图 1-56　例 1-9 程序运行结果

1.8 小结

本章主要介绍了 OpenCV 的概念和功能，读者可以根据需求搭建 OpenCV 编程环境。对于每一小节中的示例代码，建议读者去理解、复现，以加深对知识点的理解。本章后半部分还介绍了如何对图像和视频进行读取、展示和保存操作，以及基本图形的绘制和 OpenCV 与计算机的交互操作。本章的重点是 OpenCV 编程环境的搭建和对 Mat 容器的理解，以及图像、视频的读取和保存，读者需要加强练习，为学习后续章节打好基础。

第2章 图像预处理

前面介绍了 OpenCV 编程环境的搭建和一些常用的基础操作。有了这些知识基础就可以学习接下来的图像预处理知识了。在图像分析中，图像质量的好坏直接影响识别算法的设计与效果的精度，因此在图像分析（特征提取、分割、匹配和识别等）前，通常需要对图像进行预处理。图像预处理的主要目的是消除图像中无关的信息，恢复有用的真实信息，增强有关信息的可检测性，最大限度地简化数据，从而提高特征提取、图像分割、匹配和识别的可靠性。

本章主要内容和学习目标如下。

- 图像格式和通道
- 点运算
- 直方图处理
- 图像去噪

2.1 图像格式和通道

图像格式是指计算机存储图像的格式，本节主要介绍 OpenCV 图像处理中经常用到的几种图像格式，包括 BMP、JPEG、PNG。在图像处理时，以 RGB 三通道的彩色图像居多。为分析图像在某一通道上的特性，需要将图像的颜色通道进行分离，或者对某一颜色通道处理后重新进行融合。本章将具体介绍 OpenCV 中通道分离与合并的实现方法，希望读者理解并掌握。这里另外补充两个概念——像素深度和图像深度。像素深度是指存储每个像素所需要的位数，假设存储每个像素需要 8 位，则图像的像素深度为 8。图像深度是指像素深度中实际用于存储图像的灰度或色彩所需要的位数，假设图像的像素深度为 16，但用于表示图像的灰度或色彩的位数只有 15 位，则该图像的图像深度为 15。

· 2.1.1 图像格式

OpenCV 目前支持的图像格式包括 Windows 位图文件 BMP、DIB，JPEG 文件 JPEG、JPG、JPE，便携式网络图形文件 PNG 等。

1. BMP

BMP（全称 Bitmap，位图）是 Windows 操作系统中的标准图像文件格式，可以分成两类——设备相关位图（Device Dependent Bitmap,DDB）和设备无关位图（Device Inpendent Bitmap,DIB），使用非常广。BMP 采用位映射存储格式，除了图像深度可选以外，不采用其他任何压缩，因此，BMP 文件所占用的空间很大。此种存储格式支持 RGB、灰度、索引、位图等色彩模式，但不支持 alpha 通道，是 Windows 操作系统环境下最不容易出错的文件保存格式之一。

2. JPEG

JPEG 格式是最常见的，也是用得最多的图像格式之一，被大多数的图像处理软件所支持。JPEG 格式的图像还被广泛应用于网页的制作。该格式还支持 CMYK、RGB 和灰度色彩模式，但不支持 alpha 通道。其优点为兼容性好、传输速度快、占用内存小。

3. PNG

PNG（全称 Portable Network Graphics），便携式网络图形是一种无损压缩的位图格式。其试图代替 GIF 和 TIFF 文件格式，同时增加一些 GIF 文件格式所不具备的特性。PNG 格式具有压缩比高、生成文件体积小的特点。

· 2.1.2 通道分离与合并

图像的通道是显示图像的基础，有多少通道就表示每个像素点需要多少个数来存储。常见的有单通道图像（俗称灰度图），每个像素点只能有一个值表示颜色，像素值在 0 到 255 之间，0 表示黑色，255 表示白色，中间值是一些不同等级的灰色；然后就是三通道图像，也就是我们通常见到的彩色图，每个像素点需要 R、G、B 3 个值来表示。

在自然界中，颜色本身非常容易受到光照的影响，RGB 图像像素值变化很大，而梯度信号能提供更本质的信息。三通道转为单通道后，运算量大大减少，便于后续处理。图像处理不一定需要对 R、G、B 3 个分量都进行处理。在图像处理中，尤其是处理多通道图像时，有时需要对各个通道进行分离，分别处理；有时还需要对分离处理后的各个通道进行合并，重新合并成一幅多通道的图像。在 OpenCV 中，实现图像通道的分离与合并的函数分别为 cv::split() 和 cv::merge()。

split() 函数用于将一个多通道数组分离成几个单通道数组。其 C++ 版本的两个定义，分别如下。

- void split(const Mat&src, Mat*mvbegin)。
- void split(InputArray m，OutputArrayOfArrays mv)。

参数解析如下。

- const Mat & 类型的原图像 src 或者 InputArray 类型的 m：表示待分离图像的多通道数组。
- Mat*mvbegin 或者 OutputArrayOfArrays mv：表示分离后图像的 Mat 数组首地址，或者 OutputArrayOfArrays 类型的 mv，即一个 vector <Mat> 对象（参考 1.4.1）。

下面通过例 2-1 和例 2-2 对通道分离和合并进行讲解。

例 2-1：通道分离。

具体代码如下。

```
// 引入相关头文件
#include<opencv2/opencv.hpp>
#include<opencv2/highgui/highgui_c.h>
#include<iostream>
using namespace cv;
using namespace std;
int main(int argc, char** argv) {
// 类型声明
std::vector<Mat> channels;
Mat imageBlueChannel;
Mat imageGreenChannel;
Mat imageRedChannel;
Mat srcImage = imread("blurred.png", 1);//flag=1，载入三通道图像
if (!srcImage.data) {
      std::cout <<" 图像读入失败！ " << std::endl;
      exit(1);
}
// 把一个三通道图像转化为 3 个单通道图像
split(srcImage, channels);
imageBlueChannel = channels.at(0);
imageGreenChannel = channels.at(1);
imageRedChannel = channels.at(2);
// 分别显示分离的单通道图像
imshow(" 源图像 ", srcImage);
imshow("<1> 蓝色通道图像 ", imageBlueChannel);
imshow("<2> 绿色通道图像 ",imageGreenChannel);
imshow("<3> 红色通道图像 ",imageRedChannel);
waitKey(0);
return 0;
}
```

程序运行结果如图 2-1 所示。

图 2-1　例 2-1 程序运行结果

从运行的结果可以看出，通过运用 split() 函数可以将一幅彩色图像分离为 3 幅单通道的图像，方便对图像进行进一步处理。

merge() 函数是 split() 函数的逆向操作——将多个数组合并成一个多通道的数组。它通过组合一些给定的单通道数组，将这些孤立的单通道数组合并成一个多通道数组，从而创建出一个由多个单通道阵列组成的多通道阵列。它有如下两个基于 C++ 的多态函数定义。

- void merge(const Mat*mv,size_tcount,OutputArray dst)。
- void merge(InputArrayOfArrays mv,OutputArray dst)。

参数解析如下。

- 第一个参数 mv：图像矩阵数组，表示需要被合并的输入矩阵或 vector 容器的阵列，这个 mv 参数中所有的矩阵必须有着一样的尺寸和深度。
- 第二个参数 count：需要合并矩阵的个数，当 mv 为空数组时，代表输入矩阵的个数，这个参数显然必须大于 1。
- 第三个参数 dst：输出矩阵或图像，和 mv[0] 拥有一样的尺寸和深度，并且通道的数量是矩阵列中通道的总数。

下面通过例 2-2 进一步说明。

例 2-2：通道分离与合并。

具体代码如下。

```
// 引入相关头文件
#include<opencv2/opencv.hpp>
#include<opencv2/highgui/highgui_c.h>
#include<iostream>
using namespace cv;
using namespace std;
int main(int argc, char** crgv) {
// 定义一些 Mat 对象
Mat imageBlueChannel;
Mat imageGreenChannel;
Mat imageRedChannel;
Mat mergeImage;
Mat srcImage = imread("blurred.png", 1);
// 先通道分离
std::vector<Mat> channels;
split(srcImage, channels);// 拆分
imageBlueChannel = channels.at(0);// 蓝通道
imageGreenChannel = channels.at(1);// 绿通道
imageRedChannel = channels.at(2);// 红通道
imshow(" 蓝通道 ", imageBlueChannel);
imshow(" 绿通道 ", imageGreenChannel);
imshow(" 红通道 ", imageRedChannel);
// 对拆分的数据进行合并
merge(channels, mergeImage);// 合并
imshow(" 合并后的图像 ", mergeImage);
waitKey(0);
return 0;
}
```

程序运行结果如图 2-2 所示。

图 2-2　例 2-2 程序运行结果

从运行的结果可以看出，merge() 函数可以将 3 幅单通道的图像合并为一幅 RGB 彩色图像。

2.2 点运算

点运算是将输入图像映射为输出图像的方法，输出图像每个像素点的灰度值仅由对应的输入像素点的值决定。点运算常用于改变图像的灰度范围及分布。因作用性质，点运算有时也被称为对比度增强、对比度拉伸或灰度变换。点运算实际上是灰度到灰度的映射过程，设输入图像为 A(x, y)，输出图像为 B(x, y)，则点运算可表示为 B(x, y)=f [A(x, y)]，即点运算完全由灰度映射函数 s=f (r) 决定，r 和 s 分别为 A 和 B 图像在 (x, y) 的灰度，f () 为变换函数。点运算不会改变图像内像素点之间的空间关系，点运算包括图像灰度变换、直方图处理、伪彩色处理等技术。

2.2.1 像素点操作和卷积

OpenCV 是图像处理最常用的库之一，提供了许多常用的图像处理算法及相关的函数，极大地方便了图像处理方法的开发。图像处理最本质的部分就是对图像中像素点的像素值进行运算，因此我们需要了解一下 OpenCV 如何访问图像中的像素点。首先说明一下，这里默认图像存储为 Mat 格式或 RGB 类型，为三通道图像，即每列并列存放 3 个通道的子列。

常用的访问方式如下。

1. 利用指针访问

通过调用函数 Mat::ptr(i) 来得到第 i 行的首地址，然后在行内访问像素。

```
for (int i = 0; i < Row; i++)
for (int j = 0; j < Col; j++)
        for( int c = 0; c < 3; c++ )
                Scr.ptr<Vec3b>(i)[j][c] = 0;// Scr.at<ushort>(i, j) = 0; 单通道图像读取
```

上面的 Vec3b 指的是三通道的 uchar 类型的数据。i、j 表示像素点在图像中的位置，而 [c] 表示通道编号，因为是三通道的数据，所以 [c] 表示 RGB 中的通道（在 OpenCV 中通道的顺序是 BGR，值分别为 0、1、2），而三通道 float 类型的矩阵可使用 <Vec3f>。

2. 动态访问

动态访问是比较慢的一种方法，但是比较好理解。这种方法还有一个好处是 OpenCV 在内部做了安全检查，以防止访问越界。使用 at() 函数来得到像素，Mat::at(i, j) 为一个像素点的像素值数组，是一个大小为 3 的数组，值从 0 到 2 分别存放了 B、G、R 3 个通道的灰度值。

```
for (int i = 0; i < Row; i++)
for (int j = 0; j < Col; j++)
        for( int c = 0; c < 3; c++ )
                Scr.at<Vec3b>(i, j)[c] = 0;
```

3. 像素点亮度操作

对图像中每个像素加上（或减去）一个常数。设像素亮度为 v，b 是亮度常数，公式为 $v=v+b$，如果 b 为正数，则像素亮度增强，如果 b 为负数，则像素亮度减弱，下面的代码对像素亮度增加 5。在图像处理方面，无论加、减、乘、除，结果都可能会超出一个像素灰度值的范围（0 ~ 255），其中 saturate_cast() 函数的作用是当运算完之后，结果为负则转为 0，结果超出 255 则转为 255。

```
for (int i = 0; i < Row; i++)
for (int j = 0; j < Col; j++)
        for( int c = 0; c < 3; c++ )
        Scr.at<Vec3b>(i, j)[c]= saturate_cast<uchar> (Scr.at<Vec3b>(i, j)[c]+5 );
```

图像卷积是对图像进行处理时最常用的方法之一，如去噪、滤波、边缘提取等都要用到卷积函数，其目的之一是使各个目标之间的差距变得更大。卷积在数字图像处理中常见的应用为锐化（突出图像上物体的边缘、轮廓，或某些线性目标要素的特征）和边缘提取。数字图像是一个二维的离散信号，对图像做卷积操作其实就是利用卷积核（卷积模板）在图像上滑动，将图像点上的像素灰度值与对应的卷积核上的数值相乘，然后将所有相乘后的值相加作为卷积核中间像素对应的图像上像素的灰度值，并让卷积核最终滑动完所有像素的过程。卷积值的计算过程如下。

（1）将核的锚点（中心点）放在要计算的像素上，卷积核剩余的部分对应在图像相应的像素上。

（2）将卷积核中的系数和图像中相应的像素值相乘，并求和。

（3）将最终结果赋值给锚点对应的像素。

（4）通过将卷积核在整张图像中滑动，重复以上计算过程，直到处理完所有的像素。

具体卷积过程如图 2-3 所示。

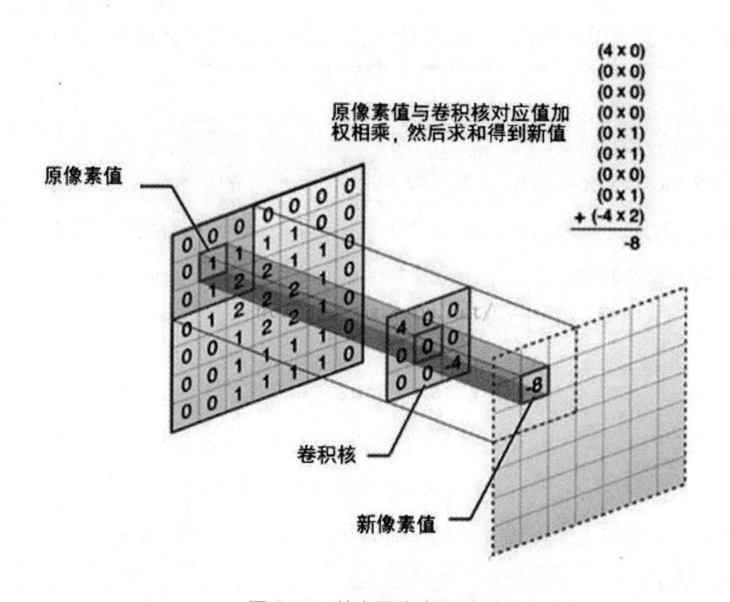

图 2-3　数字图像卷积过程

图 2-3 所示为整个卷积过程中一次相乘后相加的结果：该图像选用 3×3 的卷积核，卷积核内共有 9 个数值，所以图像右上角的公式一共有 9 行，而每一行都是图像像素值与卷积核上的数值相乘，最终结果 -8 代替了源图像中对应位置处的 1。这样沿着图像以步长为 1 滑动，每一次滑动后都进行

一次相乘再相加的工作，就可以得到最终的输出结果。除此之外，卷积核的选择有以下一些规则。

- 卷积核的大小一般是奇数，这样的话它就是按照中间的像素点中心对称的，所以卷积核的尺寸一般都是 3x3、5x5 或者 7x7。有中心，也就有了半径，例如 5x5 大小的卷积核的半径就是 2。
- 卷积核所有的元素之和一般应等于 1，这是为了维持源图像的能量（亮度）守恒（也有卷积核元素相加不为 1 的情况，下面会介绍）。
- 如果矩阵中所有元素之和大于 1，那么卷积后的图像就会比源图像更亮；反之，如果小于 1，那么得到的图像就会变暗。如果和为 0，图像虽然不会变黑，但也会非常暗。
- 卷积后的结果可能会出现负数或者大于 255 的数值。对于这种情况，将值直接截断到 0 到 255 之间即可。对于负数，也可以取绝对值。

平滑、模糊、去噪、锐化、边缘提取等工作，其实都可以通过卷积操作来完成。

例 2-3 和例 2-4 实现了同样的图像卷积操作，理解源码可深入了解像素点操作。

例 2-3：图像卷积操作。

具体代码如下。

```
#include<iostream>
#include<opencv2\opencv.hpp>
#include <opencv2/highgui/highgui_c.h>
using namespace cv;
using namespace std;
int main(void)
{
Mat src, dst;
src = imread("lena.png");
if (!src.data) {
      cout << "open picture error!!" << endl;
}
CV_Assert(src.depth() == CV_8U);// 图像深度
imshow("src", src);// 显示源图像
int cols = (src.cols - 1) * src.channels();// 由于最外围的一圈像素点没办法进行图像掩模，所以减 1
int rows = src.rows;// 实际行数
int offsets = src.channels();// 通道数
dst = Mat(src.size(), src.type());// 大小、类型与源图像等同
for (int row = 1; row < (rows - 1); row++) {
        const uchar*pre = src.ptr<uchar>(row - 1);// 上一行
        const uchar* cur = src.ptr<uchar>(row);// 当前行
        const uchar* next = src.ptr<uchar>(row + 1);// 下一行
        uchar* output = dst.ptr<uchar>(row);
        for (int col = offsets; col < cols; col++) {
                output[col] = saturate_cast<uchar>(5 * cur[col] - (cur[col - offsets] + cur[col + offsets] +
pre[col] + next[col]));
        }
 }
 imshow("dst", dst);
 waitKey(0);
 return 0;
 }
```

程序运行结果如图 2-4 所示，该程序实现了图像对比度的增强。代码中的 ptr 表示 Mat 图像对象的行指针。

```
cv::Mat img = cv::Mat(400, 600, CV_8UC1); // 宽 400，长 600
uchar * data00 = img.ptr<uchar>(0);
uchar * data01 = img.ptr<uchar>(0)[1];
```

上述代码作用如下。

- 定义一个 Mat 变量 img。
- data00 是指向 img 第一行第一个元素的指针。
- data01 是指向 img 第一行第二个元素的指针。

也可以利用 OpenCV 提供的 filter2D() 函数完成图像卷积操作（也叫掩模操作），其函数定义如下。

```
CV_EXPORTS_W void filter2D(
InputArray src,
OutputArray dst,
int ddepth,
InputArray kernel,
Point anchor=Point(-1,-1),
double delta=0,
int borderType=BORDER_DEFAULT );
```

参数解析如下。

- Input Array src：输入图像。
- Output Array dst：输出图像。输出图像和输入图像具有相同的尺寸与通道数量。
- int ddepth：目标图像深度。当输入值为 -1 时，目标图像深度和源图像深度保持一致。
- Input Array kernel：卷积核，是一个矩阵。
- Point anchor：内核的基准点 (anchor)。其默认值为 (-1,-1)，说明基准点位于核的中心位置。基准点即核中与进行处理的像素点重合的点。
- double delta：在储存目标图像前可选的添加到像素的值，默认值为 0。
- int border Type：像素向外逼近的方法，默认值是 BORDER_DEFAULT。

下面通过例 2-4 来讲解具体操作。

例 2-4：图像卷积操作。

具体代码如下。

```
#include<opencv.hpp>
using namespace cv;
int main()
{
    Mat srcImage = imread("lena.png");
    imshow("origin image", srcImage);
    Mat kernel = (Mat_<double>(3,3) <<
        -1, 0 ,1,
        -2, 0, 2,
        -1, 0, 1);
    Mat dstImage;
    filter2D(srcImage,dstImage,srcImage.depth(),kernel);
```

```
// depth() 参数为图像深度，即存储每个像素所用的位数
   imshow("conv image",dstImage);
   waitKey(0);
   return 0;
}
```

程序运行结果如图 2-4 所示。

图 2-4　例 2-3 和例 2-4 程序运行结果

代码中通过 Mat_ 类代替 Mat 类来简化代码，Mat_ 类与 Mat 类的使用方法类似，具体如下。

```
Mat_<float> cMatrix = Mat::eye(3, 3, CV_32F);
// "3,3" 表示 3 行 3 列，且对角为 1 的矩阵；" CV_32F" 表示 0 ~ 1.0 之间的 32 位浮点数
cMatrix(0, 0) = 2.5;
cout << cMatrix(0,0) << endl;// 输出结果 2.5
```

如果是定义为 Mat 类，则需要进行如下操作。

```
Mat testM = Mat::eye(3, 3, CV_32F);
testM.at<float>(0, 0) = 2.5;
cout << testM.at<float>(0,0) << endl;// 输出结果 2.5
```

卷积操作代码的实现比较简单，不同的卷积操作只需要改变卷积核即可。下面是几个常见的卷积核。

- 平滑均值滤波卷积核。平滑均值滤波卷积核如表 2-1 所示。该卷积核取 9 个值的平均值代替中间像素值，所以能起到平滑的效果。

表 2-1　平滑均值滤波卷积核

数值	数值	数值
1/9	1/9	1/9
1/9	1/9	1/9
1/9	1/9	1/9

- 高斯平滑滤波卷积核。高斯平滑滤波卷积核如表 2-2 所示。高斯平滑水平和垂直方向呈现高斯分布，更突出了中心点在像素平滑后的权重，相比均值滤波有着更好的平滑效果。

表 2-2　高斯平滑滤波卷积核

数值	数值	数值
1/16	2/16	1/16
2/16	4/16	2/9
1/16	2/16	1/16

- 图像锐化卷积核。图像锐化卷积核如表 2-3 所示。该卷积利用了图像中的边缘信息有着比周围像素更高的对比度这一特点，经过卷积之后这种对比度进一步增强，从而使图像显得棱角分明、画面清晰，起到锐化图像的效果。

表 2-3　图像锐化卷积核

数值	数值	数值
−1	−1	−1
−1	9	−1
−1	−1	−1

2.2.2　图像反转

反转变换适用于增强嵌入在图像暗色区域的白色或灰色细节，特别是当黑色面积较大时。灰度级范围为 [0, L−1] 的图像反转可定义为 $s = L-1-r$ ，其中，s 为反转目标图像某点的灰度值，r 为源图像对应点的灰度值，L 为灰度级数，具体应用见例 2-5。

例 2-5：图像反转。

具体代码如下。

```
// 引入相关头文件
#include<iostream>
#include<opencv2/opencv.hpp>
using namespace std;
using namespace cv;
int main(int argc, char** crgv)
{
// 定义一些对象
Mat src;
int height;
int width;
int i;
int j;
// 载入图像
src = imread("D:/images/1.png");
if (!src.data)
{
    cout << "Could not open or find image." << endl;
    return -1;
}
// 获取图像信息
height = src.rows; //Mat 对象的行数
```

```
width = src.cols * src.channels(); //Mat 对象的列数乘通道数
// 显示图像
imshow("src", src);
// 图像反转
for (i = 0; i < height; i++)
{
    for (j = 0; j < width; j++)
    {
        src.at<uchar>(i, j) = 255 - src.at<uchar>(i, j);  // 每一个像素反转
    }
}
// 显示图像
imshow("dst", src);
waitKey(0);
return 0;
}
```

程序运行结果如图 2-5 所示。

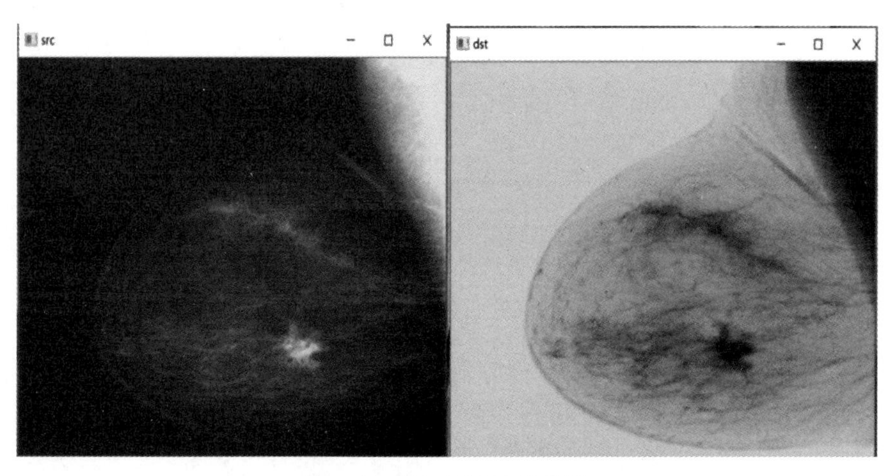

图 2-5　例 2-5 程序运行结果

从运行结果可以看出左边为源图像，右边为反转后的图像，即将二值图像的白色部分变为黑色、黑色部分变为白色。

也可用 OpenCV 的 bitwise_not() 函数实现反转，函数定义如下。

```
void bitwise_not(InputArray src, OutputArray dst, InputArray mask=noArray());//dst = ~src
```

参数解析如下。

- InputArray src：输入图像。
- OutputArray dst：输出图像。
- InputArray mask：模板的作用就是选择源图像中对应像素的副本，在位置 (x, y) 时，如果 mask 的像素值不等于 0，则 dst(x,y) = src(x,y)；如果 mask 的像素值等于 0，则 dst(x, y) = 0。模板要与源图像有相同大小。该参数一般不需要。

与 bitwise_not() 函数相关的函数还有 bitwise_and()、bitwise_or()、bitwise_xor() 等位操作函数，具体定义如下。

```
void bitwise_and(InputArray src1, InputArray src2,OutputArray dst, InputArray mask=noArray());
//dst = src1 & src2 对二进制数据进行 " 与 " 操作
void bitwise_or(InputArray src1, InputArray src2,OutputArray dst, InputArray mask=noArray());
//dst = src1 | src2 对二进制数据进行 " 或 " 操作
void bitwise_xor(InputArray src1, InputArray src2,OutputArray dst, InputArray mask=noArray());
//dst = src1 ^ src2 是对二进制数据进行 " 异或 " 操作
```

· 2.2.3 对数变换

对数变换可以拉伸范围较窄的低灰度值，同时压缩范围较宽的高灰度值；可以用来扩展图像中的暗像素值，同时压缩亮像素值。对数变换的一般表达式如下。

$$S = c\log(1+r) \tag{2-1}$$

其中，c 为常数，$1+r$ 可以使函数向左移一个单位，得到的 S 均大于 0。

假设 $r \geqslant 0$，进行对数变换时窄带低灰度输入图像值将映射为宽带输出值。下面通过例 2-6 进一步说明。

例 2-6：对数变换。

具体代码如下。

```
// 引入相关头文件
#include<iostream>
#include<cmath>
#include<opencv2/core/core.hpp>
#include<opencv2/highgui/highgui.hpp>
using namespace std;
using namespace cv;
// 定义对数变换模块
void log_transfor(Mat& image, Mat& result)
{
result = image.clone();
int rows = image.rows,cols = image.cols;
for (int i = 0; i < rows;i++)
{
        for (int j = 0;j < cols; j++)
        {
                for (int k = 0;k < 3;k++)
                {
// 对数变换
                        result.at<Vec3b>(i, j)[k] = 31 * log2(1 + image.at<Vec3b>(i, j)[k]);
                }
        }
}
}
int main()
{
// 读取图像
Mat image = imread("2.png");
Mat result;
```

```
    log_transfor(image,result);
    imshow(" 源图像 ",image);
    imshow(" 对数变换 ",result);
    waitKey(0);
        return 0;
    }
```

程序运行结果如图 2-6 所示。

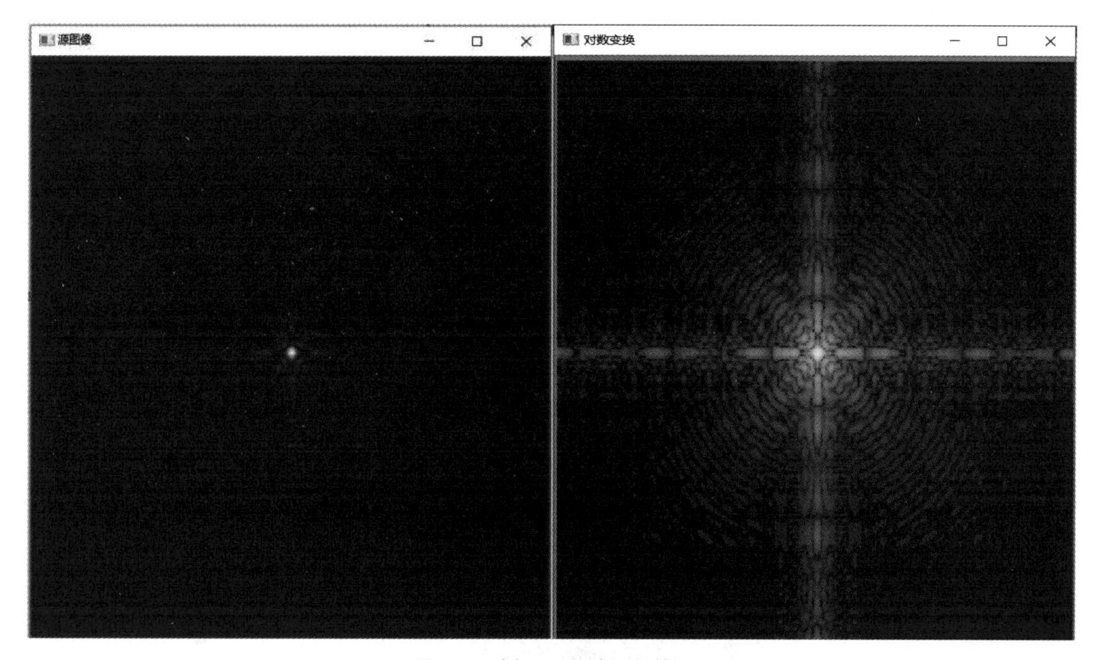

图 2-6 例 2-6 程序运行结果

从运行结果可以看出，对数变换将图像的低灰度值部分扩展，高灰度值部分压缩，以达到强调图像低灰度部分的目的。

· 2.2.4 幂律变换

幂律变换又叫伽马变换，和对数变换的原理差不多，只是参数多了一个，可变宽带的输入像素值范围可选，但是把低值带拉伸还是把高值带拉伸则取决于伽马的设定。

幂律变换的基本形式如下。

$$s=cr^{\gamma} \tag{2-2}$$

其中，s 和 r 分别表示处理前后的像素值，c 和 γ 为正常数。

- 幂律变换通过幂次变换曲线中的 γ 值把输入的窄带值映射到宽带输出值。
- 当 $\gamma>1$ 时，把输入的窄带暗值映射到宽带输出亮值，提高图像中亮区域的对比度。
- 当 $\gamma<1$ 时，把输入高值映射为宽带，图像整体灰度值增大，提高图像暗区域中的对比度。

不同 γ 值对应的曲线如图 2-7 所示。从图中可看出，斜率越大的部分拉伸幅度就越大（L 为拉伸比值），下面通过例 2-7 进一步说明。

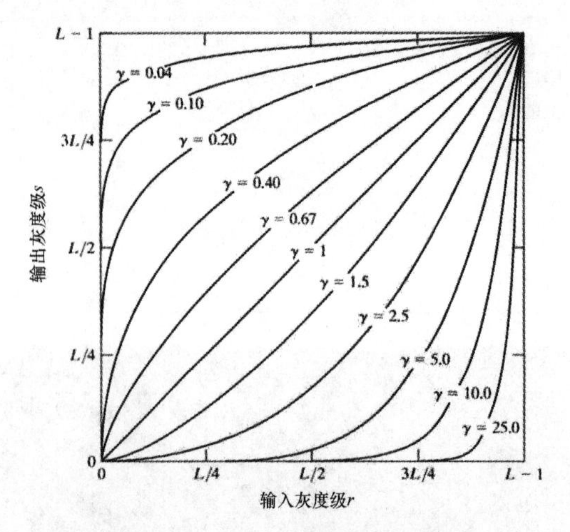

图 2-7　不同 γ 值对应的曲线图

例 2-7：幂律变换。

具体代码如下。

```
// 引入相关头文件
#include<opencv2/opencv.hpp>
#include<iostream>
#include<math.h>
using namespace std;
using namespace cv;
int main()
{
// 源图像；灰度图；对比度增强后的幂律变换图像
Mat img, gray_image, gamma_image;
img = imread("22.jpg");
imshow("original image", img);
cvtColor(img, gray_image, COLOR_BGR2GRAY);
imshow("gray image", gray_image);
gamma_image.create(gray_image.size(), CV_64F);
// 幂律变换
Mat src, gammaimage;
double gamma = 0.3;
// 把图像像素值收缩到（0,1）区间进行归一化处理
gray_image.convertTo(src, CV_64F, 1.0 / 255, 0);
int height = src.rows;
int width = src.cols;
gamma_image.create(src.size(), CV_64F);
for (int i = 0; i < height; i++)
{
        for (int j = 0; j < width; j++)
        {
// 幂律变换的公式
                gamma_image.at<double>(i, j) = pow(src.at<double>(i, j), gamma);
        }
}
gamma_image.convertTo(gammaimage, CV_8U, 255, 0);
```

```
// 显示结果
imshow("gamma image", gammaimage);
waitKey(0);
return 0;
}
```

程序运行结果如图 2-8 所示。

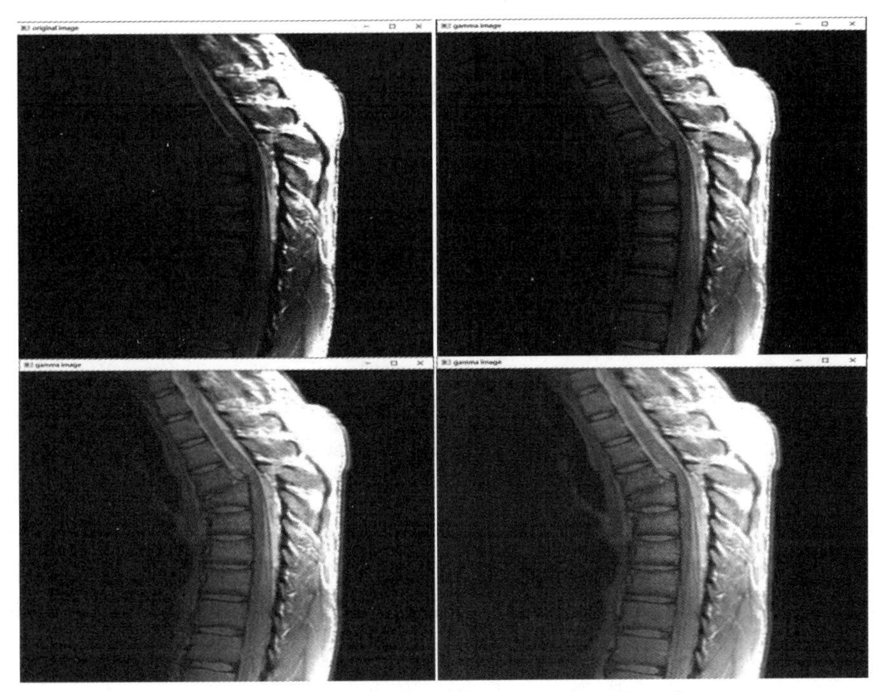

图 2-8 例 2-7 程序运行结果（从左到右依次显示源图像和 γ 分别为 0.6、0.4、0.3 时的结果）

从运行结果可以看出，当 $\gamma<1$ 时，γ 越小，图像暗区域的对比度越大。对于 $\gamma>1$ 的情况读者可以自己去试验对比。

2.2.5 线性变换

前面讲述了非线性变换，本小节就线性变换进行讲解。线性变换可分为线性变换和线性分段变换。线性变换是灰度变换的一种，图像的灰度变换通过建立灰度映射来调整源图像的灰度，从而达到图像增强的目的。一般成像系统只具有一定的亮度范围，亮度的最大值与最小值之比称为对比度。由于形成图像的系统亮度有限，图像常出现对比度不足的问题，使人眼观看图像时获得的视觉效果很差，通过变换法可以大大改善图像的视觉效果。线性变换公式可以表示为 $g(x, y)=k\times f(x, y)+b$。其中 $g(x, y)$ 表示变换后的目标像素值，$f(x, y)$ 表示原图像素值，k 表示斜率，b 表示截距。k 的取值和变换作用有以下 4 种情况。

- 当 $k>1$ 时，可用于增加图像的对比度。图像的像素值在变换后全部增大，整体显示效果被增强。
- 当 $k=1$ 时，常用于调节图像亮度。
- 当 $0<k<1$ 时，效果与 $k>1$ 时相反，图像的对比度和整体效果都被削弱。

- 当 $k < 0$ 时，源图像较亮的区域变暗，而较暗的区域会变亮。此时可以使函数中的 k=−1、b=255 让图像实现反色效果。

可以用 OpenCV 的 convertScaleAbs() 函数与 convertTo() 函数对图像进行线性变换，其中 convertScaleAbs() 函数定义如下。

```
void convertScaleAbs(InputArray src, OutputArray dst, double alpha = 1, double beta = 0);
```

参数解析如下。

- InputArray src：输入图像。
- OutputArray dst：输出图像。
- double alpha：缩放因子。
- double beta：缩放后的固定值，偏移量。

注意，src 和 dst 的类型与通道数相同。

下面这段代码展示了 convert ScaleAbs() 函数的应用。

```
cv::Mat src = cv::imread("lena.png");// 读取图像
cv::Mat dst;
cv::convertScaleAbs(src, dst,1.5,10);
cv::imshow("src", src);
cv::imshow("dst", dst);
```

其中 1.5 为缩放因子，10 为偏移量。

对于 convertTo() 函数，OpenCV 主要支持单通道和三通道的图像，并且此时要求其深度为 8 位和 16 位无符号（即 CV_16U），而其他一些数据类型是不支持的，例如 float 型等。如果 Mat 类型数据的深度和通道数不满足上面的要求，则需要使用 convertTo() 函数和 cvtColor() 函数来进行转换。convertTo() 函数负责转换数据类型不同的 Mat 对象，即可以将类似 float 型的 Mat 对象转换为 imwrite() 函数能够接受的类型。convertTo() 函数定义如下。

```
src.convertTo(dst, type, scale, shift) ;
```

参数解析如下。

- dst：目的矩阵。
- type：需要输出的矩阵类型，或者是输出矩阵的深度，如果是负值（常用 −1），则输出矩阵和输入矩阵类型相同。
- scale 和 shift：缩放参数，也可以写为 alpha 和 beta。

该函数的具体使用与 convertScaleAbs() 函数基本一致。

2.2.6 全域线性变换

全域线性变换就是将图像中所有点的灰度值按照线性灰度变换函数进行变换。

1. 线性变换

假定源图像 $f(x,y)$ 的灰度范围为 $[a,b]$，希望变换后图像 $g(x,y)$ 的灰度范围扩展至 $[c,d]$，则线性变换表达式如下。

$$g(x,y) = [(d-c)(b-a)][f(x,y)-a]+c \tag{2-3}$$

若图像中大部分像素的灰度级分布在区间 [a,b]，很小部分像素的灰度级超出了此区间，为改善增强的效果，可令：

$$g(x,y) = \begin{cases} c & 0 < f(x,y) < a \\ [(d-c)(b-a)][f(x,y)-a]+c & a \leqslant f(x,y) \leqslant b \\ d & \max \end{cases} \tag{2-4}$$

具体如图 2-9 所示。

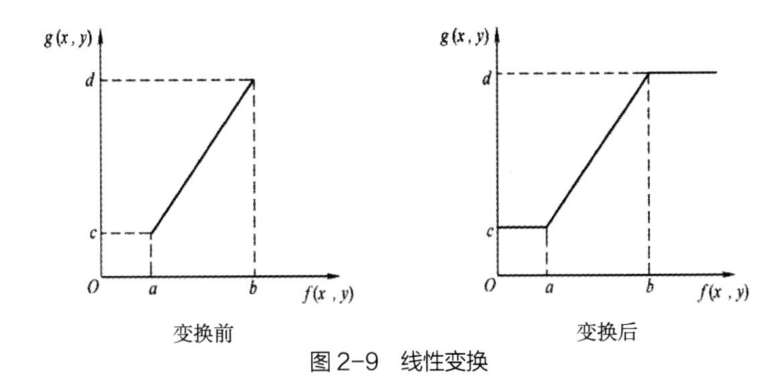

图 2-9　线性变换

2. 分段线性变换

为了突出感兴趣的目标或灰度区间，相对抑制那些不感兴趣的目标或灰度区间，常采用分段线性变换法来对图像进行处理。分段线性变换可对任一灰度区间进行扩展或压缩。常用的是三段线性变换法，其数学表达式如下。

$$g(x,y) = \begin{cases} \dfrac{y_1}{x_1} & 0 \leqslant x < x_1 \\ \dfrac{y_2-y_1}{x_2-x_1}(x-x_1) & x_1 \leqslant x \leqslant x_2 \\ \dfrac{255-y_2}{255-y_1}(x-x_2) & x_2 < x \leqslant 255 \end{cases} \tag{2-5}$$

其所对应的图像如图 2-10 所示。

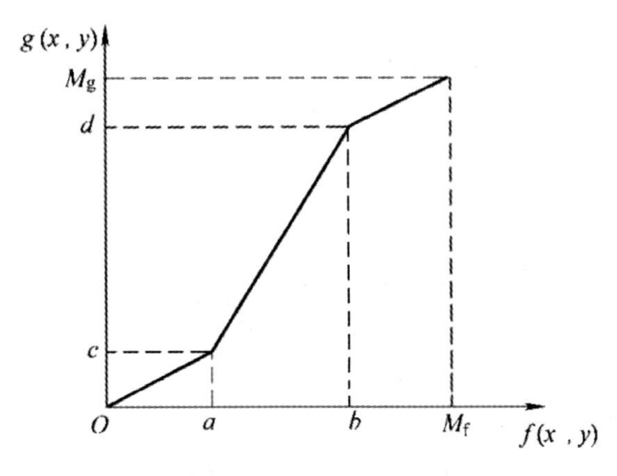

图 2-10　分段线性变换

式（2-5）对灰度区间 $[a,b]$ 进行了线性变换，而灰度区间 $[0,a]$ $[b,F_{max}]$ 受到了压缩。通过细心调整折线拐点的位置及控制分段直线的斜率，可对任一灰度区间进行扩展或压缩。这种变换适用于黑色或白色区间附近有噪声干扰的情况。例如照片中的划痕，由于变换后 0 ~ a 和 b ~ F_{max} 范围内的灰度受到压缩，因此噪声干扰得到减弱，下面通过例 2-8 进行说明。

例 2-8：线性变换。

程序代码如下。

```
#include<opencv.hpp>
#include<iostream>
using namespace std;
using namespace cv;
int main()
{
    // 以灰度图的格式打开图像
    Mat srcImage = imread("lena.png",IMREAD_GRAYSCALE);
    // 两个实验，复制副本
    Mat exam1, exam2;
    exam1 = srcImage.clone();
    exam2 = srcImage.clone();
    imshow(" 源图像 ",srcImage);
    int a = 128;
    int b = 128;
    // 统计源图像的灰度取值范围
    const int Rows = srcImage.rows;
    const int Cols = srcImage.cols;
    for(int i = 0; i < Rows; i++) {
      for (int j = 0; j < Cols; j++) {
        // 将当前像素的灰度值与最大值和最小值比较
        a = a > srcImage.at<uchar>(i,j) ? srcImage.at<uchar>(i,j) : a;
        b = b < srcImage.at<uchar>(i,j) ? srcImage.at<uchar>(i,j) : b;
      }
    }
    // 输出灰度值取值范围
    cout << a << " " << b << endl;
    // 方法一 线性变换
    // 模拟图像的像素主要分布在 [a_t,b_t] 中
    int a_t = a + 20;
    int b_t = b - 20;
    // 应用公式（2-4），重新计算像素值
    int d = 255;
    int c = 0;
    for(int i = 0; i < Rows; i++) {
      for (int j = 0; j < Cols; j++) {
        if (exam1.at<uchar>(i,j) < a_t) {
          exam1.at<uchar>(i,j) = c;
          continue;
        }
        if (exam1.at<uchar>(i,j) > b_t) {
          exam1.at<uchar>(i,j) = d;
          continue;
```

```
            }
            // 模拟的取值范围为 [a_t,b_t]
            exam1.at<uchar>(i,j) = (((double)(d - c))/(b_t - a_t)) * (exam1.at<uchar>(i,j)-a_t) + c;
        }
    }
    imshow(" 线性变换 ",exam1);
    // 方法二 分段线性变换
    int Gmax = 255;
    c = 10;
    d = 230;
    for(int i = 0; i < Rows; i++) {
        for (int j = 0; j < Cols; j++) {
            if (exam2.at<uchar>(i,j) < a_t) {
                exam2.at<uchar>(i,j) = (double(c)/a_t) * (exam2.at<uchar>(i,j) - a);
                continue;
            }
            if (exam2.at<uchar>(i,j) > b_t) {
                exam2.at<uchar>(i,j) = (double((Gmax - d))/(b - b_t)) * (exam2.at<uchar>(i,j) - b_t) + d;
                continue;
            }
            exam2.at<uchar>(i,j) = (((double)(d - c))/(b_t - a_t)) * (exam2.at<uchar>(i,j)-a_t) + c;
        }
    }
    imshow(“分段线性变换”, exam2);
    waitKey(0);
    return 0;
}
```

程序运行结果如图 2-11 所示。

图 2-11　例 2-8 程序运行结果

图 2-11 为经过线性变换得到的结果，其中图像的灰度区间取值范围为 [30,226]，两个分段点分别取值为 50 和 206，扩展映射空间为 [0,255]，从左到右分别为源图像，线性变换、分段线性变换的结果。

2.2.7　图像灰度化

我们平时看到的图像大部分都是彩色图像，在计算机中用 RGB（红绿蓝）颜色模式显示图像，RGB 3 个分量的取值范围都是 0 ~ 255，从光学原理上按照不同的亮度比例进行颜色调配。如 RGB（255,255,0）将红色与酸橙色（亮绿色）进行调配表示为黄色，RGB（128,0,128）将栗红色（暗红色）与海军蓝（深蓝色）混合为紫色。在 RGB 模型中，在 R=G=B 时，彩色会在视觉上呈现出一种灰色，其中 R、G、B 的值叫灰度值，灰度范围为 0（黑色）到 255（白色）。灰度值是形容黑白图像的，亮度值是形容彩色图像的。如果需要把彩色图像转换成黑白图像，那么亮度值就会作为转换后的黑白图像的灰度值。

在图像处理时，如果采用 RGB 模式进行计算，那么需要分别对 RGB 的 3 个分量进行处理，而且实际上 RGB 并不能反映图像的形态特征，只是从光学原理上进行颜色的调配。所以将彩色照片转换为灰度图进行统一处理，这个操作称为图像灰度化。图像灰度化通常有两种方法：平均值法和加权平均法。平均值法直接将彩色图像中的 3 个分量亮度求平均得到灰度值，公式如下。

$$Gray(x,y)=[R(x,y)+G(x,y)+B(x,y)]/3 \tag{2-6}$$

而由于人眼对绿色的敏感度最高，对蓝色的敏感度最低，因此，对 RGB 3 个分量进行加权平均能得到更合理的灰度图，公式如下。

$$Gray(x,y)=R(x,y)\times 0.3+G(x,y)\times 0.59+B(x,y)\times 0.11 \tag{2-7}$$

在 OpenCV 中，彩色图像的存储方式为一个二维数组，灰度图像的存储格式如图 2-12 所示。

	Column 0	Column 1	Column ...	Column m
Row 0	0,0	0,1	...	0, m
Row 1	1,0	1,1	...	1, m
Row ...	...,0	...,1	...	..., m
Row n	n,0	n,1	n,...	n, m

图 2-12　灰度图像存储格式

彩色图像需要 RGB 3 个分量，则在存储时直接将一个元素扩展为 3 个，如图 2-13 所示。

	Column 0			Column 1			Column ...			Column m		
Row 0	0,0	0,0	0,0	0,1	0,1	0,1	...	...	...	0, m	0, m	0, m
Row 1	1,0	1,0	1,0	1,1	1,1	1,1	...	...	...	1, m	1, m	1, m
Row ...	...,0	...,0	...,0	...,1	...,1	...,1	...	...	...	..., m	..., m	..., m
Row n	n,0	n,0	n,0	n,1	n,1	n,1	n,...	n,...	n,...	n, m	n, m	n, m

图 2-13　彩色图像存储格式

下面通过例 2-9 进行说明。

例 2-9：图像灰度化。

具体代码如下。

```
// 引入头文件
#include<opencv.hpp>
using namespace cv;
int main() {
    // 读取图像
    Mat src = imread("lena.png");
     imshow("src", src);
    // 平均值法，与彩色图像大小相同，通道数为 1
    Mat gray1(src.rows, src.cols, CV_8UC1);
    for (int i = 0; i < src.rows; i++) {
        for (int j = 0; j < src.cols; j++) {
            // 注意，彩色图像中每一个像素有 3 个分量，使用 j*3
```

```
                gray1.at<uchar>(i,j) = (src.at<uchar>(i,j*3) + src.at<uchar>(i,j*3 + 1) + src.at<uchar>(i,j*3
+ 2)) / 3;
            }
        }
    imshow("gray1",gray1);
        // 加权平均值法
        Mat gray2(src.rows, src.cols, CV_8UC1);
        for (int i = 0; i < src.rows; i++) {
            for (int j = 0; j < src.cols; j++) {
                // 注意，OpenCV 中排列的方式为 BGR
                gray2.at<uchar>(i,j) = (src.at<uchar>(i,j*3)*11 + src.at<uchar>(i,j*3 + 1)*59 + src.
at<uchar>(i,j*3 + 2)*30) / 100;
            }
        }
        imshow(«gray2», gray2);
        waitKey();
        return 0;
    }
```

程序运行结果如图 2-14 所示。可以看到，加权平均值法比平均值法保留了更多的光照细节。

图 2-14　例 2-9 程序运行结果

OpenCV 中灰度化处理使用 cvtColcor() 函数，cvtColor() 函数在 OpenCV 里用于图像颜色空间转换，可以实现 RGB、HSV、HSI、Lab、YUV 等颜色空间转换，也可以彩色和灰度互转。

如果要将图像转换成灰色，则代码如下。

```
cvtColor(srcimage, dstimage, Color_GRAY2BGR);
```

2.3 直方图处理

直方图是用来表现图像中亮度分布的，给出的是图像中某个亮度或者某个范围亮度下共有几个像素，即统计一幅图某个亮度像素的数量。直方图不能反映某一灰度值像素在图像中的位置，失去了图像的空间信息。图像直方图由于其计算代价较小，且具有图像平移、旋转、缩放不变性等众多优点，被广泛地应用于图像处理的各个领域，特别是灰度图像的阈值分割、基于颜色的图像检索以及图像分类。灰度直方图是灰度级的函数，表示图像中具有某种灰度级的像素的个数，反映了图像中每种灰度值出现的频率。使用直方图进行图像计算处理效率较高，效果也较好，所以经常用于图像处理。

· 2.3.1 标准直方图

直方图已广泛应用于许多计算机视觉应用中，直方图是指对整幅图像在灰度范围内的像素值（0 ~ 255）统计出现频率并生成的图。直方图反映了图像灰度的分布情况，是图像的统计学特征。直方图是计算机视觉中最经典的工具之一，也是一个很好的图像特征表示手段。

OpenCV 中的直方图函数 calcHist() 定义如下。

```
void cv::calcHist(const Mat * images,
int     nimages,
const int * channels,
InputArray mask,
OutputArray hist,
int     dims,
const int * histSize,
const float ** ranges,
bool  uniform = true,
bool  accumulate = false)
```

具体参数解析如下。

- const Mat *images：要求 Mat 指针。可以传递一个数组，可以同时求很多幅图像的直方图，前提是深度相同，如 CV_8U 和 CV_32F，尺寸相同，通道数可以不同。
- int nimages：源图像数。
- const int* channels：传递要加入直方图计算的通道。该函数可以求多个通道的直方图，通道编号从 0 开始依次递增。假如第一幅图像有 3 个通道，第二幅图像有两个通道，则：images[0] 的通道编号为 0、1、2，images[1] 的通道编号则为 3、4；如果想通过 5 个通道计算直方图，则传递的通道 channels 为 int channels[5] = {0,1,2,3,4,5}。
- InputArray mask：掩码矩阵。没有掩码，则传递空矩阵就行了；如果非空，则掩码矩阵大小必须和图像大小相同，在掩码矩阵中，非空元素将被计算到直方图内。
- OutputArray hist：输出直方图。
- int dims：直方图维度。必须大于 0，并小于 CV_MAX_DIMS(32)。
- const int*histSize：直方图中每个维度的级别数量。例如灰度值（0—255），如果级别数量为 4，则灰度值直方图会按照 [0, 63]、[64,127]、[128,191]、[192,255] 划分，也称为 bin 数目，级别数量为 4 就是 4 个 bin。如果是多维的就需要传递多个 histSize，每个维度的大小用一个 int 型数据来表示，所以 histSize 是一个数组。
- const float**ranges：一个维度中的每一个 bin 的取值范围。
- bool uniform：如果为 true，则 range 可以用一个具有两个元素（一个最小值和一个最大值）的数组表示，如果为 false，则需要用一个具有 histSize+1 个元素（每相邻两个元素组成的取值空间代表对应的 bin 的取值范围）的数组表示。如果统计多个维度则需要传递多个数组，所以 ranges 是一个二维数组。

- bool accumulate：决定在计算直方图时是否清空传入的 hist。其值为 true 表示不清空，为 false 则表示清空。该参数一般设置为 false，只有在想要统计多个图像序列中的累加直方图时才会设置为 true。

OpenCV 中，在进行直方图绘图之前，需要用函数 normalize () 对数据进行归一化处理。该函数的主要功能是归一化数据，分为范围归一化（归于某取值范围）与数据值归一化（0 ~ 1 直接）。normalize() 函数声明如下。

```
void cv::normalize(InputArray src,
InputOutputArray dst,
double alpha=1,
double beta=0,
int norm_type=NORM_L2,
int dtype=-1,
InputArray mark=noArray())
```

具体参数解析如下。

- InputArray src：输入数组。
- OutputArray dst：输出数组。大小和原数组一致。
- double alpha：用来规范值或者规范范围，并且是下限。
- double beta：用来规范范围并且是上限。因此该参数只在 NORM_MINMAX 中起作用。
- int norm_type：归一化选择的数学公式类型。
- int dtype：其值为负，输出的大小、深度、通道数都等于输入；其值为正，输出只有深度与输入不同，不同的地方由 dtype 决定。
- InputArray mark：掩码。选择感兴趣区域，选定后只能对该区域进行操作。

下面通过例 2-10 对标准直方图进行说明。

例 2-10：标准直方图。

具体代码如下。

```
#include<opencv2/highgui.hpp>
#include<opencv2/imgcodecs.hpp>
#include<opencv2/imgproc.hpp>
#include<iostream>
using namespace std;
using namespace cv;
int main(int argc, char** argv)
{
    Mat src, dst;
    String imageName("lena.png"); // 加载源图像
    src = imread(imageName, IMREAD_COLOR);
    if (src.empty())
    {
      return -1;
    }
    vector<Mat> bgr_planes;
    split(src, bgr_planes);// 在 R、G 和 B 3 个平面中分离源图像
    int histSize = 256;
```

```
    float range[] = {0, 256 };// 设置值的范围
    const float* histRange = { range };
    // 箱子具有相同的尺寸（均匀），并在开始时清除直方图
    bool uniform = true; bool accumulate = false;
    Mat b_hist, g_hist, r_hist;// 创建 Mat 对象分别保存直方图，每个通道均为 1
    calcHist(&bgr_planes[0], 1, 0, Mat(), b_hist, 1, &histSize, &histRange, uniform, accumulate);
    calcHist(&bgr_planes[1], 1, 0, Mat(), g_hist, 1, &histSize, &histRange, uniform, accumulate);
    calcHist(&bgr_planes[2], 1, 0, Mat(), r_hist, 1, &histSize, &histRange, uniform, accumulate);
    // 创建一个图像 histImage 显示直方图
    int hist_w = 512; int hist_h = 400;
    int bin_w = cvRound((double)hist_w / histSize);
    Mat histImage(hist_h, hist_w, CV_8UC3, Scalar(0, 0, 0));
    // 归一化直方图
    normalize(b_hist, b_hist, 0, histImage.rows, NORM_MINMAX, -1, Mat());
    normalize(g_hist, g_hist, 0, histImage.rows, NORM_MINMAX, -1, Mat());
    normalize(r_hist, r_hist, 0, histImage.rows, NORM_MINMAX, -1, Mat());
    for (int i = 1; i < histSize; i++)
    {
      line(histImage, Point(bin_w * (i - 1), hist_h - cvRound(b_hist.at<float>(i - 1))),
        Point(bin_w * (i), hist_h - cvRound(b_hist.at<float>(i))),
        Scalar(255, 0, 0), 2, 8, 0);
      line(histImage, Point(bin_w * (i - 1), hist_h - cvRound(g_hist.at<float>(i - 1))),
        Point(bin_w * (i), hist_h - cvRound(g_hist.at<float>(i))),
        Scalar(0, 255, 0), 2, 8, 0);
      line(histImage, Point(bin_w * (i - 1), hist_h - cvRound(r_hist.at<float>(i - 1))),
        Point(bin_w * (i), hist_h - cvRound(r_hist.at<float>(i))),
        Scalar(0, 0, 255), 2, 8, 0);
    }
    namedWindow("calcHist Demo", WINDOW_AUTOSIZE);
    imshow("calcHist Demo", histImage); // 显示直方图，等待用户退出
    waitKey(0);
    return 0;
}
```

程序运行结果如图 2-15 所示。

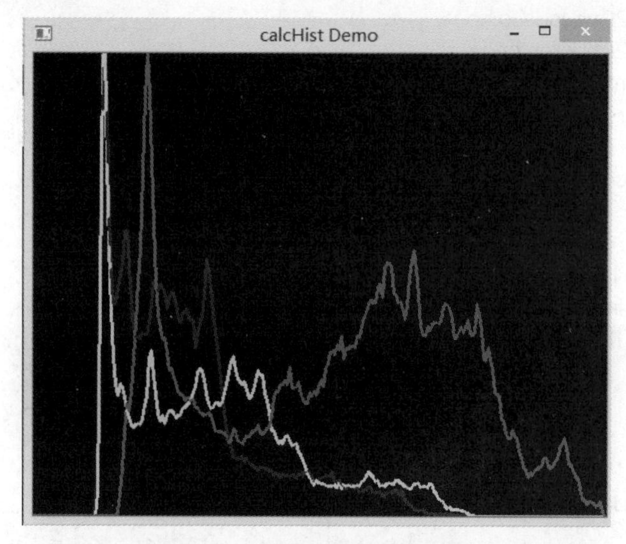

图 2-15　例 2-10 程序运行结果

图 2-15 中显示了图像 3 个通道的直方图，代码中的 cvRound() 函数表示四舍五入取整。

2.3.2 直方图均衡化

直方图均衡化是一种增强图像对比度的方法，也叫直方图线性变换，具体运算见公式（2-8）。其主要思想是将一幅图像的直方图分布变成近似均匀分布，从而增强图像的对比度，其基本原理是对在图像中像素个数多的灰度值（即对画面起主要作用的灰度值）进行展宽，而对像素个数少的灰度值（即对画面不起主要作用的灰度值）进行归并，从而加强对比度，使图像清晰，达到图像增强的目的。图 2-16 所示左图为源图像，右图为直方图均衡化后的图像。例如，过度曝光图像的灰度级集中在高亮度范围内，而曝光不足将使图像灰度级集中在低亮度范围内。采用直方图均衡化，可以把源图像的直方图变换为均匀分布（均衡）的形式，这样就增大了像素之间灰度值差别的动态范围，从而达到增强图像整体对比度的效果。

$$s_k = \frac{L-1}{MN}\sum_{j=0}^{k}\Sigma n_j, k=0, 1, 2, \cdots, L-1 \tag{2-8}$$

其中，MN 为图像像素总数，n_k 是灰度，r_k 为像素个数，L 是图像可能的灰度级数量（例如对于 8 位图像，L=256）。通过上式，输出图像中像素的灰度值可由输入图像中像素灰度 r_k 映射为 s_k 后得到。一句话概述直方图均衡化，即变换后的灰度值为原灰度值与其统计概率的乘积。

图 2-16 直方图均衡化

OpenCV 提供了一个直方图均衡化的函数，可以通过使用这个函数来实现直方图均衡化，函数定义如下。

```
cv::equalizeHist(image,result) ;
```

参数解析如下。

- image：输入图像，即源图像，必须是 8 位的单通道图像。
- result：函数调用后的运算结果，需和源图像有一样的尺寸和类型。

下面通过例 2-11 进行说明。

例 2-11：直方图均衡化处理。

具体代码如下。

```
// 引入相关头文件
#include<opencv2/opencv.hpp>
#include <iostream>
using namespace std;
using namespace cv;
int main()
{
Mat srcImage, dstImage;
srcImage = imread("5.png");// 读取图像
if (!srcImage.data)
{
      printf(" 读取图像错误！ \n");
      return -1;
}
// 转化为灰度图并显示出来
cvtColor(srcImage, srcImage, COLOR_BGR2GRAY);
imshow(" 源图像 ", srcImage);
// 进行直方图均衡化
equalizeHist(srcImage, dstImage);
// 显示结果
imshow(" 经过直方图均衡后的图 ", dstImage);
waitKey(0);
destroyAllWindows();
return 0;
}
```

程序运行结果如图 2-17 所示。

图 2-17　例 2-11 程序运行结果

对比两幅图像，可以发现经过直方图均衡处理过的图像灰度细节更丰富且动态范围较大。

· 2.3.3　直方图匹配

从上一小节可以看出，直方图的均衡化自动确定了变换函数，可以很方便地得到变换后的图像。

但是，在有些应用中这种自动的增强并不是最好的方法。有时候，需要图像具有某一特定的直方图形状（也就是灰度分布），而不是均匀分布的直方图，这时可以使用直方图匹配。

直方图匹配也叫作直方图规定化，用于将图像变换为某一特定的灰度分布，适用于目标灰度直方图已知的情况。建议读者先看图 2-18 所示的直方图匹配程序运行结果，其中有 3 幅图像，中间的是目标图像（另外一幅图像）风格，这样更易于理解。这其实和直方图均衡化类似，均衡化后的灰度直方图也是已知的，是一个均匀分布的直方图；而规定化后的直方图可以随意指定，也就是在执行规定化操作时，首先要知道变换后的灰度直方图，这样才能确定变换函数。规定化操作能够有目的地增强某个灰度区间，相比于均衡化操作，规定化多了一个输入，但是其变换后的结果也更灵活。

直方图匹配的步骤如下。

（1）将源图像的灰度直方图进行均衡化，得到一个变换函数 $s=T(r)$，其中 s 是均衡化后的像素，r 是原始像素。

（2）对规定的直方图进行均衡化，得到一个变换函数 $v=G(z)$，其中 v 是均衡化后的像素，z 是规定的像素。

（3）上面都是对同一图像的均衡化，其结果应该是相等的，即 $s=v$，且 $z=G^{-1}(v)=G^{-1}[T(r)]$。

通过均衡化作为中间结果，将得到原始像素 r 和规定化后像素 z 之间的映射关系，下面通过例 2-12 进行说明。

例 2-12：直方图匹配。

具体代码如下。

```
//引入相关头文件
#include<opencv2/opencv.hpp>
#include<iostream>
#include<vector>
using namespace std;
using namespace cv;
Mat gray_hist; // 直方图计算的结果
void CalHistogram(Mat& img);
void HistMap(Mat& img_src,Mat& img_obj);
int main()
{
    // 注意 ,imread() 函数后不加参数，默认读取的是 RGB 图像
    Mat img_src = imread("6.png");
    Mat img_obj = imread("5.png");
    Mat imgOutput; // 规定化后的输出图像
    // 分割源图像通道
    vector<Mat> src_channels;
    Mat src_blue, src_green, src_red;
    split(img_src, src_channels);
    src_blue = src_channels.at(0);
    src_green = src_channels.at(1);
    src_red = src_channels.at(2);
    // 分割目标图像通道
    vector<Mat> obj_channels;
    Mat obj_blue, obj_green, obj_red;
    split(img_obj, obj_channels);
```

```
        obj_blue = obj_channels.at(0);
        obj_green = obj_channels.at(1);
        obj_red = obj_channels.at(2);
        // 分别对 BGR 通道进行直方图规定化操作
        HistMap(src_blue, obj_blue);
        HistMap(src_green, obj_green);
        HistMap(src_red, obj_red);
        // 合并通道，输出结果
        merge(src_channels, imgOutput);
        // 显示图像
        imshow("img_src", img_src);
        imshow("img_obj", img_obj);
        imshow("imgOutput", imgOutput);
        waitKey(0);
        return 0;
}
void CalHistogram(Mat& img)
{
        if (img.empty())
          return;
        // 设定 bin 数目
        int histsize = 256;
        // 设定取值范围
        float range[] = { 0, 256 };
        const float* histRange = { range };
        // 调用 OpenCV 函数计算直方图，将计算结果保存到 gray_hist 中
        calcHist(&img, 1, 0, Mat(), gray_hist, 1, &histsize, &histRange);
}
void HistMap(Mat& img_src, Mat& img_obj)
{
        int i, j; // 循环变量
        double gray_temp = 0; // 中间结果，用于计算累计直方图
        double totalPixel; // 像素总数
        // 计算源图像直方图，并归一化到 (0,1)
        CalHistogram(img_src);
        totalPixel = img_src.rows * img_src.cols;
        double srcHist[256];
        for (i = 0; i < 256; i++)
        {
          srcHist[i] = gray_hist.at<float>(i) / totalPixel;
        }
        // 计算源图像直方图的累计概率 0 ~ 1
        double srcCumHist[256];
        for (i = 0; i < 256; i++)
        {
          gray_temp = 0;
          for (j = 0; j <= i; j++)
          {
            gray_temp += srcHist[j];
          }
          srcCumHist[i] = gray_temp;
        }
```

```
// 计算目标图像直方图
CalHistogram(img_obj);
totalPixel = img_obj.rows * img_obj.cols;
double objHist[256];
for (i = 0; i < 256; i++)
{
    objHist[i] = gray_hist.at<float>(i) / totalPixel;
}
// 计算目标图像直方图的累计概率 0 ~ 1
double objCumHist[256];
for (i = 0; i < 256; i++)
{
    gray_temp = 0;
    for (j = 0; j <= i; j++)
    {
        gray_temp += objHist[j];
    }
    objCumHist[i] = gray_temp;
}
//GML 组映射
double min = 1; // 设置成一个≥ 1 的数即可
uchar map[256]; // 输入到输出的映射关系
uchar groop[256]; // 分组序号
for (i = 0; i < 256; i++)
{
    groop[i] = -1; // 初始化
}
for (i = 0; i < 256; i++) // 遍历目标图像的累计直方图
{
    if (objHist[i] == 0)
    // 如果该位置的直方图为 0，则可以跳出这次循环，因为不会有点映射到这里来
    {
        if (i > 0)
            groop[i] = groop[i - 1];
        continue;
    }
    min = 1;
    for (j = 0; j < 256; j++)  // 遍历源图像，寻找两个直方图距离最接近的点
    {
        if (abs(objCumHist[i] - srcCumHist[j]) < min)
        {
            min = abs(objCumHist[i] - srcCumHist[j]);
            groop[i] = j; // 最接近的直方图位置（源图像），记录分组序号
        }
    }
    if (i == 0) // 灰度值为 0 的情况有点特殊
    {
        for (int pos = 0; pos <= groop[i]; pos++)
            map[pos] = 0;
    }
    else
    {
```

```
            for (int pos = groop[i - 1] + 1; pos <= groop[i]; pos++)
            // 属于同一组内的元素，映射到同一个灰度值
            map[pos] = i; // 建立映射关系
        }
    }
    // 根据映射关系进行点运算，修改源图像
    uchar* p = NULL; // 用于遍历像素的指针
    int width = img_src.cols;
    int height = img_src.rows;
    for (i = 0; i < height; i++)
    {
        p = img_src.ptr<uchar>(i); // 获取第 i 行的首地址
        for (j = 0; j < width; j++)
        {
            p[j] = map[p[j]];
        }
    }
}
```

程序运行结果如图 2-18 所示。

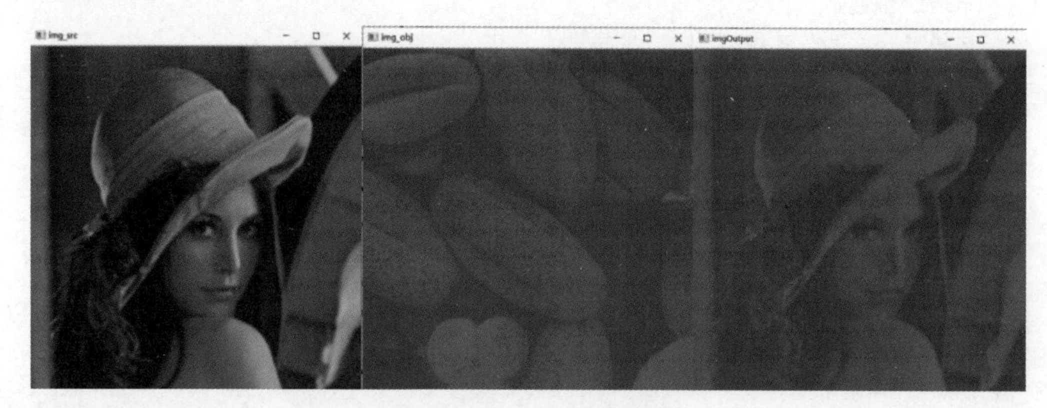

图 2-18　例 2-12 程序运行结果

从运行结果可以看出，源图像经过处理变成了目标图像的风格，从左至右 3 幅图像分别为源图像、目标图像和变换图像。

· 2.3.4　局部直方图处理

全局直方图适用于整张图像的增强，但有时存在这样的情况：只需要增强图像中小区域的细节。在这些区域中，一些像素的影响在全局变换的计算中可能被忽略了，因为全局直方图没有必要保证期望的局部增强，解决方法是以图像中每个像素的邻域中的灰度分布为基础设计变换函数。处理过程是定义一个邻域，并把该区域的中心从一个像素移至另一个像素。在每个位置，计算邻域中点的直方图，并且得到的不是直方图的均衡化就是规定化的变换函数，这个函数最终用于映射邻域中心像素的灰度。然后，邻域的中心被移至一个相邻像素位置，重复该过程。当邻域进行逐像素平移时，由于只有邻域中的一行或一列改变，所以可以在移动一步的过程中以新数据更新前一个位置得到的直方图。

局部直方图操作的具体步骤如下。

（1）求第一个邻域内的直方图。

（2）根据直方图均衡化将该邻域中心点的像素更新。

（3）将中心点移向下一个邻域，例如，此时中心点为 (3,3)（第一个数为行，第二个值为列），先向下移动一个像素，中心点变为 (4,3)，假设局部直方图大小为 7 × 7，则此时得到的邻域与前一个邻域相比只有一行像素不同，即 (0,0)、(0,1)……(0,6) 与 (7,0)、(7,1)……(7,6) 可能不同，此时比较第 0 行和第 7 行相对应的元素是否相同来更新直方图，如果直方图有变化，则更新当前中心点的像素值。

（4）对所有的像素执行第三步。

下面通过例 2-13 来进行说明。

例 2-13：局部直方图处理。

具体代码如下。

```
// 引入相关头文件
#include<iostream>
#include<cmath>
#include<opencv2/core/core.hpp>
#include<opencv2/highgui/highgui.hpp>
#include<opencv2/imgcodecs/imgcodecs.hpp>
#include<opencv2/imgproc/imgproc.hpp>
void global_enhancement(cv::Mat& dst)
{
int Row = dst.rows;
int Col = dst.cols;
int grayScaleFrequence[256] = { 0 };
for (int irow = 0; irow < Row; irow++)
	for (int icol = 0; icol < Col; icol++)
		grayScaleFrequence[dst.at<uchar>(irow, icol)]++;
for (int i = 0; i < 256; i++)
{
	if (i < 255)
		grayScaleFrequence[i + 1] += grayScaleFrequence[i];
	grayScaleFrequence[i] = round((grayScaleFrequence[i] * 1.0) / (Row * Col) * 255);
// 全局直方图均衡映射表
}
for (int irow = 0; irow < Row; irow++)
	for (int icol = 0; icol < Col; icol++)
		dst.at<uchar>(irow, icol) = grayScaleFrequence[dst.at<uchar>(irow, icol)];
return;
}
int hist_equalization_local_enhancement(const cv::Mat& mask)
{
int Row = mask.rows;		int Col = mask.cols;
int grayScaleFrequency[256] = { 0 };
for (int irow = 0; irow < Row; irow++)
	for (int icol = 0; icol < Col; icol++)
		grayScaleFrequency[mask.at<uchar>(irow, icol)]++;
for (int i = 0; i < 256; i++)
```

```
{
    if (i < 255)
        grayScaleFrequency[i + 1] += grayScaleFrequency[i];
    grayScaleFrequency[i] = round((grayScaleFrequency[i] * 1.0) / (Row * Col) * 255);
// 全局直方图均衡映射表
}
int result = grayScaleFrequency[mask.at<uchar>(Row / 2, Col / 2)];
return result;
}
void local_enhancement(cv::Mat& dst)
{
int length;
std::cout << " 迭代邻域边长（默认邻域为正方形）: ";
std::cin >> length;
int halfLength = length / 2;
int Row = dst.rows;                    int Col = dst.cols;
for (int irow = 0 + halfLength; irow < Row - halfLength; irow++)
{
    for (int icol = 0 + halfLength; icol < Col - halfLength; icol++)
    {
        cv::Mat tempMask = dst(cv::Rect(icol - halfLength, irow - halfLength, length, length));
        //cv::Mat tempMask = dst(cv::Rect(irow - halfLength, icol - halfLength, length, length));
        dst.at<uchar>(irow, icol) = hist_equalization_local_enhancement(tempMask);
    }
}
return;
}
int main(int argc, char** argv)
{
cv::String imageName = "D:/images/6.png";
cv::Mat src = cv::imread(cv::samples::findFile(imageName), cv::IMREAD_GRAYSCALE);
cv::Mat dst_global_enhancement = src.clone();
cv::Mat dst_local_enhancement = src.clone();
cv::Mat dst_local_enhancement = src(cv::Rect(0, 40, 200, 50));// 定义坐标
global_enhancement(dst_global_enhancement);
local_enhancement(dst_local_enhancement);

for (int i = 10; i < 50; i++)
    for (int j = 50; j < 90; j++)
        dst_overall.at<uchar>(i, j) = 255;
// 显示结果
cv::imshow("Original Image", src);
cv::imshow("Global Hist Equalization", dst_global_enhancement);
cv::imshow("Local Hist Equalization", dst_local_enhancement);
cv::waitKey(0);
return 0;
}
```

程序运行结果如图 2-19 所示。

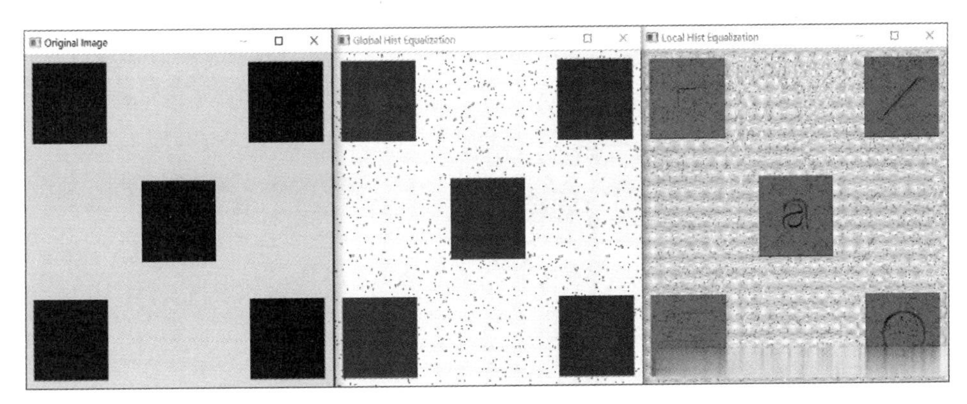

图 2-19　例 2-13 程序运行结果

图 2-19 中，左图为源图像，中间图为全局直方图均衡的结果，右图为使用大小为 3×3 的邻域对左图应用局部直方图均衡化的结果。

2.4 图像去噪

图像去噪是指减少数字图像中噪声的过程。现实中的数字图像在数字化和传输过程中常受到成像设备与外部环境噪声等的影响，在这种条件下得到的图像称为含噪图像或噪声图像。噪声是干扰图像的重要因素。一幅图像在实际应用中可能存在各种各样的噪声，这些噪声可能在传输过程中产生，也可能在量化处理等过程中产生。

图像噪声包括以下几个方面。

- 存在于图像数据中的不必要的或多余的干扰信息。
- 图像中各种妨碍人们对其信息进行接收的因素。

噪声的特点如下。

- 噪声在图像中的分布和大小不规则。
- 噪声与图像之间具有相关性。
- 噪声具有叠加性。

图像中去噪可采用图像增强的方法如下。

- 空间域法：在源图像上直接进行数据运算，对像素的灰度值进行处理，具体分为以下两类。

点运算：对图像做逐点运算。

局部运算：在与处理像素邻域有关的空间域上进行运算。

- 频域法：在图像的变换域上进行处理，增强感兴趣的频率分量，然后进行反变换。

下面就介绍一些常见的图像去噪方法。

2.4.1 均值滤波

均值滤波（Mean Filter）是由当前像素邻近的若干像素组成的模板的均值来替代原像素的值的

方法，公式如下。

$$g(x, y) = \frac{1}{M}\sum_{f \in s} f(x, y) \tag{2-9}$$

1 到 8 点为点（x,y）的邻近像素，如图 2-20 所示。

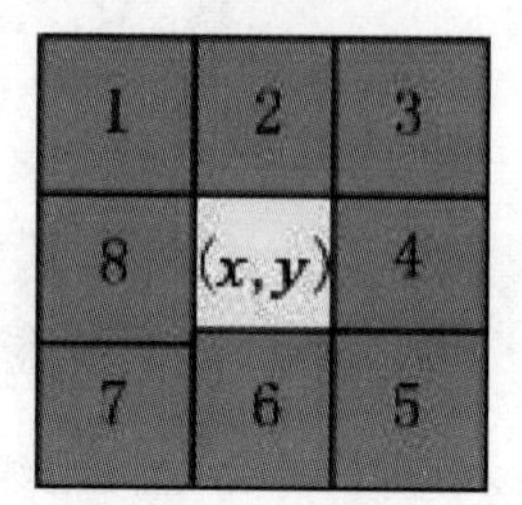

图 2-20 均值滤波

权系数矩阵模板如下。

$$1/9\begin{bmatrix}1 & 1 & 1\\ 1 & 1 & 1\\ 1 & 1 & 1\end{bmatrix}$$

即 $g=[f(x-1,y-1)+f(x,y-1)+f(x+1,y-1)+f(x-1,y)+f(x,y)+f(x+1,y)+f(x-1,y+1)+f(x,y+1)+f(x+1,y+1)]/9$

新的像素值为原像素值与邻近像素值和的平均值。均值滤波的优点为算法简单，计算速度快；缺点为降低噪声的同时会使图像模糊，特别是景物的边缘和细节部分。

下面通过例 2-14 来进行说明。

例 2-14：均值滤波。

具体代码如下。

```
// 引入相关头文件
#include<iostream>
#include<opencv2/opencv.hpp>
#include<vector>
using namespace std;
using namespace cv;
int main()
{
Mat srcImage = imread("D:/images/7.png");// 载入图像
imshow("【源图像】", srcImage);
Mat dstImage;
dstImage.create(srcImage.size(), srcImage.type());
blur(srcImage, dstImage, Size(7,7));// 进行 blur 均值滤波操作
imshow("【均值滤波后的图像】", dstImage);// 显示效果图
waitKey(0);
return 0;
}
```

程序运行结果如图 2-21 所示。

图 2-21 例 2-14 程序运行结果

从运行结果可以看出，源图像中的许多噪点被过滤掉了。在处理噪声的同时也存在一个问题，就是源图像的一些细节变得模糊了。

· 2.4.2 高斯滤波

空间频率又称图像频率，反映了图像像素灰度在空间中变化的情况。例如，一面墙壁的图像，由于灰度值分布平坦，其低频成分就较强，高频成分就较弱；而对于国际象棋棋盘或者沟壑纵横的卫星图这类具有快速空间变化的图像来说，其高频成分相对较强，低频成分相对较弱。灰度直方图是图像最基本的统计特征，用来表达一幅图像的灰度级分布情况。

低频分量是指图像中强度（亮度 / 灰度）变化比较平缓的部分。高频分量是指图像中强度（亮度 / 灰度）变化比较剧烈的部分。例如图像中的噪点就是高频分量，通俗点讲，变化剧烈的就是高频分量，变化平缓的就是低频分量。低通滤波就是去掉高频信号。留下低频信号。相反，高通滤波就是去掉低频信号，留下高频信号。

高斯滤波（Gauss Filter）是线性滤波中的一种。在 OpenCV 图像滤波处理中，高斯滤波用于平滑图像，或者说是进行图像模糊处理。其原理是将正态分布（又名高斯分布）用于图像处理，相当于在图像上产生“模糊”效果，“中间点”会失去细节，所以高斯滤波属于低通滤波，如图 2-22 所示。

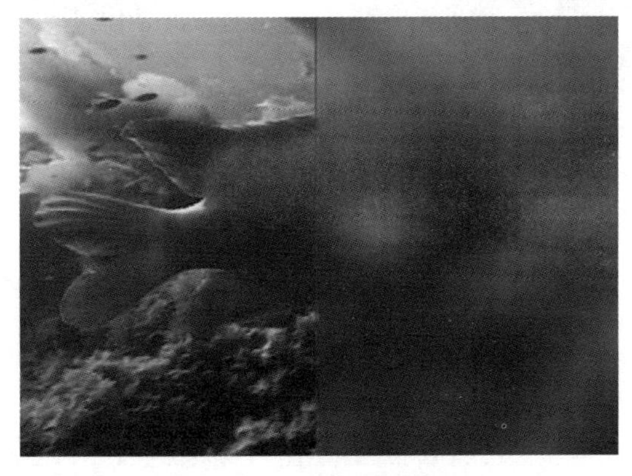

图 2-22 高斯滤波效果图

高斯滤波器是一类根据高斯函数的形状来选择权值的线性平滑滤波器，高斯滤波器处理服从正态分布的噪声非常有效。一维和二维高斯函数分别如公式（2-10）和公式（2-11）所示。

$$g(x) = \frac{1}{\sqrt{2\pi\sigma^2}} e^{-\frac{1}{2}\left(\frac{x-\mu}{\sigma}\right)^2} \tag{2-10}$$

$$g(x, y) = \frac{1}{2\pi\sigma^2} e^{-(x^2+y^2)/2\sigma^2} \tag{2-11}$$

下面通过具体过程对高斯滤波进行说明。假设中心点的坐标是 (0,0)，那么距离它最近的 8 个点的坐标如图 2-23 所示。

其他更远的点以此类推。为计算权重矩阵，需要设定 σ 的值。任取 σ=1.5，模糊半径为 1，根据公式（2-9）得到的权重矩阵如图 2-24 所示。这 9 个点的权重总和等于 0.4787147，对这 9 个值还要分别除以 0.4787147 进行归一化，得到最终的权重矩阵如图 2-25 所示。

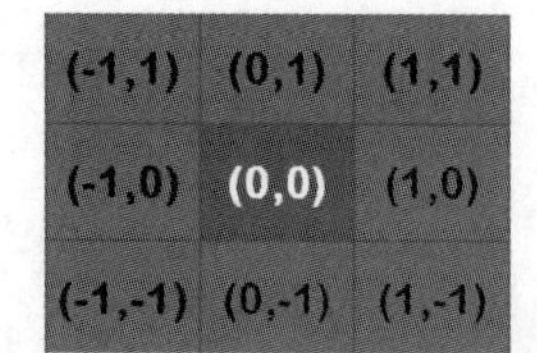

(-1,1)	(0,1)	(1,1)
(-1,0)	(0,0)	(1,0)
(-1,-1)	(0,-1)	(1,-1)

图 2-23　坐标点

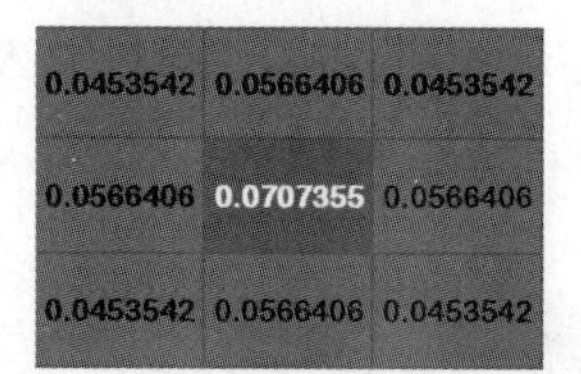

0.0453542	0.0566406	0.0453542
0.0566406	0.0707355	0.0566406
0.0453542	0.0566406	0.0453542

图 2-24　权重矩阵

有了权重矩阵，就可以计算高斯模糊的值了。假设现有 9 个像素点，灰度值（0 ~ 255）如图 2-26 所示。每个点乘以自己的权重值，如图 2-27 所示，得到结果如图 2-28 所示，将这 9 个值加起来，就是中心点的高斯模糊的值。

0.0947416	0.118318	0.0947416
0.118318	0.147761	0.118318
0.0947416	0.118318	0.0947416

图 2-25　最终权重矩阵

14	15	16
24	25	26
34	35	36

图 2-26　灰度值

14x0.0947416	15x0.118318	16x0.0947416
24x0.118318	25x0.147761	26x0.118318
34x0.0947416	35x0.118318	36x0.0947416

图 2-27　灰度值 × 权重值

1.32638	1.77477	1.51587
2.83963	3.69403	3.07627
3.22121	4.14113	3.4107

图 2-28　乘积结果

对所有点重复这个过程，就得到了高斯模糊后的图像。如果源图像是彩色图像，可以对 R、G、B 3 个通道分别做高斯模糊。如果一个点处于边界，就把已有的点复制到另一面的对应位置，最终模拟出完整的矩阵。

OpenCV 中的函数定义如下。

```
void GaussianBlur(InputArray src, OutputArray dst, Size ksize, double sigmaX, double sigmaY=0, int borderType=BORDER_DEFAULT)
```

参数解析如下。

- InputArray src：输入图像。图像可以具有任何数量的通道。
- OutputArray dst：输出图像。与输入图像大小、类型相同。
- Size ksize：高斯核大小。ksize.width 和 ksize.height 可以有所不同，但它们都必须是正数和奇数。
- double sigmaX：x 方向上的高斯核标准偏差。
- double sigmaY：y 方向上的高斯核标准偏差。如果 sigmaY 为 0，则将其设置为与 sigmaX 相同的值；如果 sigmaX 和 sigmaY 都是 0，则分别根据 ksize.width 和 ksize.height 计算而来。
- int borderType：用于推断图像外部像素的某种边界模式。

高斯滤波的示例请见例 2-15。

例 2-15：高斯滤波。

具体代码如下。

```
// 引入相关头文件
#include<opencv2/core/core.hpp>
#include<opencv2/highgui/highgui.hpp>
#include<opencv2/imgproc/imgproc.hpp>
#include<opencv2/highgui/highgui_c.h>
using namespace std;
using namespace cv;
int main()
{
// 载入图像
Mat image = imread("D:/images/6.png");
imshow(" 高斯滤波源图像 ", image);
// 进行滤波
Mat out;
GaussianBlur(image, out, Size(7, 7), 0, 0);
// 显示结果
imshow(" 高斯滤波效果图 ", out);
waitKey(0);
return 0;
}
```

程序运行结果如图 2-29 所示。

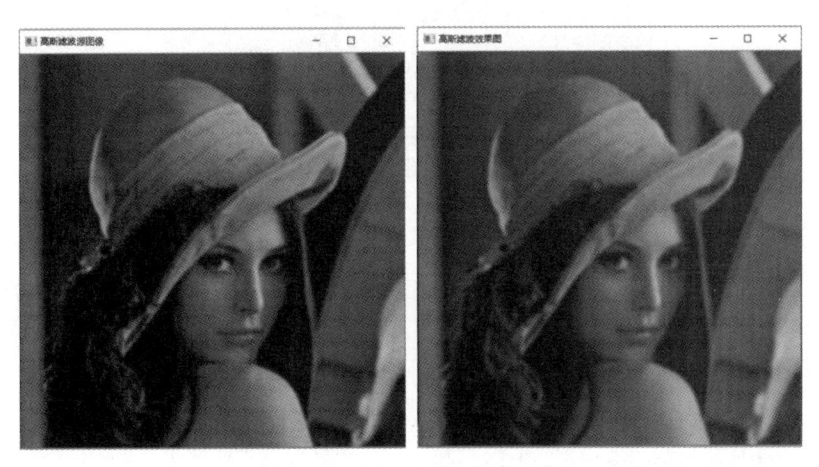

图 2-29 例 2-15 程序运行结果

从运行结果可以看出，高斯滤波对被高斯噪声污染的图像具有很好的处理效果。均值滤波是基于平均权重，无法克服边缘像素信息丢失的缺陷。高斯滤波部分克服了该缺陷，但是无法完全克服，因为没有考虑像素值的不同，对边缘信息权值较低。

· 2.4.3 中值滤波

对受到噪声污染的图像可以采用线性滤波的方法来处理，但是很多线性滤波有低通性，在去噪声的同时也使得边缘信息被模糊了。中值（Median Filter）（中位值）滤波在某些情况下可以做到既能去除噪声又能保护图像的边缘，是一种非线性的去除噪声的方法。

中值滤波的实现原理是把数字图像中某一点的值用该点所在的一个区域内的各个点的值的中值代替。定义一个点的特定长度或形状的邻域称为窗口，对于二维图像的中值滤波，一般采用 3×3 或 5×5 的窗口进行滤波。中值滤波的步骤如下。

（1）将窗口中心与图中某个像素的位置重合。

（2）读取模板下各对应像素的灰度值。

（3）将这些灰度值从小到大排列。

（4）找出这些值里排在中间的那一个。

（5）将这个中间值赋给对应模板中心位置的像素。

5×5 的滤波窗口如图 2-30 所示。

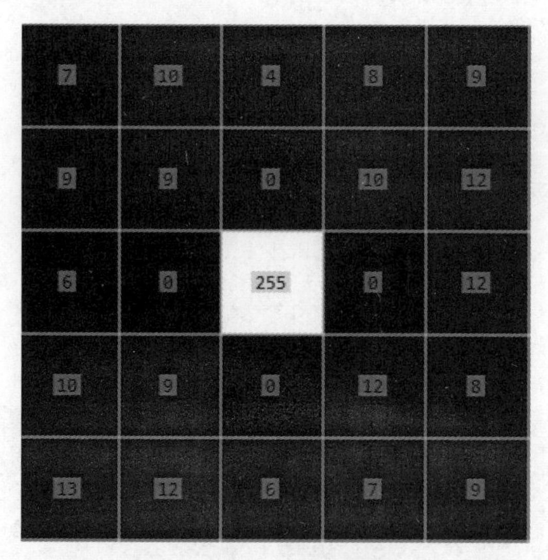

图 2-30　5×5 的滤波窗口

窗口的像素值：9、0、10、0、255、0、9、0、12。

排序：0、0、0、0、9、9、10、12、255。

排在中间的像素值：9。

因此：255- > 9。

常用的二维中值滤波窗口有线形、方形、圆形、十字形以及圆环形等，常用的窗口尺寸有 3×3、5×5、7×7 等。

下面通过例 2-16 来进行说明。

例 2-16：中值滤波。

具体代码如下。

```
// 引入相关头文件
#include<opencv2/core/core.hpp>
#include<opencv2/highgui/highgui.hpp>
#include<opencv2/imgproc/imgproc.hpp>
using namespace cv;
int main()
{
// 载入图像
Mat image = imread("D:/images/7.png");
// 创建窗口
namedWindow(" 中值滤波源图像 ");
namedWindow(" 中值滤波效果图 ");
imshow(" 中值滤波源图像 ", image);
// 进行滤波
Mat out;
medianBlur(image, out, 7);
imshow(" 中值滤波效果图 ", out);
waitKey(0);
return 0;
}
```

程序运行结果如图 2-31 所示。

图 2-31 例 2-16 程序运行结果

从运行结果可以看出，中值滤波相较于均值滤波在去除噪声的同时更多地保留了图像的细节。中值滤波处理对滤除脉冲噪声比较有效。脉冲噪声也称椒盐噪声，是图像中经常见到的一种噪声，它是一种随机出现的白点或者黑点，可能是在亮的区域有黑色像素或是在暗的区域有白色像素（或是两者皆有）。

2.4.4 双边滤波

双边滤波（Bilateral Filter）是一种非线性的滤波方法，是结合图像的空间邻近度和像素值相似度的一种折中处理，同时考虑空域信息和灰度相似性，达到保边去噪的目的。均值滤波、中值滤波和高斯滤波都属于各向同性滤波，它们对待噪声和图像的边缘信息都采取一样的态度，结果在噪声被磨平的同时，图像中具有重要地位的边缘、纹理和细节也同时被抹平了，这是我们所不希望看到的。相比较而言，双边滤波可以很好地保护边缘，即可以在去噪的同时，保护图像的边缘特性，如图 2-32 所示，类似于“阶梯间信息（边缘）被保留，阶梯内磨平模糊”。

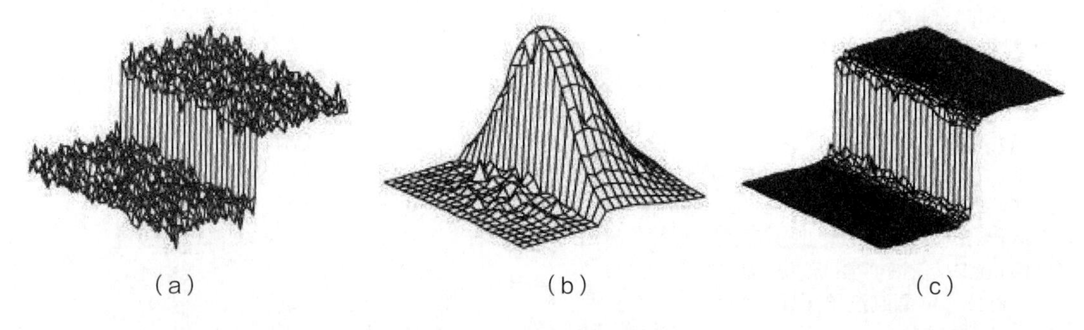

图 2-32　双边滤波示意图

双边滤波的基本思想是通过将高斯滤波（空间邻近）原理中各个点到中心点的空间邻近度计算的各个权值进行优化，将其优化为空间邻近度计算的权值和像素值相似度计算的权值的乘积，优化后的权值再与图像做卷积运算，从而达到保边去噪的效果。

OpenCV 提供了函数 bilateralFilter() 来进行双边滤波，函数定义如下。

```
void bilateralFilter(InputArray src,
OutputArray dst,
int d,
double sigmaColor,
double sigmaSpace,
int borderType=BORDER_DEFAULT);
```

具体参数解析如下。

- InputArray src：输入图像。可以是 Mat 类型，图像必须是 8 位或浮点型单通道、三通道的图像。
- OutputArray dst：输出图像。和源图像有相同的尺寸和类型。
- int d：表示在过滤过程中每个像素邻域的直径范围。如果这个值是非正数，则函数会通过第五个参数 double sigmaSpace 计算该值。
- double sigmaColor：颜色空间过滤器的 sigma 值。这个参数的值越大，表明该像素邻域内有越宽广的颜色区域会被混合到一起，产生较大的半相等颜色区域。
- double sigmaSpace：坐标空间中滤波器的 sigma 值。如果该值较大，则意味着颜色相近的相隔较远的像素将相互影响，从而使更大的区域中足够相似的颜色获取相同的颜色。当第三个参数 d>0 时，d 指定了邻域大小且与 sigmaSpace 无关，否则 d 正比于 sigmaSpace。
- int borderType：用于推断图像外部像素的某种边界模式。默认值 BORDER_DEFAULT。

下面通过例 2-17 来进行说明。

例 2-17：双边滤波。

具体代码如下。

```
#include<opencv2/core/core.hpp>
#include<opencv2/imgproc/imgproc.hpp>
#include<opencv2/imgproc/types_c.h>
#include<opencv2/highgui/highgui.hpp>
#include<opencv2/highgui/highgui_c.h>
#include<time.h>
#include<iostream>
using namespace cv;
using namespace std;
int main()
{
    // 源图像
    Mat img_input = imread("D:/images/6.png");
    Mat img_output(img_input.size(),img_input.type());
    Mat noise(img_input.size(),img_input.type()); /** 创建一个噪声矩阵 */
    RNG rng(time(NULL));
    rng.fill(noise, RNG::NORMAL,10,36); /** 高斯分布 */
    cv::add(img_input,noise,img_output);
    imshow(" 源图像 ",img_input);
    //imshow(" 噪声图像 ",noise);
    imshow(" 加上高斯噪声后的图像 ",img_output);
    Mat dst;
    bilateralFilter(img_output,dst,9,60,15);
    imshow(" 双边滤波后的图像 ",dst);
    waitKey(0);
    return EXIT_SUCCESS;
}
```

程序运行结果部分输出如图 2-33 所示。

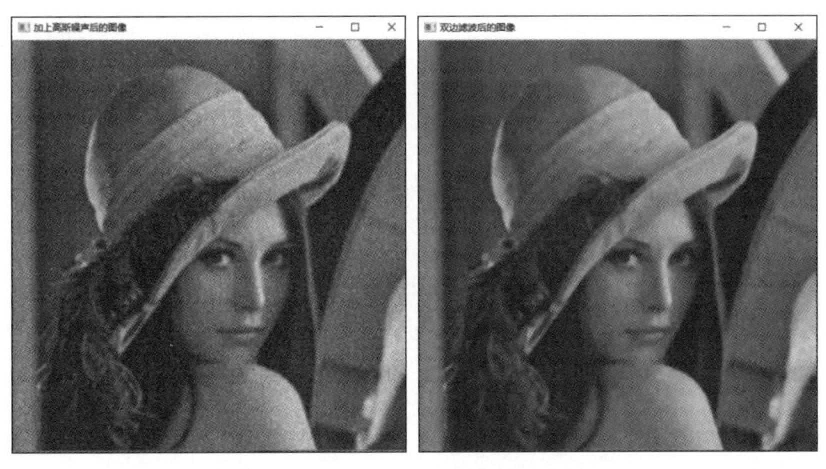

图 2-33　例 2-17 程序运行结果部分输出

可以看出双边滤波方法在滤除噪声、平滑图像的同时，又做到了边缘保护。

2.4.5　小波滤波

小波滤波（Wavelet Filter）是本节介绍的滤波技术中较为复杂的一种，其核心为小波变换。小波滤波通过一系列的数学变换将源图像表示为多个数值的和，最后对这些数值进行阈值操作实现滤波效果。小波滤波常应用于去除规律噪点，能高效地自适应噪点的规律，在通信、医学、地震等研究领域有重要应用。小波变换可视为是傅里叶变换的衍生，下面简要介绍傅里叶变换及其去噪的原理。

棱镜可以将光分解为不同的颜色，每个成分的颜色由波长（或频率）来决定。傅里叶变换可以看作是数学上的棱镜，它将函数基于频率分解为不同的成分。数字图像处理的物理意义是将图像的灰度分布函数变换为图像的频率分布函数，傅里叶逆变换是将图像的频率分布函数变换为灰度分布函数。其思想是将任意一个函数转换为多个正弦函数的累加，以周期函数为例，如公式（2-12）所示。

$$y=x,(-1<x\leqslant 1),T=2 \tag{2-12}$$

经傅里叶变换得到的函数如下。

$$f(x)=C+\sum_{n=1}^{\infty}\left(a_n\cos\left(\frac{2\pi n}{T}x\right)+b_n\sin\left(\frac{2\pi n}{T}x\right)\right),C\in \mathrm{R} \tag{2-13}$$

其中，$f(x)$ 为多个余弦函数与正弦函数的和，得到的函数图像如图 2-34 所示。

若仅使用前两个三角函数，并忽略其余周期较短的三角函数，得到的函数图像如图 2-35 所示。

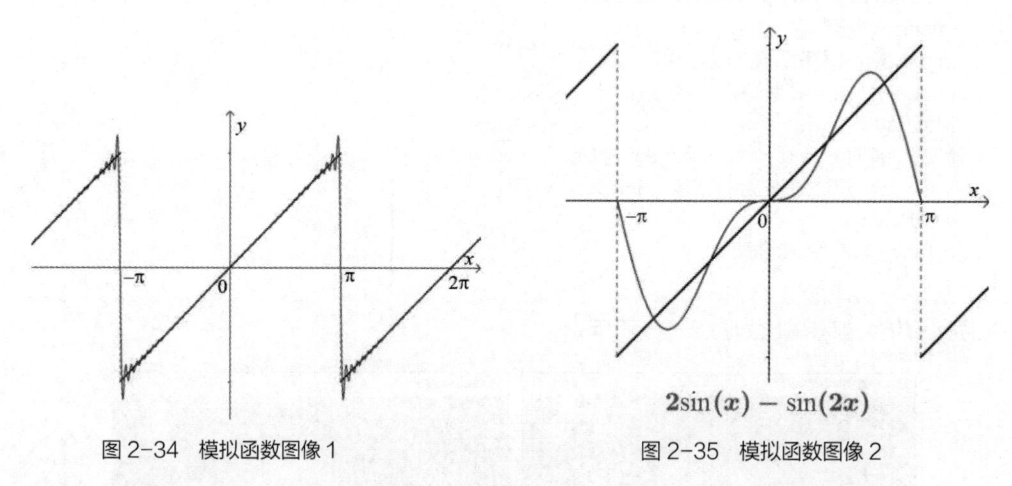

图 2-34　模拟函数图像 1

图 2-35　模拟函数图像 2

如图 2-35 所示，当多个正弦函数与余弦函数叠加时，傅里叶变换得到的函数图像与目标函数图像几乎重合；而当仅用两个正弦函数叠加，忽略频率高的正弦函数时，也能得到一个与目标函数相似的雏形，从而实现去噪的效果。

小波滤波基于这个原理并进一步发展，为解决傅里叶变换计算量庞大的问题，将源图像通过用多个小波函数表示为多个图像分量的叠加，再舍弃部分高频分量，最终达到去噪的效果。

小波滤波主要分为两步，分别为小波变换和小波复原，下面以 haar 小波变换为例，简要介绍主体流程。以只有 4 个像素的图像为例，如 [11, 9, 20, 24]，首先将源图像两两分块并进行如下两个步骤。

（1）求均值。得到一幅分辨率为原来一半的新图像 [10,22]，也称为均值部分或低频分量。

（2）求差值。求每一分块的差值的一半，得到矩阵 [1,−2]，也称为源图像的细节部分或高频分量。

拼接后得到 [10, 22, 1, −2]。保留细节并对新图像，即 [10,22]，再次进行变换并拼接，得到小波变换的最终结果 [16, −6, 1, −2]。经过小波变换后，图像会生成低频信息和高频信息。低频信息对应于求均值，高频信息对应于求差值。

复原源图像时，只需要让均值部分加减对应的细节部分，即可得到源图像，过程如下。

（1）16+（-6）=10,

16-（-6）=22，得到 [10,22]。

（2）10+1=11,

10-1=9,

22-2=20,

22+2=24，得到 [11,9,20,24]。

从这个例子可以发现如下几点信息。

- 对于给定的变换，可以从所记录的数据中重构出各种分辨率的图像。例如，在分辨率为 1 的图像基础上重构出分辨率为 2 的图像，在分辨率为 2 的图像基础上重构出分辨率为 4 的图像。
- 变换过程中没有丢失信息，因为能够从所记录的数据中重构出源图像。
- 变换之后产生的细节系数的幅度值比较小，这就为图像压缩提供了一种途径，例如去掉一些微不足道的细节系数并不影响人们对重构图像的理解。

小波变换及其结果如图 2-36 所示。

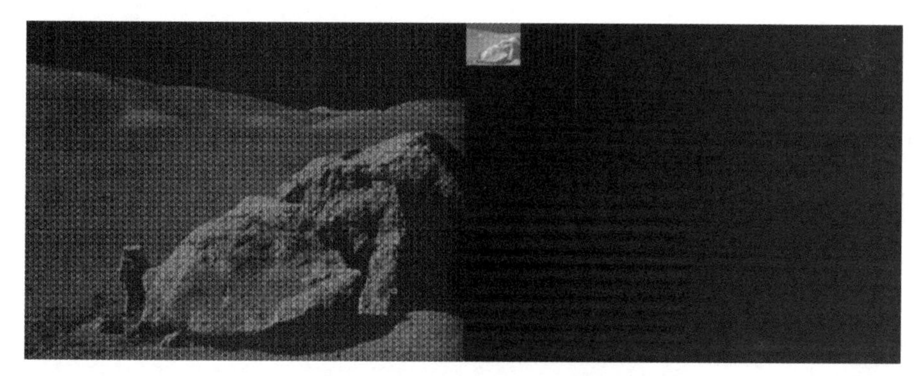

图 2-36　小波变换及其结果

图 2-36 中左侧为源图像，图像中充满了规律的噪点，右侧为通过小波变换提取出的高频分量。可以看到，提取出的高频分量具有十分清晰的规律性。右侧图中的白色部分（即幅度较大的低频部分）表示的是图像中慢变化的特性，或者说是灰度变化缓慢的特性（低频部分）。小波变换后的黑色部分（即幅度较小的高频部分）表示图像中快变化的特性，或者说是灰度变化快的特性（高频部分）。

通过高频滤波操作，最终得到的图像如图 2-37 所示。

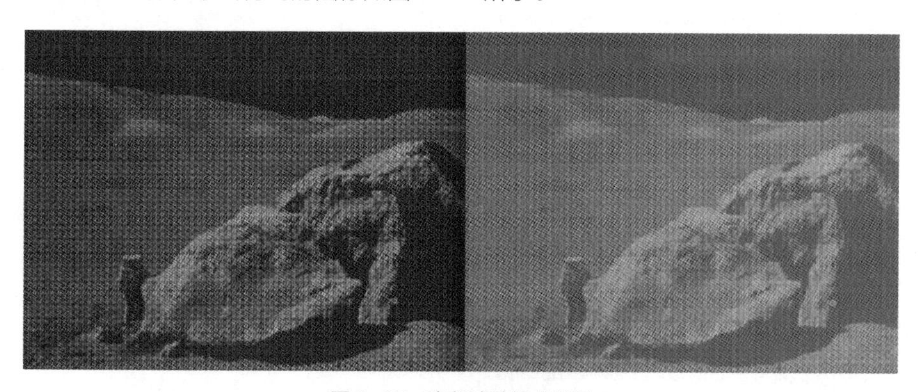

图 2-37　高频滤波操作结果

从图 2-37 可以看出，小波滤波后对原来的噪点进行了一定程度的过滤，若使用更高级的小波函数则会得到更好的效果。

对一般的图像而言，haar 小波变换的操作为首先将图像分为多个 2×2 的小矩阵（或简单看成 4 个点），然后应用 haar 小波公式对这些小矩阵进行计算，最后分别合并相应的结果得出 4 个矩阵，分别存储分辨率降低的图像以及 3 个细节系数矩阵，如图 2-38 和公式（2-14）所示。

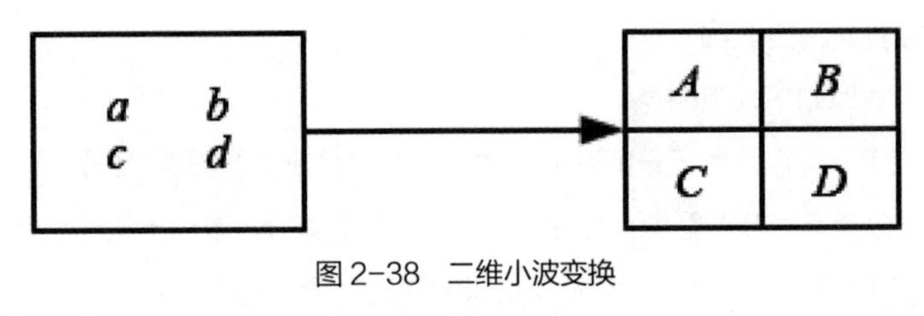

图 2-38　二维小波变换

$$A=\frac{1}{2}(a+b+c+d)$$
$$B=\frac{1}{2}(a-b+c-d)$$
$$C=\frac{1}{2}(a+b-c-d)$$
$$D=\frac{1}{2}(a-b-c+d) \tag{2-14}$$

通过多次对分辨率降低的图像进行操作，不断地提取出细节系数，最后在重新计算源图像时，对细节部分进行处理，实现滤波的效果。具体操作见例 2-18。

例 2-18：小波滤波。

其中代码为采用 haar 小波函数进行 6 次采样后，再进行反向 haar 小波变换复原。

```
#include<opencv2/opencv.hpp>
using namespace cv;
static void HaarWavelet(Mat &src,Mat &dst,int NIter) {
    float A,B,C,D;
    int width = src.cols;
    int height = src.rows;
    // 迭代的次数为 NIter
    for (int k = 0;k < NIter;k++) {
      // 以 2 的倍数分块，不断对生成的低分辨率图像进行小波变换
      for (int y = 0;y < (height >> (k+1));y++) {
        for (int x = 0;x < (width >> (k+1));x++) {
          // 对应的小矩阵的像素值
          float a = src.at<float>(2*y,2*x);
          float b = src.at<float>(2*y,2*x+1);
          float c = src.at<float>(2*y+1,2*x);
          float d = src.at<float>(2*y+1,2*x + 1);
          // 应用 haar 小波变换公式分别计算各个部分的值
          A = (a + b + c + d)*0.5;
          B = (a - b + c - d)*0.5;
          C = (a + b - c - d)*0.5;
          D = (a - b - c + d)*0.5;
          // 存储计算出的数值到对应的部分
          dst.at<float>(y,x) = A;
```

```
                dst.at<float>(y,x + (width >> (k + 1))) = B;
                dst.at<float>(y + (height >> (k + 1)),x) = C;
                dst.at<float>(y + (height >> (k + 1)),x + (width >> (k + 1))) = D;
            }
        }
        dst.copyTo(src);
        // 观察每次迭代的结果
        //imshow("temp", dst);
        //waitKey(0);
    }
}
// 重新计算经小波变换后的图像
static void InvHaarWavelet(Mat &src,Mat &dst,int NIter) {
    float A,B,C,D;
    int width = src.cols;
    int height = src.rows;
    for (int k = NIter;k > 0;k--) {
        for (int y = 0;y < (height >> k);y++) {
            for (int x = 0;x < (width >> k);x++) {
                A = src.at<float>(y,x);
                B = src.at<float>(y,x + (width >> k));
                C = src.at<float>(y+ (height >> k),x);
                D = src.at<float>(y+ (height >> k),x + (width >> k));
                // 对部分细节进行滤波
                B = fabs(B) > 30 ? B - (900 / B) : 0;
                C = fabs(C) > 30 ? C - (900 / C) : 0;
                D = fabs(D) > 30 ? D - (900 / D) : 0;
                // 重新计算源图像
                dst.at<float>(y * 2, x * 2) = 0.5 * (A + B + C + D);
                dst.at<float>(y * 2, x * 2 + 1) = 0.5 * (A - B + C - D);
                dst.at<float>(y * 2 + 1,x * 2) = 0.5 * (A + B - C - D);
                dst.at<float>(y * 2 + 1,x * 2 + 1) = 0.5 * (A - B - C + D);
            }
        }
        Mat C = src(Rect(0,0,width >> (k - 1),height >> (k - 1)));
        Mat D = dst(Rect(0,0,width >> (k - 1),height >> (k - 1)));
        D.copyTo(C);
    }
}
int main() {
    // 反复进行小波变换的次数
    const int NIter = 5;
    Mat frame = imread("lena.png");
    Mat GrayFrame = Mat(frame.rows,frame.cols,CV_8UC1);
    Mat Src = Mat(frame.rows,frame.cols,CV_32FC1);
    Mat Dst = Mat(frame.rows,frame.cols,CV_32FC1);
    Mat Temp = Mat(frame.rows,frame.cols,CV_32FC1);
    Mat Filtered = Mat(frame.rows,frame.cols,CV_32FC1);
    cvtColor(frame, GrayFrame,COLOR_BGR2GRAY);
    GrayFrame.convertTo(Src, CV_32FC1);
    imshow("wavelet", frame);
    // 进行小波变换
```

```
    HaarWavelet(Src, Dst, NIter);
    double M = 0, m = 0;
    Dst.copyTo(Temp);
    // 小波逆变换实现滤波
    InvHaarWavelet(Temp,Filtered,NIter);
    // 归一化后显示图像
    minMaxLoc(Dst,&m,&M);
    if((M - m) > 0) {
      Dst = Dst * (1.0 / (M - m)) - m / (M - m);
    }
    imshow("Coeff ",Dst);
    // 归一化后显示图像
    minMaxLoc(Filtered,&m,&M);
    if((M - m) > 0) {
      Filtered = Filtered * (1.0 / (M - m)) - m / (M - m);
    }
    imshow("Filtered",Filtered);
    waitKey(0);
    return 0;
}
```

代码运行结果部分输出如图 2-39 所示。

图 2-39　例 2-18 程序运行结果部分输出

2.5 小结

本章简要介绍了图像的格式和通道，以及图像预处理的一些常用操作，包括点运算、直方图处理、图像去噪。对这些内容的应用可以改善图像的视觉效果，使其便于被观察和分析，便于人工或机器对图像进行进一步处理。图像预处理是后续内容的基础，希望读者能够深入理解并掌握图像预处理的方法。

第 3 章

图像分割和数学形态学

第 2 章介绍了图像预处理的知识。数学形态学的语言是集合论，集合论为图像处理问题提供了一种一致的有力方法。数学形态学中的集合表示图像中的不同对象。数学形态学以图像的形态特征为研究对象，其主要内容是设计一整套概念、变换和算法，用来描述图像的基本特征和基本结构，也就是描述图像中元素与元素、部分与部分间的关系。数学形态学作为一种用于数字图像处理与识别的新理论和新方法，理论虽然比较复杂，但基本思想却是简单而完善的。数学形态学算子的性能主要以几何方式进行刻画，传统的理论以解析方式的形式描述算子的性能，而几何描述似乎更适合视觉信息的处理和分析。

本章主要内容和学习目标如下。

- 图像分割
- 数学形态学
- 图像金字塔

3.1 图像分割

图像分割是指把图像分成若干个特定的、具有独特性质的区域并提取出感兴趣的目标的技术和过程，是由图像处理到图像分析的关键步骤。现有的图像分割方法主要分为几类：基于阈值的分割方法、基于区域的分割方法、基于边缘的分割方法，以及基于特定理论的分割方法等。

· 3.1.1 灰度阈值算法

1. 全局阈值算法

全局阈值（Global Threshold）算法是把图像灰度分成不同的等级，然后用设置全局阈值（门限）的方法确定有意义的区域进行分割。

全局阈值算法分割步骤如下。

（1）对灰度取值在 g_{min} 和 g_{max} 之间确定一个阈值 T，$g_{min} < T < g_{max}$。

（2）将图像中每个像素的灰度值与阈值 T 相比较，并将对应的像素根据比较结果（分割）划分为以下两类。

- 像素的灰度值大于等于阈值的。
- 像素的灰度值小于阈值的。

图像阈值化处理的变换函数表达式如式（3-1）所示。

$$g(x,y)=\begin{cases}0 & f(x,y) < T \\ 255 & f(x,y) \geqslant T\end{cases} \tag{3-1}$$

选用不同阈值的处理结果差异很大。阈值过大会提取多余的部分，而阈值过小又会丢失所需的部分，因此阈值的选取非常重要。OpenCV 中提供了 threshold() 函数进行处理，其定义如下。

```
threshold(InputArray src, OutputArray dst, double thresh, double maxval, int type);
```

具体参数解析如下。

- InputArray src：输入图像。只能输入单通道图像。
- OutputArray dst：输出图像。一般为二值图像。
- double thresh：阈值。
- double maxval：当灰度值超过阈值（或者小于阈值，根据 type 来决定）所赋予的值。
- int type：二值化操作的类型，例如 THRESH_BINARY 表示超过阈值部分取 maxval（最大值），否则取 0。

下面通过例 3-1 来进行说明。

例 3-1：图像给定阈值灰度化和分割。

具体代码如下。

```
// 引入相关头文件
#include<opencv2/opencv.hpp>
#include<iostream>
using namespace std;
using namespace cv;
int main()
{
// 定义 Mat 对象并读取图像
    Mat srcImage = imread("D:/images/10.png");
    imshow(" 源图像 ", srcImage);
    if (!srcImage.data)
    {
      cout << "fail to load image"<< endl;
      return 0;
    }
    Mat dstImage1,dstImage2, dstImage3,dstImage4;
    double thresh = 130;// 定义阈值 T
int maxVal = 255;
cv::threshold(srcImage,dstImage1,thresh,maxVal,cv::THRESH_BINARY);// 全局阈值分割
// 显示结果
    imshow("THRESH_BINARY",dstImage1);
    cout << dstImage1 << endl;
    waitKey(0);
    return 0;
}
```

程序运行结果如图 3-1 所示。

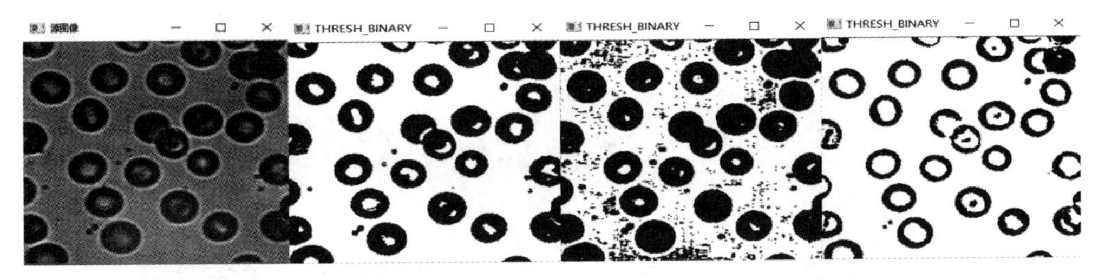

图 3-1 例 3-1（源图像及阈值 *T* 分别为 91、130、43 时）程序运行结果

下面通过例 3-2 来说明给定阈值算法的用法。

例 3-2：给定阈值算法。

具体代码如下。

```
// 引入相关头文件
#include<opencv2/highgui/highgui_c.h>
#include<opencv2/opencv.hpp>
#include<iostream>
#include<math.h>
using namespace cv;
Mat src, dst, dst1;
int threshold_value = 180;// 设定阈值
int threshold_max = 255;
char result[] = "threshold image";
void threshold_Demo(int,void*);
```

```
int main(int argc, int argv)
{
// 读取图像
src = imread("D:/images/6.png");
if (!src.data)
{
    printf("could not load image...\n");
    return -1;
}
// 显示输出效果
namedWindow("input", CV_WINDOW_AUTOSIZE);
imshow("input", src);
namedWindow(result, CV_WINDOW_AUTOSIZE);
createTrackbar("threshold value", result, &threshold_value, threshold_max, threshold_Demo);
threshold_Demo(0, 0);
waitKey(0);
return 0;
}
// 阈值化实现函数
void threshold_Demo(int, void*)
{
cvtColor(src, dst, CV_BGR2GRAY);
imshow("GRAY", dst);
threshold(dst, dst1, 128, 255, THRESH_BINARY );// 选择 BINARY 阈值准则
imshow(result, dst1);
}
```

程序运行结果如图 3-2 所示。

图 3-2　例 3-2 程序运行结果

设置阈值 T 为 180，从运行结果可以看出源图像中灰度值大于 180 的像素点为白色，小于或等于 180 的则为黑色。

2. 自适应阈值算法

除了全局阈值算法之外，还有自适应阈值（Adaptive Threshold）算法，其思想不是计算全局图像的阈值，而是根据图像不同区域的亮度分布计算其局部阈值。对于图像的不同区域，该算法

能够自适应计算不同的阈值，因此被称为自适应阈值算法（其实就是局部阈值算法）。如何确定局部阈值呢？可以通过计算某个邻域（局部）的均值、中值、高斯加权平均（高斯滤波）来确定阈值。OpenCV 中提供了 adaptiveThreshold () 函数来进行处理，其具体定义如下。

```
void adaptiveThreshold(InputArray src,
OutputArray dst,
double maxValue,
int adaptiveMethod,
int thresholdType,
int blockSize,
double C);
```

具体参数解析如下。

- InputArray src：源图像。
- OutputArray dst：输出图像。与源图像大小一致。
- double maxValue：阈值的最大值。
- int adaptiveMethod：在一个邻域内计算阈值所采用的算法。该参数有两个取值，分别为 ADAPTIVE_THRESH_MEAN_C 和 ADAPTIVE_THRESH_GAUSSIAN_C。ADAPTIVE_THRESH_MEAN_C 的计算方法是计算出邻域的平均值再减去第七个参数 double C 的值; ADAPTIVE_THRESH_GAUSSIAN_C 的计算方法是计算出邻域的高斯均值再减去第七个参数 double C 的值。
- int thresholdType：阈值类型。该参数只有两个取值，分别为 THRESH_BINARY 和 THRESH_BINARY_INV。其中 THRESH_BINARY 为二进制阈值，在运用该阈值类型的时候，先要选定一个特定的阈值量，例如 125。新的阈值规则可以解释为灰度值大于 125 的像素点的灰度值设定为最大值 255，灰度值小于 125 的像素点的灰度值设定为 0。
- int blockSize：adaptiveThreshold() 函数的计算单位是像素的邻域块，邻域块取多大，就由该值决定。
- double C：在对参数 int adaptiveMethod 的说明中，这个参数实际上是一个偏移值调整量。

下面通过例 3-3 来进行说明。

例 3-3：自适应阈值算法。

具体代码如下。

```
#include<opencv2/highgui.hpp>
#include<opencv2/imgproc.hpp>
#include<opencv2/opencv.hpp>
#include<opencv2/highgui/highgui_c.h>
#include<iostream>
enum adaptiveMethod {meanFilter, gaussianFilter, medianFilter };// 枚举全部方法
void AdaptiveThreshold(cv::Mat& src, cv::Mat& dst, double Maxval, int Subsize, double c,
adaptiveMethod method = meanFilter) {
if (src.channels() > 1)
    cv::cvtColor(src, src, CV_RGB2GRAY);
cv::Mat smooth;
switch (method)
{
case meanFilter:
```

```
            cv::blur(src, smooth, cv::Size(Subsize, Subsize)); // 均值滤波
            break;
        case gaussianFilter:
            cv::GaussianBlur(src, smooth, cv::Size(Subsize, Subsize), 0, 0); // 高斯滤波
            break;
        case medianFilter:
            cv::medianBlur(src, smooth, Subsize);   // 中值滤波
            break;
        default:
            break;
        }
        smooth = smooth - c;
        // 阈值处理
        src.copyTo(dst);
        for (int r = 0;r < src.rows;++r) {
            const uchar* srcptr = src.ptr<uchar>(r);
            const uchar* smoothptr = smooth.ptr<uchar>(r);
            uchar* dstptr = dst.ptr<uchar>(r);
            for (int c = 0;c < src.cols;++c) {
                    if (srcptr[c] > smoothptr[c]) {
                        dstptr[c] = Maxval;
                    }
                    else
                    dstptr[c] = 0;
            }
        }
    }
    int main() {
    cv::Mat src = cv::imread("red.jpg");
    if (src.empty()) {
        return -1;
    }
    cv::namedWindow("src",CV_WINDOW_NORMAL);
    cv::imshow("src",src);
    if (src.channels()>1)
        cv::cvtColor(src,src,CV_RGB2GRAY);
    cv::Mat dst,dst2;
    AdaptiveThreshold(src,dst,255,21,10,meanFilter); // 进行均值滤波
    cv::adaptiveThreshold(src,dst2,255,cv::ADAPTIVE_THRESH_MEAN_C,cv::THRESH_BINARY, 21,
10);
    cv::namedWindow("dst",CV_WINDOW_NORMAL);
    cv::imshow("dst",dst);
    cv::namedWindow("dst2",CV_WINDOW_NORMAL);
    cv::imshow("dst2",dst2);
    cv::waitKey(0);
    }
```

程序运行结果部分输出如图 3-3 所示，左为源图像，右为灰度。

代码中给出了自适应阈值算法的具体实现以及调用方法，在自适应阈值算法具体实现过程中，先通过均值滤波取得了更好的二值化效果。本小节的灰度阈值算法和下一小节的 OTSU 阈值算法都属于全局阈值算法，所以对于某些光照不均的图像，这种全局阈值分割的方法会显得苍白无力，自适应阈

值算法的效果会较好，自适应阈值算法的关键是要确定邻域块 blockSize 和偏移值 C 的值。

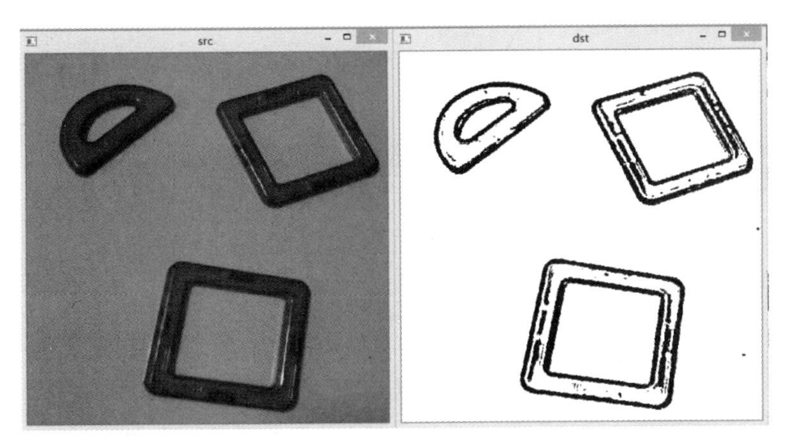

图 3-3　例 3-3 程序运行结果部分输出

· 3.1.2　OTSU 阈值算法

该方法由日本学者大津（Nobuyuki Otsu）于 1979 年提出，是一种自适应的阈值确定方法，也叫最大类间方差或大津法。该算法假设图像像素能够根据阈值被分成背景（Background）和目标［Objects，或称前景（Foreground）］两部分，然后计算出最佳阈值来区分这两类像素，使得两类像素区分度最大。OTSU 阈值算法被认为是图像分割中阈值选取的最佳算法，计算简单，不受图像亮度和对比度的影响，因此使类间方差最大的分割意味着错分概率最小。

设 t 为设定的阈值，w_0 为分割后前景像素点数占图像整体的比例，u_0 为分割后前景像素点的平均灰度，w_1 为分割后背景像素点数占图像整体的比例，u_1 为分割后背景像素点的平均灰度，那么图像总平均灰度的计算公式如下。

$$u=w_0\times u_0+w_1\times u_1 \tag{3-2}$$

在图像的所有 L 个灰度级中遍历 t，当 t 为某个值的时候，前景和背景的方差最大，则这个 t 值便是要求的阈值。其中，方差的计算公式如下。

$$g=w_0\times(u_0-u)^2+w_1\times(u_1-u)^2 \tag{3-3}$$

此公式计算量较大，可以采用以下形式。

$$g=w_0\times w_1\times(u_0-u_1)^2 \tag{3-4}$$

最终将分割背景和前景两类像素间方差和最大的灰度值作为图像分割阈值。下面通过例 3-4 和例 3-5 进行说明。

例 3-4：OTSU 阈值算法。

具体代码如下。

```
// 引入相关头文件
#include<opencv2\opencv.hpp>
#include<opencv2/highgui.hpp>
#include<iostream>
#include<opencv2/imgproc/types_c.h>
using namespace std;
```

```
using namespace cv;
int thresholdOtsu(Mat& image)
{
int thresh;
int pixNumber = image.cols * image.rows;       // 图像总像素数
int pixCount[256] = { 0 };                     // 每个灰度级所占像素数
// 统计每个灰度级中的像素数
for (int i = 0; i < image.rows; i++)
{
        for (int j = 0; j < image.cols; j++)
        {
                pixCount[image.at<uchar>(i, j)]++;
        }
}
// 遍历所有从 0 到 255 灰度级的阈值分割条件，测试哪一个的类间方差和最大
float PixBackground = 0;
float GrayBackground = 0;
float GrayAverageBackground = 0;
float PixForeground = 0;
float GrayForeground = 0;
float GrayAverageForeground = 0;
float InterclassVariance = 0;
float InterclassVarianceMax = 0;
//[1] 外层循环选定阈值，并计算当前阈值对应的类间方差
for (int i = 0;i < 256; i++)
{
        PixBackground = PixForeground = GrayBackground = GrayForeground = GrayAverageBackground
= GrayAverageForeground = InterclassVariance = 0;
        //[2] 内层循环区分前景和背景
        for (int j = 0;j < 256; j++)
        {
              if (j <= i)      // 背景
              {
              PixBackground += pixCount[j];
              GrayBackground += j * pixCount[j];
        }
        else             // 前景
        {
              PixForeground += pixCount[j];
              GrayForeground += j * pixCount[j];
           }
        }
        GrayAverageBackground = GrayBackground / PixBackground;
        GrayAverageForeground = GrayForeground / PixForeground;
        // 当前类间方差计算
        InterclassVariance = (float)(PixBackground * PixForeground * pow((GrayAverageBackground
- GrayAverageForeground), 2));
        if (InterclassVariance > InterclassVarianceMax)
        {
              InterclassVarianceMax = InterclassVariance;
              thresh = i;
        }
```

```
}
return thresh;
}
int main()
{
// 读取图像
Mat image = imread("D:/images/11.jpg");
Mat ImageMyOtsu;
int threshMy;
// 执行大津法并进行阈值分割
threshMy = thresholdOtsu(image);
threshold(image,ImageMyOtsu,threshMy,255,CV_THRESH_BINARY);
// 显示结果
imshow(" 源图像 ", image);
imshow(" 大津二值化 ", ImageMyOtsu);
waitKey(0);
return 0;
}
```

程序运行结果如图 3-4 所示，从左至右分别为源图像和大津法分割效果图。

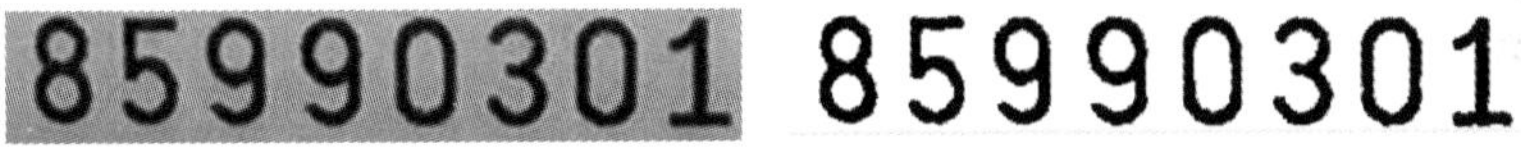

图 3-4　例 3-4 程序运行结果

OpenCV 中函数 threshold(src, dst, thresh, maxval, type) 的参数解析如下。

- src： 源图像。
- dst： 结果图像。
- thresh： 当前阈值。
- maxval： 最大阈值。一般为 255。
- type： 阈值类型。具体取值及含义如表 3-1 所示。

表 3-1　threshold() 函数的 type 参数取值及含义

编号	取值	阈值类型示例	含义	注意
1	0	THRESH_BINARY	大于阈值的部分被置为 255，否则被置为 0	—
2	1	THRESH_BINARY_INV	大于阈值部分被置为 0，否则被置为 255	—
3	2	THRESH_TRUNC	大于阈值部分被置为 threshold，否则保持原样	—
4	3	THRESH_TOZERO	小于阈值部分被置为 0，否则保持不变	—
5	4	THRESH_TOZERO_INV	大于阈值部分被置为 0，否则保持不变	—
6	7	THRESH_MASK	—	不支持
7	8	THRESH_OTSU	自动处理，图像自适应二值化，常用区间 [0,255]	图像为单通道，不支持 32 位
8	16	THRESH_TRIANGLE	三角形算法得到的阈值	图像为单通道，不支持 32 位

下面通过例 3-5 来了解选取不同类型的 type 参数，所产生的图像分割效果。

例 3-5：各种类型的 type 参数图像分割。

具体代码如下。

```
#include<opencv.hpp>
#include<opencv2\imgproc\types_c.h>
using namespace cv;
int main(int argc, char* argv[])
{
    Mat grayImg = imread(«lena.png»,IMREAD_GRAYSCALE);
    int th = 100;
    Mat threshold1,threshold2,threshold3,threshold4,threshold5,threshold6,threshold7;
    threshold(grayImg,threshold1,th,255,THRESH_BINARY);
    threshold(grayImg,threshold2,th,255,THRESH_BINARY_INV);
    threshold(grayImg,threshold3,th,255,THRESH_TRUNC);
    threshold(grayImg,threshold4,th,255,THRESH_TOZERO);
    threshold(grayImg,threshold5,th,255,THRESH_TOZERO_INV);
    threshold(grayImg,threshold6,th,255,THRESH_OTSU);
    threshold(grayImg,threshold7,th,255,THRESH_TRIANGLE);
    imshow("grayImg",grayImg);
    imshow("THRESH_BINARY",threshold1);
    imshow("THRESH_BINARY_INV",threshold2);
    imshow("THRESH_TRUNC",threshold3);
    imshow("THRESH_TOZERO",threshold4);
    imshow("THRESH_TOZERO_INV",threshold5);
    imshow("THRESH_OTSU",threshold6);
    imshow("THRESH_TRIANGLE",threshold7);
    waitKey(0);
    return 0;
}
```

源图像及程序运行结果如图 3-5 所示。

从运行结果可以看出，大津法通过统计方差来自动确定分割阈值，将图像背景和前景进行分割，达到了较好的分割效果，但大津法对质量较差的图像的处理效果不好。另外，大津法和三角形算法只能处理单通道 8 位的图像。

源图像

THRESH_BINARY

THRESH_BINARY_INV

THRESH_TRUNC

THRESH_TOZERO

THRESH_TOZERO_INV

THRESH_OTSU

THRESH_TRIANGLE

图 3-5　例 3-5 源图像和程序（不同的 type 参数产生的图像分割）

3.1.3 区域生长算法

区域生长算法也叫种子填充算法或者漫水填充算法，其基本思想是将具有相似性质的像素集合起来构成区域。首先找出每个需要分割的区域的种子像素作为生长的起点，然后将种子像素邻域中与种子像素有相同或相似性质的像素（根据事先确定的生长或相似准则来确定）合并到种子像素所在的区域中。新的像素继续作为种子向四周生长，直到再没有满足条件的像素可以包括进来，如此一个区域就生长而成了。

现在给出一个区域生长的过程示例。以下为一个由像素构成的矩阵 A。

$$\begin{bmatrix} 1 & 0 & 4 & 7 & 5 \\ 1 & 0 & 4 & 7 & 7 \\ 0 & 1 & 5 & 5 & 5 \\ 2 & 0 & 5 & 6 & 5 \\ 2 & 2 & 5 & 6 & 4 \end{bmatrix} \quad (3\text{-}5)$$

矩阵中值等于 5 的元素为种子，从种子开始向周围每个像素的值与种子值取灰度差的绝对值。当绝对值小于某个阈值 T 时，该像素便生长成为新的种子，而且向周围每个像素进行生长；如果阈值 T=1，则区域生长的结果如下。

$$\begin{bmatrix} 1 & 0 & 5 & 7 & 5 \\ 1 & 0 & 5 & 7 & 7 \\ 0 & 1 & 5 & 5 & 5 \\ 2 & 0 & 5 & 5 & 5 \\ 2 & 2 & 5 & 5 & 5 \end{bmatrix} \quad (3\text{-}6)$$

可见种子周围灰度值为 4、5、6 的像素都被很好地包进了生长区域之中，而到了边界处，灰度值为 0、1、2、7 的像素都成了边界。右上角的 5 虽然也可以成为种子，但由于它周围的像素并不含有一个种子，因此它也位于生长区域之外。现在取阈值 T=3，新的区域生长结果如下。

$$\begin{bmatrix} 5 & 5 & 5 & 5 & 5 \\ 5 & 5 & 5 & 5 & 5 \\ 5 & 5 & 5 & 5 & 5 \\ 5 & 5 & 5 & 5 & 5 \\ 5 & 5 & 5 & 5 & 5 \end{bmatrix} \quad (3\text{-}7)$$

这样整个矩阵都被分到一个区域中了，由此可见阈值的选取是很重要的。

在实际应用区域生长算法时需要解决以下 3 个问题。

- 选择或确定一组能正确代表所需区域的种子像素（选取种子）。
- 确定在生长过程中能将相邻像素包括进来的准则（确定阈值）。
- 确定让生长过程停止的条件或规则（停止条件）。

下面通过例 3-6 和例 3-7 对区域生长算法进行说明。

例 3-6：区域生长算法。

具体代码如下。

```
// 引入相关头文件
#include<iostream>
#include<stack>
#include<opencv2\opencv.hpp>
#include<opencv2/imgproc/types_c.h>
using namespace std;
using namespace cv;
// 8 邻域
static Point connects[8] = { Point(-1, -1), Point(0, -1), Point(1, -1), Point(1, 0), Point(1, 1), Point(0, 1),
Point(-1, 1), Point(-1, 0) };
int main()
{     // 源图像
Mat src = imread("D:/images/13.jpg", 0);
imshow(" 源图像 ", src);
// 结果图
Mat res = Mat::zeros(src.rows, src.cols, CV_8U);
// 标记是否遍历过某点
Mat flagMat;
res.copyTo(flagMat);
// 二值图像
Mat bin;
threshold(src,bin,80,255,CV_THRESH_BINARY);
// 初始 3 个种子点
stack<Point> seeds;
seeds.push(Point(0, 0));
seeds.push(Point(186, 166));
seeds.push(Point(327, 43));
res.at<uchar>(0, 0) = 255;
res.at<uchar>(166, 186) = 255;
res.at<uchar>(43, 327) = 255;
while (!seeds.empty())
{
     Point seed = seeds.top();
     seeds.pop();            // 标记为已遍历过的点
     flagMat.at<uchar>(seed.y, seed.x) = 1;
     // 遍历 8 邻域
    for (size_t i = 0; i < 8; i++)
    {
        int tmpx = seed.x + connects[i].x;
        int tmpy = seed.y + connects[i].y;
        if (tmpx < 0 || tmpy < 0 || tmpx >= src.cols || tmpy >= src.rows)
                continue;
        // 前景点且没有被标记过
        if (bin.at<uchar>(tmpy, tmpx) != 0 && flagMat.at<uchar>(tmpy, tmpx) == 0)
        {
                res.at<uchar>(tmpy, tmpx) = 255;  // 生长
                flagMat.at<uchar>(tmpy, tmpx) = 1; // 标记
                seeds.push(Point(tmpx, tmpy)); // 种子压栈
        }
    }
}
imshow(" 三点区域生长算法效果图 ", res);
```

```
    imwrite("4.jpg", res);
    waitKey(0);
    return 1;
}
```

程序运行结果如图 3-6 所示。

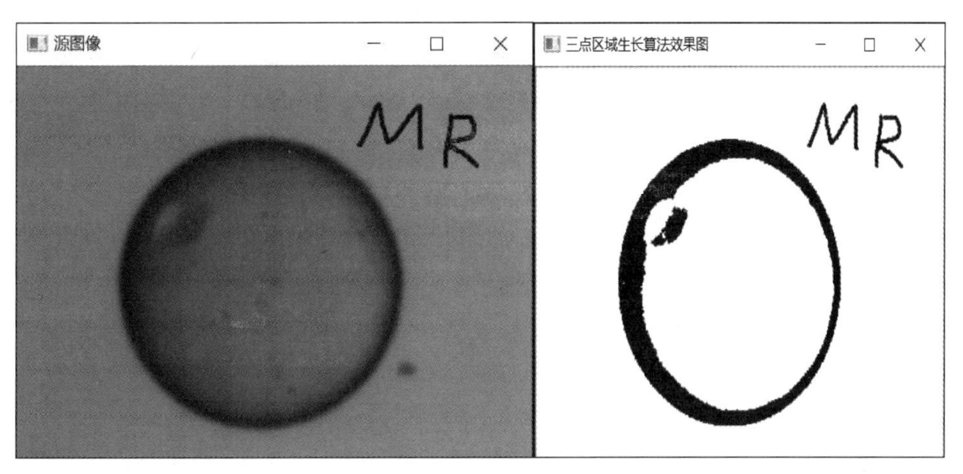

图 3-6　例 3-6 程序运行结果

区域生长算法是一种应用比较普遍的算法，在没有先验知识可以利用时，使用该算法可以取得最佳的性能，可以分割比较复杂的图像，如自然景物。但是，区域生长算法是一种迭代算法，空间和时间开销都比较大。与前面小节中的 threshold() 函数类似，OpenCV 为区域生长算法提供了一个函数 floodFill()，OpenCV 被称为漫水填充算法，顾名思义，就像洪水漫过一样，把一块连通的区域填满。当然水要能漫过需要满足一定的条件，可以理解为满足条件的地方就是低洼的地方，水才能流过去。在图像处理中就是给定一个种子点作为起始点，向附近相邻的像素扩散，把颜色相同或者相近的所有点都找出来，并填充新的颜色，这些点形成一个连通的区域。漫水填充算法可以用来标记或者分离图像的一部分，可实现类似 Windows 画图油漆桶的功能，或者 Photoshop 里面的魔术棒功能。其函数定义如下。

```
int floodFill( InputOutputArray image, Point seedPoint, Scalar newVal, CV_OUT Rect* rect = 0,
Scalar loDiff = Scalar(), Scalar upDiff = Scalar() );
```

参数解析如下。

- InpntOutput Array image：输入的图像容器。
- Point seedPoint：区域生长的起始点。
- Scalar newVal：生长后的值。
- CV_OUT Rect* rect：可选参数，表示经算法生长后的大致区域。
- loDiff 和 upDiff：生长的上下阈值，与上文类似。

该函数的具体用法参考例 3-7。

例 3-7：漫水填充算法。

具体代码如下。

```
#include <opencv.hpp>
using namespace cv;
// 定义种子生长的上下阈值
#define NUM 2
#define NUM2 2
int main( )
{
// 读取图像
Mat src = imread("13.jpg");
imshow("before",src);
// 调用漫水填充算法函数，输入图像为 src，种子起始点为（10，10），生长的区域填充为白色（255，
// 255，255）
// 忽略生长的区域范围，阈值为自定义，在（2，2，2）范围内
floodFill(src, Point(10,10), Scalar(255, 255,255), 0, Scalar(NUM, NUM, NUM),Scalar(NUM2, NUM2,
NUM2));
  // 种子起始点为图像的中心
  floodFill(src, Point(src.rows / 2,src.cols / 2), Scalar(255, 255,255), 0, Scalar(NUM, NUM,
NUM),Scalar(NUM2, NUM2, NUM2));
imshow("after",src);
  waitKey();
return 0;
}
```

程序运行结果如图 3-7 所示。

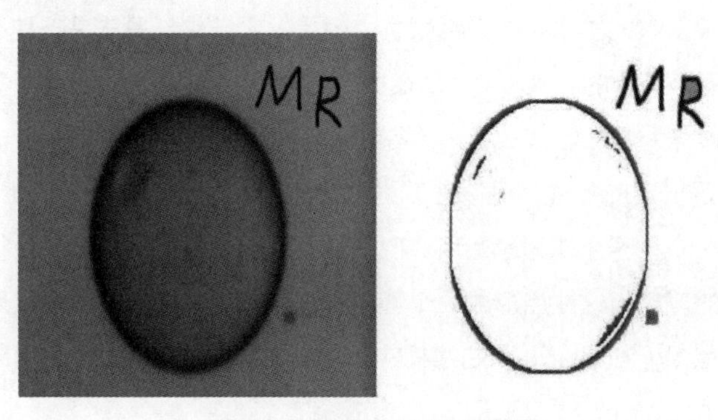

图 3-7　例 3-7 程序运行结果

为帮助读者更好地理解区域生长算法，在例 3-8 中添加鼠标单击选单点操作，动态对图像进行处理。

例 3-8：鼠标单击选单点漫水填充算法。

具体代码如下。

```
#include <opencv.hpp>
#include <iostream>
using namespace std;
using namespace cv;
#define WINDOW_NAME"floodFill"
#define dt 1
// 对鼠标的动作进行处理
void on_MouseHandle(int event,int x,int y,int flags,void * param);
Mat tmp;// 用于显示经区域生长后的图像
Mat src;// 源图像
```

```
bool flag;// 判断是否有修改 int main(int argc,char ** argv)
{
    // 准备参数
    src = imread("lena.png");
    namedWindow(WINDOW_NAME);
    // 设置鼠标的控制函数
    setMouseCallback(WINDOW_NAME, on_MouseHandle, 0);
    flag = true;
    tmp = src.clone();
    // 输出图像的大小
    cout << src.rows << " " << src.cols << endl;
    // 程序主循环，当进行绘制的标识符为真的时候进行绘制
    while (1)
    {
        // 有修改，实时显示
        if (flag){
            imshow(WINDOW_NAME, tmp);
            flag = false;
        }
        if (waitKey(10) == ‹q›)
            break;
    }
    return 0;
}
void on_MouseHandle(int event,int x,int y,int flags,void * param)
{
     // 如果鼠标左键被按下，则使用区域生长算法
     if (event == EVENT_LBUTTONDOWN) {
         // 输出当前鼠标相对于图像的位置
         cout << x << " " << y << endl;
         tmp = src.clone();
         // 使用 floodFill() 函数，种子起始点为鼠标单击的位置
         floodFill(tmp, Point(x,y),Scalar(255,255,255),0,Scalar(dt,dt,dt), Scalar(dt,dt,dt));
         flag = true;
     }
}
```

程序运行结果如图 3-8 所示，从左至右依次为源图像，以及选择不同生长点的效果图。

源图像

单击（666，282）

单击（340，47）

单击（438，656）

图 3-8　例 3-8 程序运行结果（选择不同的生长点）

例 3-9：鼠标选多点漫水填充算法。

具体代码如下。

```
#include<opencv.hpp>
#include<iostream>
using namespace std;
using namespace cv;
#define WINDOW_NAME "floodFill"
#define dt 1
// 对鼠标的动作进行处理
void on_MouseHandle(int event, int x, int y, int flags, void * param);
Mat src;// 源图像
bool flag;// 判断是否有修改
int R,G,B;
int main(int argc, char ** argv)
{
    // 准备参数
    src = imread("lena.png");
    namedWindow(WINDOW_NAME);
    // 设置鼠标的控制函数
    createTrackbar("R", WINDOW_NAME, &R, 255);
    createTrackbar("G", WINDOW_NAME, &G, 255);
    createTrackbar("B", WINDOW_NAME, &B, 255);
    setMouseCallback(WINDOW_NAME, on_MouseHandle, 0);
    flag = true;
    // 输出图像的大小
    cout << src.rows <<" " << src.cols << endl;
    // 程序主循环，当进行绘制的标识符为真的时候进行绘制
    while (1)
    {
      // 有修改，实时显示
      if (flag){
        imshow(WINDOW_NAME, src);
        flag = false;
      }
      if (waitKey(10) == 'q')
        break;
    }
    return 0;
}
void on_MouseHandle(int event, int x, int y, int flags, void * param)
{
    // 如果鼠标左键被按下，则使用区域生长算法
    if (event == EVENT_LBUTTONDOWN) {
      // 输出当前鼠标相对于图像的位置
      cout << x << " " << y << endl;
      // 使用 floodFill() 函数，种子起始点为鼠标单击的位置
      floodFill(src, Point(x,y), Scalar(R,G,B),0,Scalar(dt,dt,dt), Scalar(dt,dt,dt));
      flag = true;
    }
}
```

程序运行结果如图 3-9 所示。首先将 R、G、B 都调成 255，通过多次选择背景种子点和调用 floodFill() 函数，实现背景和前景分离。

源图像

多次选择背景

图 3-9 例 3-9 程序运行结果

3.1.4 分水岭算法

分水岭算法涉及轮廓检测及绘制，建议读者在学完第 5 章后再学更合适。分水岭算法是一种基于拓扑学理论的数学分割算法。以灰度图为例，其基本思想为把图像中像素的位置看作经纬度，像素的值看成海拔，把图像看作一个高低不平的地面。当有水流进这个区域时，水会汇聚在“盆地”中，随着水的增多，最终盆地的水会汇聚。分水岭算法的指导思想为阻止这些水“汇聚”，相当于在交接的边缘线（即分水岭线）上建一个坝，来阻止两个盆地的水汇集成一片水域，如图 3-10 所示。

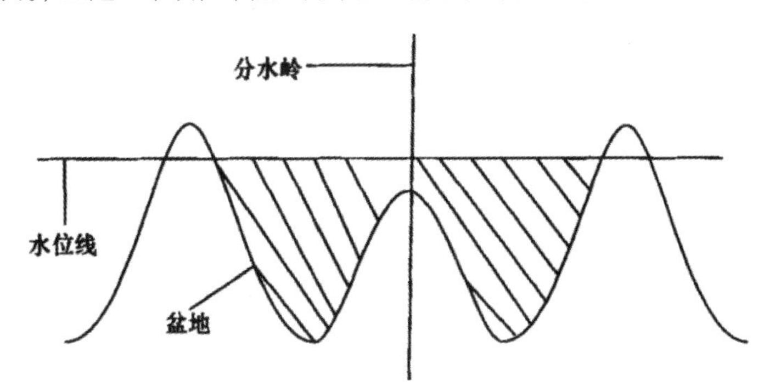

图 3-10 分水岭建造位置

在两个盆地的边缘山峰处建立一个分水岭，使两个盆地的水无法汇聚。这个分水岭就是图像分割的边缘。分水岭算法与区域生长算法不同的是，区域生长算法的终止条件为两个像素间的差值高于阈值，而分水岭算法终止的条件是遇到“山脊”。与区域生长算法相似，分水岭算法也需要一个种子点，可设其为全局最低点，用于“灌入洪水”。示例代码中也可使用鼠标来选取种子点，分水岭算法使用的函数定义如下。

```
CV_EXPORTS_W void watershed( InputArray image, InputOutputArray markers );
```

参数解析如下。

- InputArray image：输入图像，需要 8 位三通道的图像。
- InputOutputArray markers：种子点的位置（注水位置），目标图像大小与 image 一致，同时也是分割后每一个种子所在区域的映射表，按像素的值划分为多个区域，如 1 号区域、2 号区域。

在真实图像中，噪点或者其他干扰因素导致存在很多很小的局部极值点，这将导致分水岭算法常常存在过度分割的现象。为了解决该问题，可以使用基于标记（Mark）图像（即函数定义中的参数markers）的分水岭算法，也就是通过先验知识来指导分水岭算法，以便获得更好的图像分割效果。在某个区域定义了一些灰度层级，在这个区域的洪水淹没过程中，水平面都是从定义的高度开始的，这样可以避免一些很小的噪声极值区域的分割。

例 3-10：分水岭算法。

具体代码如下。

```
#include<opencv.hpp>
using namespace cv;
using namespace std;
Mat markerMask, img;
Point prevPt(-1, -1);
static void onMouse( int event, int x, int y, int flags, void* )
{
    if( x < 0 || x >= img.cols || y < 0 || y >= img.rows )
        return;
    // 松开鼠标，初始化起始点
    if( event == EVENT_LBUTTONUP || !(flags & EVENT_FLAG_LBUTTON) )
        prevPt = Point(-1,-1);
    // 初始化起始点
    else if( event == EVENT_LBUTTONDOWN )
        prevPt = Point(x,y);
    // 移动鼠标，绘制移动轨迹，设置种子点
    else if( event == EVENT_MOUSEMOVE && (flags & EVENT_FLAG_LBUTTON) )
    {
        Point pt(x, y);
        if( prevPt.x < 0 )
            prevPt = pt;
        line( markerMask, prevPt, pt, Scalar::all(255), 5, 8, 0 );
        line( img, prevPt, pt, Scalar::all(255), 5, 8, 0 );
        prevPt = pt;
        imshow("image", img);
    }
}
int main( int argc, char** argv )
{
    Mat img0 = imread("lena.png", 1), imgGray;
    namedWindow("image", 1 );
    img0.copyTo(img);
    cvtColor(img, markerMask, COLOR_BGR2GRAY);
    cvtColor(markerMask, imgGray, COLOR_GRAY2BGR);
    markerMask = Scalar::all(0);
    imshow("image", img );
    // 设置鼠标操作函数
    setMouseCallback("image", onMouse, 0 );
    for(;;)
    {
        char c = (char)waitKey(0);
        if( c == 27 )
```

```
            break;
            // 重置种子点集合
            if( c == 'r' )
            {
            markerMask = Scalar::all(0);
            img0.copyTo(img);
            imshow( "image", img );
        }
        if( c == 'w' || c == ' ' )
        {
             int i, j, compCount = 0;
             vector<vector<Point> > contours;
             vector<Vec4i> hierarchy;
             // 将鼠标选择的线条转换为种子点的位置，此函数具体在第 4 章介绍
                findContours(markerMask, contours, hierarchy, RETR_CCOMP, CHAIN_APPROX_
SIMPLE);
    // 查找轮廓
             if( contours.empty() )
             continue;
             Mat markers(markerMask.size(), CV_32S);
             markers = Scalar::all(0);
             nt idx = 0;
             for( ; idx >= 0; idx = hierarchy[idx][0], compCount++ )
    // 绘制轮廓
                drawContours(markers, contours, idx, Scalar::all(compCount+1), -1, 8, hierarchy, INT_
MAX);
             if( compCount == 0 )
                continue;
             // 生成随机的颜色，用于显示不同的分割区域
             vector<Vec3b> colorTab;
              for( i = 0; i < compCount; i++ )
              {
              int b = theRNG().uniform(0, 255);
              int g = theRNG().uniform(0, 255);
              int r = theRNG().uniform(0, 255);
              colorTab.push_back(Vec3b((uchar)b, (uchar)g, (uchar)r));
          }
              // 调用分水岭算法函数
             watershed( img0, markers );
             Mat wshed(markers.size(), CV_8UC3);
             // 为分割后的区域上色
             for( i = 0; i < markers.rows; i++ )
             for( j = 0; j < markers.cols; j++ )
             {
                 int index = markers.at<int>(i,j);
                 if( index == -1 )
                    wshed.at<Vec3b>(i,j) = Vec3b(255,255,255);
                    else if( index <= 0 || index > compCount )
                    wshed.at<Vec3b>(i,j) = Vec3b(0,0,0);
                    else
                    wshed.at<Vec3b>(i,j) = colorTab[index - 1];
              }
```

```
            // 与源图像合成，显示分割后的图像
            wshed = wshed*0.5 + imgGray*0.5;
            imshow("watershed transform", wshed );
        }
    }
    return 0;
}
```

程序运行结果如图 3-11 所示，其中左图为源图像和选择的种子点，右图为分割后的图像。

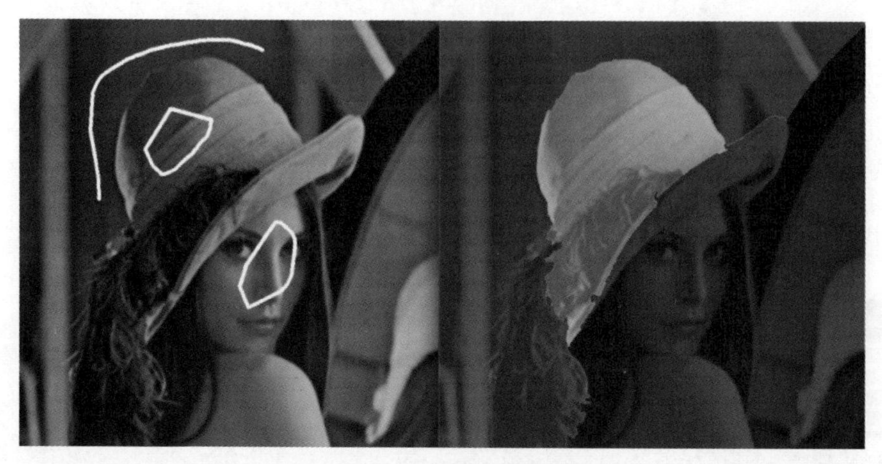

图 3-11　例 3-10 程序运行结果

· 3.1.5　迭代式阈值分割

迭代式阈值分割算法由普鲁伊特等人于 20 世纪 60 年代中期提出，也叫直方图双峰法，是典型的全局单阈值分割算法。该算法的基本思想是，假设图像中有明显的目标和背景，则其灰度直方图呈双峰分布，当灰度直方图具有双峰特性时，选取两峰之间的谷对应的灰度级作为阈值。如果背景的灰度值在整幅图像中可以合理地看作恒定，而且所有物体与背景都具有几乎相同的对比度，那么选择一个正确的、固定的全局阈值会有较好的效果。该算法的具体实施过程如下。

（1）预定义两阈值之差 d*t*。

（2）选定初始阈值 *T*（一般为图像的平均灰度）。

（3）用 *T* 值将图像分割为 G1、G2 两组（可理解为前景和背景）。G1 由灰度值大于 *T* 的所有像素组成，G2 由灰度值小于等于 *T* 的所有像素组成。

（4）对 G1 和 G2 的像素分别计算平均灰度值 m_1 和 m_2。

（5）计算出新的阈值 $T_1=(m_1+m_2)/2$。

（6）重复步骤（3）到步骤（5），直到连续迭代中的阈值之间的差小于预定义的阈值差 d*t* 为止。

下面通过例 3-11 进行说明。

例 3-11：迭代式阈值分割算法。

具体代码如下。

```
#include<iostream>
#include<opencv.hpp>
#include<math.h>
using namespace std;
using namespace cv;
int main(int argc, char* argv[ ])
{
Mat img = imread("exam.png", IMREAD_GRAYSCALE);
    // 通过 OpenCV 内置 minMaxIdx() 函数获取图像的最大值和最小值
    double minv = 0.0, maxv = 0.0;
minMaxIdx(img,&minv,&maxv);
// 定义退出迭代的条件，步骤（1）
    int dt = 2;
    // 初始化阈值，步骤（2）
    int thres = (minv + maxv) / 2;
    // 开始迭代
    for(;;){
        int min_part_count = 0, max_part_count = 0;
        int min_part_sum = 0, max_part_sum = 0;
        for (int i = 0; i < img.rows; i++) {
            for (int j = 0; j < img.cols; j++) {
            int px = img.at<uchar>(i,j);
            // 分别计算大于和小于阈值的部分，步骤（3）
            if (px < thres) {
                min_part_count++;
                min_part_sum += px;
             } else {
                max_part_count++;
                max_part_sum += px;
            }
          }
        }
// 步骤（4）
        int min_mean = min_part_sum / min_part_count;
        int max_mean = max_part_sum / max_part_count;
        int new_thres = (min_mean + max_mean) / 2;
        // 对比两个阈值，小于 dt 时则退出迭代，步骤（5）
        cout << new_thres << " " << thres << endl;
        if (abs(new_thres - thres) < dt) break;
        thres = new_thres;
    }
    imshow("src", img);
    // 使用 threshold() 函数进行分割
    threshold(img, img, thres, THRESH_TOZERO, THRESH_TOZERO_INV);
    // 将图像中的黑色（255）部分转为白色，便于观察
    for (int i = 0; i < img.rows; i++) {
         for (int j = 0; j < img.cols; j++) {
            if (img.at<uchar>(i,j) == 0) img.at<uchar>(i,j) = 255;
         }
    }
    imshow("thres", img);
    waitKey();
```

```
        return 0;
    }
```

程序运行结果如图 3-12 所示。

图 3-12　例 3-11 程序运行结果

· 3.1.6　Grab Cut 图像切割算法

Grab Cut 是一种基于图切割的图像分割算法，在计算机视觉领域普遍应用于前、背景分割（Image Segmentation）、立体视觉（Stereo Vision）、抠图（Image Matting）等。该算法基于要被分割对象的指定边界框开始，使用高斯混合模型估计被分割对象和背景的颜色分布（将图像分为被分割对象和背景两部分）。用户只需确认前景和背景输入，就可以完成前景和背景的最优分割。该算法利用图像中的纹理（颜色）信息和边界（反差）信息，只要少量的用户交互操作就可得到较好的分割效果。其原理和分水岭算法比较相似，但计算速度比较慢，得到的结果比较精确。若需从静态图像中提取前景物体（例如从一个图像剪贴到另外一个图像），采用 Grab Cut 图像切割算法是很好的选择。使用这种算法时，只需要框选出目标，那么在方框外的像素就全部被当成背景，这时就可以对其进行建模和分割了，如图 3-13 所示。输入图像为 RGB 三通道的混合高斯模型。

图 3-13　Grab Cut 图像切割算法示意图

OpenCV 中实现了该算法，具体定义如下。

```
grabCut(const Mat & img, Mat & mask, Rect rect, Mat & bgdModel, Mat & fgdModel, int iterCount,
int mode );
```

具体参数解析如下。

- const Mat & img：待分割的源图像。必须是 8 位三通道（CV_8UC3）图像，在处理的过程中不会被修改。
- Mat & mask：掩码图像。如果使用掩码进行初始化，那么 mask 保存初始化掩码信息；在执行分割的时候，也可以将用户交互所设定的前景与背景保存到 mask 中，再传入 grabCut() 函数；

在处理结束之后，mask 中会保存结果。mask 只能取以下 4 种值：GCD_BGD（=0），背景；GCD_FGD（=1），前景；GCD_PR_BGD（=2），可能的背景；GCD_PR_FGD（=3），可能的前景。如果没有手工标记 GCD_BGD 或者 GCD_FGD，那么结果只会有 GCD_PR_BGD 或 GCD_PR_FGD。

- Rect rect：用于限定需要进行分割的图像范围，只有该矩形窗口内的图像才被处理。
- Mat & bgdModel：背景模型。如果为 null，函数内部会自动创建一个 bgdModel。bgdModel 必须是单通道浮点型（CV_32FC1）图像，且行数只能为 1，列数只能为 13x5。
- Mat & fgdModel：前景模型。如果为 null，函数内部会自动创建一个 fgdModel。fgdModel 必须是单通道浮点型（CV_32FC1）图像，且行数只能为 1，列数只能为 13x5。
- int iterCount：迭代次数，必须大于 0。
- int mode：用于指示 grabCut() 函数进行的操作。可选的值有以下 3 种：GC_INIT_WITH_RECT（=0），用矩形窗初始化 grabCut()；GC_INIT_WITH_MASK（=1），用掩码图像初始化 grabCut()；GC_EVAL（=2），执行分割。

下面通过例 3-12 抠图的代码进行说明。在这个例子中，程序运行后，通过鼠标选取矩形区域，然后按空格（Space）键进行抠图，再次通过鼠标选择矩形，会继续抠图。这个例子有一定难度，读者可以在学完第 4 章后再学。

例 3-12：抠图。

具体代码如下。

```
#include<opencv2\highgui\highgui.hpp>
#include<opencv2\imgproc\imgproc.hpp>
#include<iostream>
#include<opencv2\opencv.hpp>
#include<math.h>
using namespace cv;
using namespace std;
bool setMouse = false;    // 判断鼠标左键的状态（up / down）
bool init;
Point pt;
Rect rect;
Mat srcImg, mask, bgModel, fgModel;
int numRun = 0;
void onMouse(int, int, int, int, void*);
void runGrabCut();
void showImage();
int main()
{
srcImg = imread("cat.jpg");
if (srcImg.empty())
{
    printf("could not load image...\n");// 读取图像
    return -1;
}
imshow(" 源图像 ", srcImg);
mask.create(srcImg.size(), CV_8U);
```

```
setMouseCallback(" 源图像 ", onMouse, 0);// 设置鼠标回调函数
while (1)
{
    char c = (char)waitKey(0);
    if (c == ' ') {// 选中矩形框后，按空格键执行 GrabCut 分割
            runGrabCut();
            numRun++;
            showImage();// 显示抠图
            printf("current iteative times : %d\n", numRun);
    }
    if ((int)c == 27) {// 按 Esc 键退出
            break;
    }
}
return 0;
}
void showImage()
{
Mat result, binmask;
binmask = mask & 1;                         // 进一步卷积
if (init)                                   // 进一步抠出无效区域。鼠标按下，init 变为 false
{
    srcImg.copyTo(result, binmask);
}
else
{
    result = srcImg.clone();
}
rectangle(result, rect, Scalar(0, 0, 255), 2, 8);
imshow(" 源图像 ", result);
}
void onMouse(int events, int x, int y, int flag, void*)
{
if (x < 0 || y < 0 || x > srcImg.cols || y > srcImg.rows) // 无效区域
    return;
if (events == EVENT_LBUTTONDOWN)
{
    setMouse = true;
    pt.x = x;
    pt.y = y;
    init = false;
}
else if (events == EVENT_MOUSEMOVE)// 鼠标只要动，就执行一次
{
    if (setMouse == true)                                  // 按下鼠标左键，滑动
    {
            Point pt1;
            pt1.x = x;
            pt1.y = y;
            rect = Rect(pt, pt1);// 定义矩形区域
            showImage();
            mask.setTo(Scalar::all(GC_BGD));// 背景
```

```
            mask(rect).setTo(Scalar(GC_PR_FGD));// 前景    // 设置 rect 内部为可能的前景，外部设置
// 为背景
        }
    }
    else if (events == EVENT_LBUTTONUP)
            setMouse = false;                                  // 鼠标左键抬起
    }
    void runGrabCut()
    {
    if (init)// 鼠标按下，init 变为 false
            grabCut(srcImg, mask, rect, bgModel, fgModel, 1);// 第二次迭代，用 mask 初始化 GrabCut
    else
    {
        grabCut(srcImg, mask, rect, bgModel, fgModel, 1, GC_INIT_WITH_RECT);
        // 用矩形窗初始化 GrabCut
        init = true;
    }
}
```

程序运行结果如图 3-14 所示。

图 3-14　例 3-12 程序运行结果

3.2 数学形态学

数学形态学（Mathematical Morphology）是一门建立在格论和拓扑学基础之上的图像分析学科，是数学形态学图像处理的基本理论，刚开始针对二值图像，继而针对灰度图像。其基本的运算包括二值膨胀和腐蚀、二值开闭运算、骨架抽取、极限腐蚀、击中击不中变换、形态学梯度、顶帽（Top-hat）变换、颗粒分析、流域变换、灰值腐蚀和膨胀、灰值开闭运算、灰值形态学梯度等。用数学形态学作为工具可从图像中提取表达和描绘区域形状的有用图像分量，如边界、骨架等。

3.2.1 膨胀和腐蚀

膨胀和腐蚀是数学形态学最基本的两种操作，其主要功能如下。

- 快速消除图像中小的噪声块。

- 分割（Isolate）出独立的图像元素，在图像中连接（Join）相邻的元素。
- 寻找图像中明显的极大值区域或极小值区域。
- 求出图像的梯度。

膨胀和腐蚀是对白色部分（高亮部分）而言的，不是黑色部分。膨胀就是对图像中的高亮部分进行膨胀，即“领域扩张”，效果图拥有比源图像更大的高亮区域。膨胀效果如图 3-15 所示。

腐蚀就是源图像中的高亮部分被腐蚀，即“领域被蚕食”，效果图拥有比源图像更小的高亮区域。腐蚀效果如图 3-16 所示。

图 3-15　膨胀效果示意图

图 3-16　腐蚀效果示意图

OpenCV 中膨胀函数的定义如下。

```
void dilate( const Mat & src,
Mat & dst,
const Mat & element,
Point anchor=Point(-1,-1),
int iterations=1,
int borderType=BORDER_CONSTANT,
const Scalar & borderValue=morphologyDefaultBorderValue() );
```

参数解析如下。

- const Mat & src：输入图像。
- Mat & dst：输出图像。输出图像要和源图像有一样的尺寸和类型。
- const Mat & element：源图像类型的要素 element，膨胀操作的核。该参数为 NULL 时表示使用的是参考点位于中心的 3x3 的核 [通常使用函数 getStructuringElement() 来计算]。
- Point anchor：锚点位置。默认值为 Point(-1, -1)。
- int iterations：迭代使用 dilate() 的次数。默认值为 1。
- int borderType：边界类型。默认值为 BORDER_DEFAULT。
- const Scalar & border Value：const Scalar 类型的 borderValue，当边界为常数时的边界值。该参数有默认值，一般不用管。

OpenCV 中腐蚀函数的定义如下。

```
void erode(const Mat & src,
Mat & dst,
const Mat & element,
Point anchor=Point(-1,-1),
int iterations=1,
int borderType=BORDER_CONSTANT,
const Scalar & borderValue=morphologyDefaultBorderValue() );
```

参数解析如下。

- const Mat & src：输入图像。
- Mat & dst：输出图像。输出图像要和源图像有一样的尺寸与类型。
- const Mat & element：源图像类型的要素 element，腐蚀操作的核。该参数为 NULL 时表示使用的是参考点位于中心的 3x3 的核 [通常使用函数 getStructuringElement() 来计算]。
- Point anchor：锚点位置。默认值为 Point(-1, -1)。
- int iterations：迭代使用 dilate() 的次数。默认值为 1。
- int borderType：边界类型。默认值为 BORDER_DEFAULT。
- const Scalar & borderValue：const Scalar 类型的 borderValue，当边界为常数时的边界值。该参数有默认值，一般不用管。

在调用膨胀和腐蚀函数之前，一般会通过 getStructuringElement() 函数返回指定形状和尺寸的结构元素，用于传递内核的形状和大小，该函数具体定义如下。

```
Mat getStructuringElement(
int shape,
Size esize,
Point anchor = Point(-1, -1));
```

参数解析如下。

- int shape 内核的形状。有 3 种形状可以选择：矩形，MORPH_RECT；交叉形，MORPH_CROSS；椭圆形，MORPH_ELLIPSE。
- Size esize 和 Point anchor 分别是内核的尺寸以及锚点的位置。一般在调用 erode() 以及 dilate() 函数之前，要先定义一个 Mat 类型的变量来获得 getStructuringElement() 函数的返回值。对于锚点的位置，有默认值 Point（-1,-1），表示锚点位于中心点。element 形状唯一依赖锚点位置，其他情况下，锚点只是影响了运算结果的偏移。

下面通过例 3-13 进行说明。

例 3-13：腐蚀与膨胀。

具体代码如下。

```
#include<opencv2/opencv.hpp>
#include<iostream>
#include<opencv2/highgui/highgui_c.h>
using namespace cv;
// 定义全局变量
Mat src, dst;
int element_size = 3;     // 全局变量
int max_size = 21;        // 全局变量
void CallBack_func(int, void*);
int main()
{
// 读取图像
src = imread("D:/images/23.png");
if (src.empty())
{
    printf("could not load the  image...\n");
    return -1;
```

```
}
imshow("源图像：", src);
createTrackbar("结构元尺寸：", "腐蚀操作后：", &element_size, max_size, CallBack_func);
CallBack_func(element_size, 0);
waitKey(0);
return 0;
}
void CallBack_func(int, void*)
{
int s = element_size * 2 + 1;
Mat structureElement = getStructuringElement(MORPH_RECT, Size(s, s), Point(-1, -1));
// 创建结构元
//dilate(src, dst, structureElement, Point(-1, -1), 1); // 调用膨胀 API
erode(src, dst, structureElement);// 调用腐蚀 API
imshow("腐蚀操作后：", dst);
}
```

程序运行结果如图 3-17 所示。

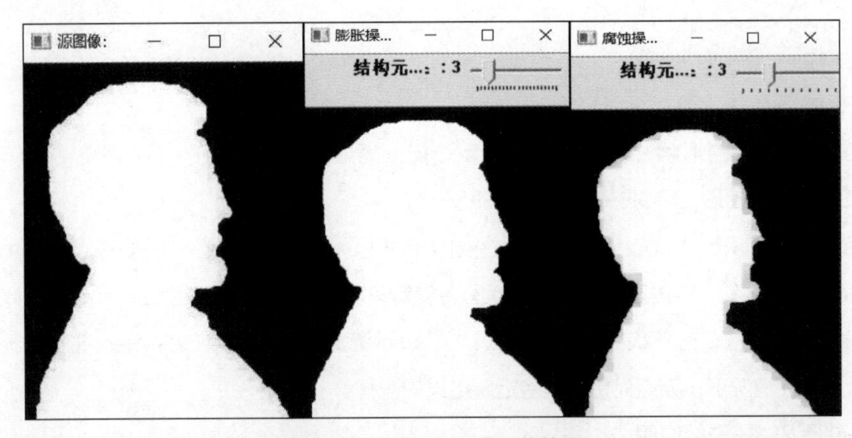

图 3-17　例 3-13 程序运行结果

从运行结果可以看出，对比源图像，膨胀后的图像中白色高亮部分面积变大，而腐蚀后的图像则相反。

3.2.2　开运算与闭运算

图像开运算是指图像依次经过腐蚀、膨胀处理的过程。图像被腐蚀后，去除了噪声，但是也被压缩了。接着对腐蚀过的图像进行膨胀处理，可以去除噪声，消除小物体，在纤细点处分离物体，可以在平滑较大物体的边界的同时又不明显改变其面积，其数学表达式如下。

$$dst = open(src, element) = dilate(erode(src, element)) \tag{3-8}$$

图像闭运算是指图像依次经过膨胀、腐蚀处理的过程。图像先被膨胀，后被腐蚀，有助于关闭前景物体内部的小孔或物体上的小黑点（闭合图像轮廓），平滑物体轮廓，弥合窄的间断点、沟壑，填补轮廓线断裂处，其数学表达式如下。

$$dst = close(src, element) = erode(dilate(src, element)) \tag{3-9}$$

下面通过例 3-14 进行说明。

例 3-14: 开运算与闭运算。

具体代码如下。

```
// 引入相关头文件
#include<opencv2\opencv.hpp>
#include<opencv2\highgui\highgui.hpp>
#include <iostream>
using namespace std;
using namespace cv;
int main()
{
// 读取图像
    Mat img = imread("16-1.jpg");// 或者 16-2.jpg
    imshow(" 源图像 ", img);
    Mat out;
    // 获取自定义核 , 第一个参数 MORPH_RECT 表示矩形的卷积核，当然还可以选择椭圆形的、交
// 叉形的
    Mat element = getStructuringElement(MORPH_RECT, Size(18, 18));
    // 具体要选择哪种操作，修改第三个参数就可以了
   // morphologyEx(img, out, MORPH_OPEN, element);// 开运算
morphologyEx(img, out, MORPH_CLOSE, element);// 闭运算
// 显示运行结果
imshow(" 闭运算 ", out);
    waitKey(0);
}
```

程序运行结果如图 3-18 所示。

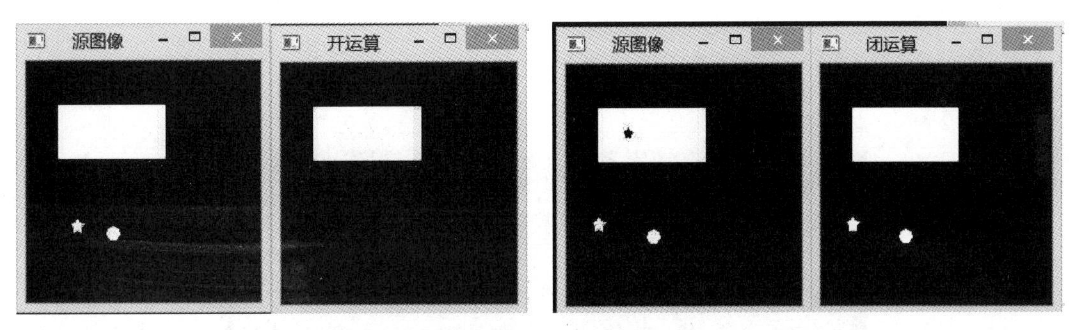

图 3-18　例 3-14 程序运行结果

图 3-18 所示 4 幅个小图中，第一幅和第三幅分别为开、闭运算的源图像，而第二幅和第四幅分别为开、闭运算的处理图。从运行结果可以看出，开运算在去除噪声、消除小物体方面具有很好的效果；而闭运算则可平滑物体轮廓、弥合窄的间断点。

3.2.3　形态学梯度

形态学梯度是膨胀图与腐蚀图之差，其数学表达式如下。

$$dst=morph\_grad(src,element) = dilate(src,element)-erode(src, element) \quad (3-10)$$

对二值图像进行形态学梯度运算，可以突出物体边缘。通常采用形态学梯度来保留物体的边缘轮廓。

下面通过例 3-15 进行说明。

例 3-15: 形态学梯度处理。

具体代码如下。

```
// 引入相关头文件
#include<opencv2/opencv.hpp>
#include<iostream>
#include<opencv2\imgproc\types_c.h>
#include<opencv2/highgui/highgui_c.h>
using namespace cv;
using namespace std;
int main(int argc, char** argv) {
Mat src, dst;
// 读取图像
    src = imread("D:/images/18.jpg");
    if (src.empty()) {
      printf("could not image!");
      return -1;
    }
    imshow("Input Image", src);
  // 获取结构元素
Mat kernel = getStructuringElement(MORPH_RECT, Size(21, 21), Point(-1, -1));// 自定义核
// 形态学梯度
    morphologyEx(src, dst, CV_MOP_GRADIENT, kernel);
    imshow("outout image", dst);
    waitKey(0);
    return 0;
}
```

程序运行结果如图 3-19 所示。

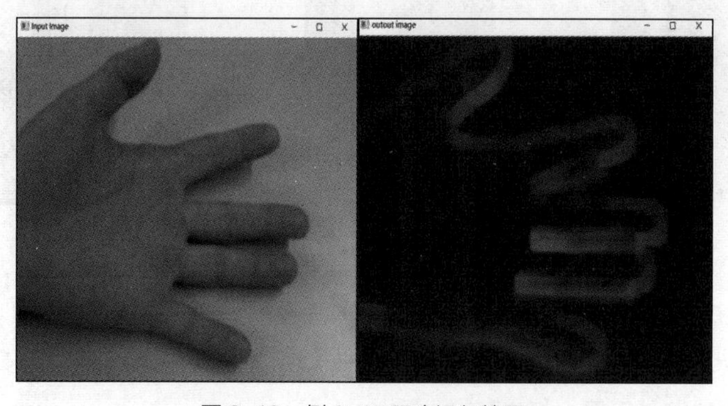

图 3-19　例 3-15 程序运行结果

从运行结果可以看出，形态学梯度可用于突出图中高亮区域的外围。

· 3.2.4　顶帽

顶帽操作是对源图像与开运算结果图求差。开运算的结果放大了裂缝或局部降低亮度的区域，因此从对源图像中减去开运算操作后的图得到的效果图能够突出比源图像轮廓周围的区域更明亮的区域，且这一操作与选择的核的大小有关。顶帽操作往往用来分离比邻近点亮一些的板块，在一幅

图像具有大幅背景而微小物品比较有规律的情况下，可以使用顶帽运算进行背景提取，具体数学表达式如下。

$$dst = tophat(src, element) = src - open(src, element) \tag{3-11}$$

下面通过例 3-16 进行说明。

例 3-16：顶帽处理。

具体代码如下。

```
// 引入相关头文件
#include<opencv2/core/core.hpp>
#include<opencv2/highgui/highgui.hpp>
#include<opencv2/imgproc/imgproc.hpp>
#include<iostream>
using namespace std;
using namespace cv;
int main()
{
Mat srcImage, dstImage; // 定义源图像、输出图像
// 读取图像
srcImage = imread("16-1.jpg");
if (!srcImage.data)
{
    cout << " 读取图像错误，请重新输入正确路径！ \n";
    system("pause");
    return -1;
}
imshow("【源图像】", srcImage);
// 获取自定义核
Mat element = getStructuringElement(MORPH_RECT, Size(13, 13));
// 进行顶帽运算操作
morphologyEx(srcImage, dstImage, MORPH_TOPHAT, element);
imshow("【效果图 -- 顶帽运算】", dstImage);
waitKey(0);
return 0;
}
```

程序运行结果如图 3-20 所示。

图 3-20 所示的 3 幅小图分别为源图像、开运算结果图（来自例 3-4）和顶帽运算处理效果图。可以看到，顶帽运算处理效果图为源图像与开运算结果图之差。

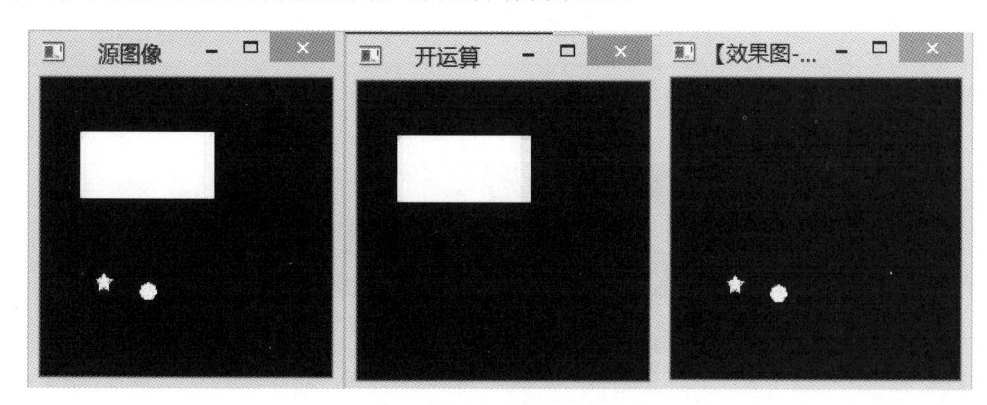

图 3-20　例 3-16 程序运行结果

3.2.5 黑帽

黑帽运算其实就是对闭运算的效果图与源图像求差，黑帽运算后的效果图突出了比源图像轮廓周围区域更暗的区域，且这一操作和选择的核大小相关。所以，黑帽运算常用来分离比邻近点暗一些的斑块，具体数学表达式如下。

$$dst = blackhat(src, element) = close(src, element)-src \quad (3\text{-}12)$$

下面通过例 3-17 进行说明。

例 3-17：黑帽处理。

具体代码如下。

```
// 引入相关头文件
#include<iostream>
#include<opencv2/opencv.hpp>
#include<opencv2\imgproc\types_c.h>
#include<opencv2/highgui/highgui_c.h>
using namespace std;
using namespace cv;
Mat srcImage, dstImage;
int g_nOpenValue = 0;
// 有滑动条事件时，可以调用滑动条回调函数 on_Trackbar()
void on_Trackbar(int, void*)
{
Mat element = getStructuringElement(MORPH_RECT, Size(2 * g_nOpenValue + 1, 2 * g_nOpenValue + 1));
morphologyEx(srcImage, dstImage, CV_MOP_BLACKHAT, element);// 黑帽操作
imshow("【黑帽窗口】", dstImage);
}
int main()
{
// 读取图像
srcImage = imread("16-2.jpg");
imshow("【源图像】", srcImage);
dstImage.create(srcImage.size(), srcImage.type());
// 创建窗口
    namedWindow("【黑帽窗口】");
    createTrackbar("Value", "【黑帽窗口】", &g_nOpenValue, 100, on_Trackbar);
    on_Trackbar(g_nOpenValue, 0);
    waitKey(0);
    return 0;
}
```

程序运行结果如图 3-21 所示。

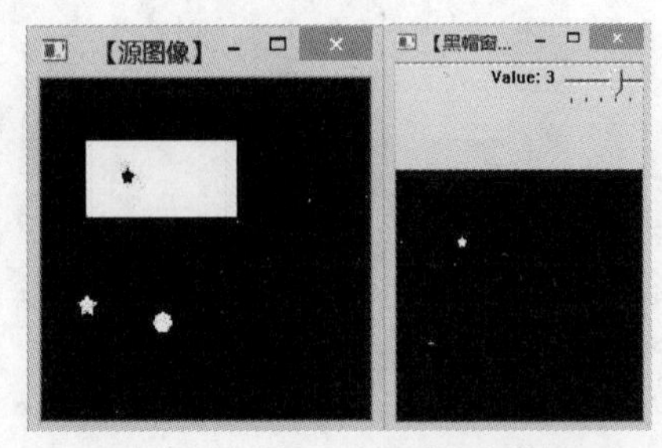

图 3-21 例 3-17 程序运行结果

图 3-21 所示的两幅小图分别为源图像和黑帽运算效果图（显示了被闭运算消除的白色五星），通过滑动条可以选择核的大小。可以看出运算后的效果图突出了比源图像轮廓周围区域更暗的区域。

· 3.2.6 综合运用——细线和噪点去除

图 3-22 所示左侧图像中有一些细线和细点需要去除。在这个例子中，应首先加载图像并显示，然后进行自适应二值化，再进行腐蚀和膨胀（或直接进行开运算），最后取反显示字母。下面通过例 3-18 进行说明。

例 3-18：细线和噪点去除。

具体代码如下。

```
#include<opencv2/opencv.hpp>
#include<iostream>
#include<opencv2/highgui/highgui_c.h>
using namespace cv;
int main(int argc, char** argv) {
Mat src, dst;
src = imread("zimu.png");// 读取图像
if (!src.data) {
        printf("could not load image...\n");
        return -1;
}
namedWindow("src", CV_WINDOW_AUTOSIZE);
imshow("scr", src);// 显示源图像
Mat gray_src;
cvtColor(src, gray_src, CV_BGR2GRAY);// 灰度化
imshow("gray image", gray_src);
Mat binImg;
adaptiveThreshold(~gray_src, binImg, 255, ADAPTIVE_THRESH_MEAN_C, THRESH_BINARY,
15, -2);// 自适应二值化
imshow("binary image", binImg);
// 矩形结构
Mat kernel = getStructuringElement(MORPH_RECT, Size(2, 2), Point(-1, -1));
Mat temp;
// erode(binImg, temp, kernel);// 先腐蚀
// dilate(temp, dst, kernel);// 后膨胀
morphologyEx(binImg, dst, CV_MOP_OPEN, kernel);// 或者直接开运算
bitwise_not(dst, dst);// 取反
imshow(" 字母 ", dst);
waitKey(0);
return 0;
}
```

程序运行结果的部分输出如图 3-22 所示。

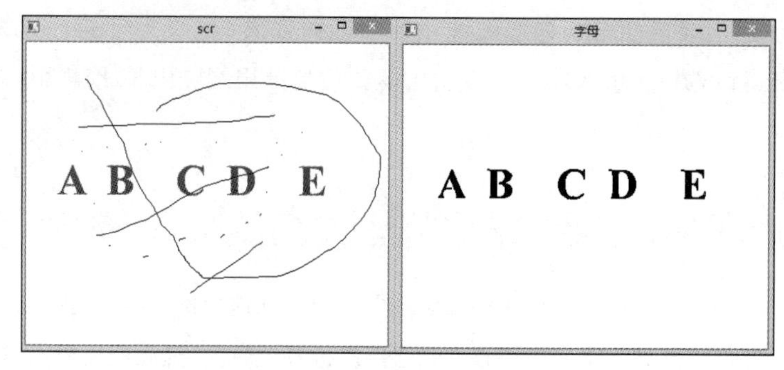

图 3-22 例 3-18 程序运行结果部分输出

3.3 图像金字塔

图像金字塔是图像多尺度表达的一种方法，它以多分辨率来解释图像的有效结构，概念简单，易于理解。一幅图像的金字塔是一系列以金字塔形状排列的、分辨率逐步降低且来源于同一幅源图像的图像集合。通过梯次向下采样获得图像，直到达到某个终止条件才停止采样。可以将一层一层的图像比喻成金字塔，层级越高，图像越小，分辨率越低。

常用的图像金字塔有高斯金字塔（Gaussian Pyramid）和拉普拉斯金字塔（Laplacian Pyramid）。高斯金字塔用来向下采样（图像变小），而拉普拉斯金字塔用来从金字塔底层图像重建上层未采样图像（图像变大）。

3.3.1 高斯金字塔

高斯金字塔的原理其实很简单，就是通过高斯模糊（高斯滤波）后进行上采样和下采样。其中 Down 表示下采样，下采样可以通过抛去图像中的偶数行和偶数列来实现，这样图像的长宽各减小为原来的 1/2，面积缩小为原来的 1/4。上采样与下采样相反，通过高斯滤波后高和宽各放大到原来的两倍。

高斯金字塔的生成主要用到 pyrDown() 函数，其算法主要包括以下 4 个步骤。

（1）读取图像。

（2）对图像进行高斯内核卷积（请见 2.4.2 小节）。

（3）将所有偶数行和偶数列去除，得到步骤（1）中图像的 1/4 大小。

（4）将步骤（3）中得到的图像重复步骤（2）和（3），直到得到 n 级图像金字塔。

OpenCV 提供了 PyrDown() 函数来进行变换，函数定义如下。

```
void pyrDown(InputArray src, OutputArray dst, const Size & dstsize=Size());
```

具体参数解析如下。

- InputArray src：输入图像。
- OutputArray dst：输出图像。

- const Size & dstsize：下采样之后的目标图像的大小。可以看出该参数是有默认值的，如果调用函数的时候不指定第三个参数，那么该参数的值是按照 Size((src.cols+1)/2, (src.rows+1)/2) 计算的。

下面通过例 3-19 进行说明。

例 3-19：高斯金字塔变换。

具体代码如下。

```
// 引入相关头文件
#include<opencv2/opencv.hpp>
#include<opencv2/imgproc/imgproc.hpp>
using namespace cv;
int main()
{
Mat srcImage = imread("D:/images/20.jpg");
Mat dstImage1, dstImage2;
// 进行两次下采样
pyrDown(srcImage, dstImage1, Size(srcImage.cols / 2, srcImage.rows / 2));
pyrDown(dstImage1, dstImage2, Size(dstImage1.cols / 2, dstImage1.rows / 2));
imshow("srcImage", srcImage);
imshow("dstImage1", dstImage1);
imshow("dstImage2", dstImage2);
waitKey(0);
return 0;
}
```

程序运行结果如图 3-23 所示。

得到的图像即为放大后的图像，但是与源图像相比会发觉比较模糊，因为在缩放的过程中图像已经丢失了一些信息，如果想在缩小和放大过程中减少信息的丢失，可使用拉普拉斯金字塔。

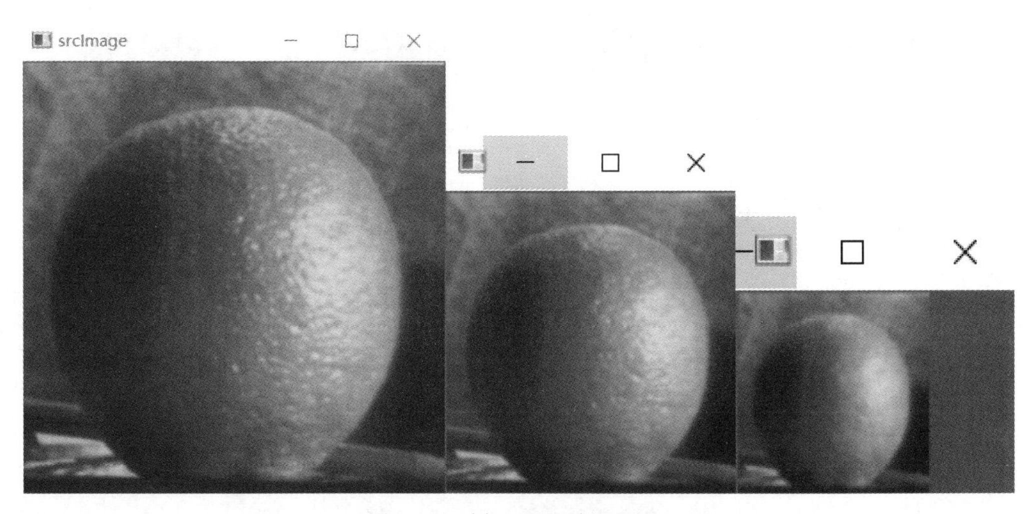

图 3-23 例 3-19 程序运行结果

3.3.2 拉普拉斯金字塔

拉普拉斯金字塔的生成主要是基于高斯金字塔以及 pyrUp() 函数，其生成过程如下。

（1）读取图像。

（2）缩小图像，对应高斯金字塔生成步骤中的（2）和（3）。

（3）将步骤（2）得到的图像在每个方向扩大为原来的两倍，新增的行和列以 0 填充。

（4）进行高斯内核卷积。

（5）将步骤（1）中的图像减去步骤（4）所得到的图像（所得到的图像具有高频信息）。

（6）重复步骤（2）~步骤（5），直到得到 n 级图像金字塔。

下面以只有 4 个像素的图像并用中值滤波卷积核代替高斯内核为例，简要说明拉普拉斯金字塔的生成过程。下面的过程对应步骤（2），为高斯金字塔向下采样的过程，将原来 2×2 分辨率的图像降低为 1×1。

$$\begin{pmatrix} 32 & 33 \\ 31 & 34 \end{pmatrix} \xrightarrow{\text{中值滤波}} 32 \tag{3-13}$$

下面的过程对应步骤（3），用 0 填充新增图像部分，应用上一步中使用的卷积核的 4 倍，还原图像。可以看出，图像相对于源图像是比较模糊的。

$$\begin{pmatrix} 32 & 0 \\ 0 & 0 \end{pmatrix} \xrightarrow{4\times\frac{1}{4}(a+b+c+d)} \begin{pmatrix} 32 & 32 \\ 32 & 32 \end{pmatrix} \tag{3-14}$$

用源图像减去还原后的图像，得到源图像相较于模糊图像的细节部分，也就是拉普拉斯金字塔的一层，对应步骤（5）。本例与实际计算有出入，望读者注意。

$$\begin{pmatrix} 30 & 33 \\ 31 & 34 \end{pmatrix} - \begin{pmatrix} 32 & 32 \\ 32 & 32 \end{pmatrix} = \begin{pmatrix} -2 & 1 \\ -1 & 2 \end{pmatrix} \tag{3-15}$$

高斯金字塔用来向下采样图像，而拉普拉斯金字塔则用来从金字塔底层图像向上采样重建一个图像，因此可以将拉普拉斯金字塔理解为高斯金字塔的逆形式，如图 3-24 所示。

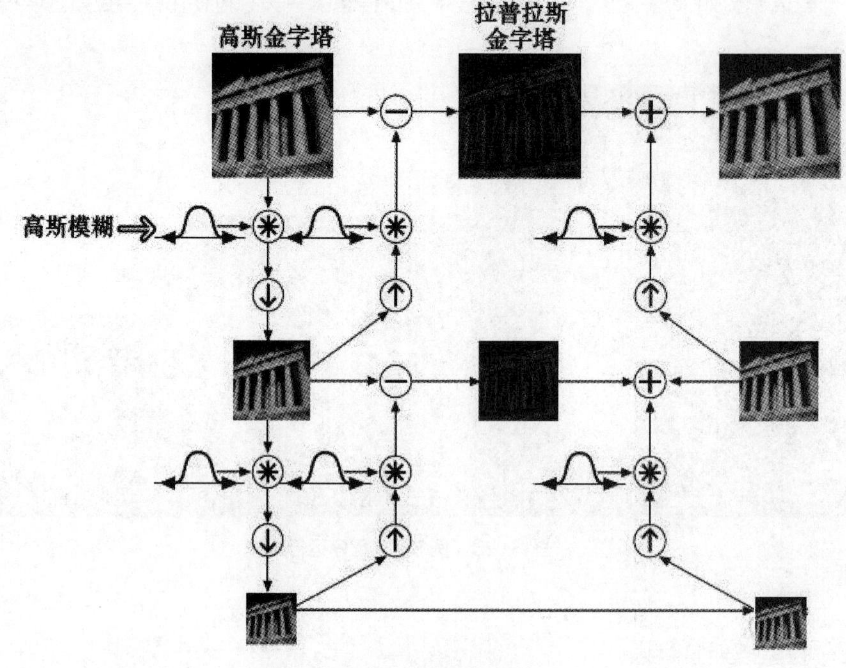

图 3-24 图像金字塔变换

下面通过例 3-20 进行说明。

例 3-20：图像放大操作。

具体代码如下。

```
#include<opencv.hpp>
using namespace cv;
int main(int artc, char** argv) {
    Mat src = imread("lena.png");
imshow("src", src);
// 使用 OpenCV 内置上采样函数
    pyrUp(src, src);
    imshow("pyrUp", src);
    waitKey();
    return 0;
}
```

程序运行结果如图 3-25 所示。

图 3-25　例 3-20 程序运行结果

对比源图像，可以看到放大后的图像有点模糊。下面通过例 3-21 继续说明。

例 3-21：拉普拉斯金字塔运算过程。

在这个例子中，需要先构建高斯金字塔把图像分辨率降低，然后通过拉普拉斯变换将图像放大，图像会变模糊，最后用高斯金字塔变换图像减去对应拉普拉斯金字塔变换的图像，获得图像细节信息（变化情况）。具体代码如下。

```
// 引入相关头文件
#include<opencv2/opencv.hpp>
#include<iostream>
using namespace cv;
using namespace std;
// 构建高斯金字塔
void pyramid_up(Mat& image, vector<Mat>& pyramid_images, int level);
// 构建拉普拉斯金字塔
void laplaian_demo(vector<Mat>& pyramid_images, Mat& image);
int main(int artc, char** argv) {
```

```
    Mat src = imread("D:/images/8.jpg");
    if (src.empty()) {
        printf("could not load image...\n");
        return -1;
    }
    namedWindow("input", WINDOW_AUTOSIZE);
    imshow("input", src);
    vector<Mat> p_images;
    pyramid_up(src, p_images, 3);
    laplaian_demo(p_images, src);
    waitKey(0);
    return 0;
    }
    void pyramid_up(Mat& image, vector<Mat>& pyramid_images, int level) {
    Mat temp = image.clone();
    Mat dst;
    // 构建 n 层的高斯金字塔
    for (int i = 0; i < level; i++) {
        pyrDown(temp, dst);
        temp = dst.clone();
        // 将每一层的图像保存至 vector 容器中
        pyramid_images.push_back(temp);
    }
    }
    // 拉普拉斯金字塔
    void laplaian_demo(vector<Mat>& pyramid_images, Mat& image) {
    // 构建 n 层的拉普拉斯金字塔
    for (int t = pyramid_images.size() - 1; t > -1; t--) {
        Mat dst;
        // 最后一层单独处理
        if (t - 1 < 0) {
            // 获取还原后的图像
            pyrUp(pyramid_images[t], dst, image.size());
            // 与源图像相减得到高频细节
            subtract(image, dst, dst);
            // 对每个像素加上 127 以便于观察，否则全黑难以观察
            dst = dst + Scalar(127, 127, 127);
            imshow(format("laplaian_layer_%d",t),dst);
        }
        else {
            // 还原图像，并与高斯金字塔中的上一层相减
            pyrUp(pyramid_images[t], dst, pyramid_images[t - 1].size());
            subtract(pyramid_images[t - 1], dst, dst);
            // 获得图像细节，以便于观察
            dst = dst + Scalar(127, 127, 127);
            imshow(format("laplaian_layer_%d", t), dst);
        }
      }
    }
```

程序运行结果如图 3-26 所示。

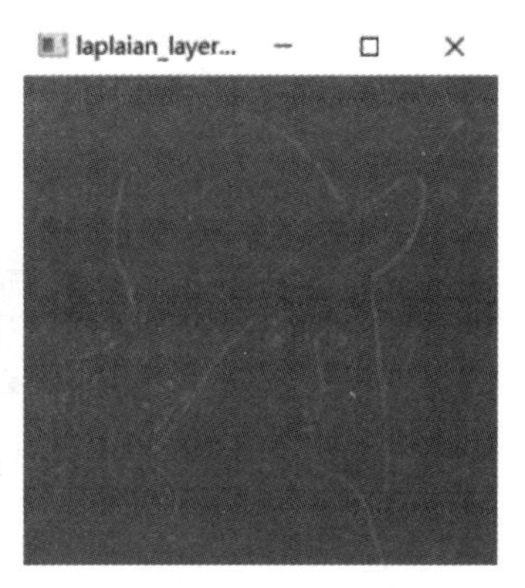

图 3-26 例 3-21 程序运行结果

· 3.3.3 高斯不同

高斯不同（Difference of Gaussian，DoG）是指把同一幅图像在不同的参数下做高斯模糊之后的结果相减。高斯不同是图像的内在特征，在灰度图像增强、角点检测中经常用到，下面通过例3-22 说明。例子中先读取图像，然后对图像进行两次高斯模糊，分别得到 t4 和 t5，然后将两者相减得到 t6。为清楚显示图像，加大像素亮度值差距，并将其亮度值在 0 到 255 之间进行标准化。

例 3-22：高斯不同。

具体代码如下。

```
#include<opencv2/opencv.hpp>
#include<iostream>
#include<opencv2/highgui/highgui_c.h>
using namespace cv;
using namespace std;
int main(int argc, char** argv) {
Mat t1, t2, t3, t4, t5, t6, t7, t8;
t1 = imread("cat.jpg");
if (!t1.data) {
    cout << "WRONG";
    return -1;
}
//pyrUp(t1, t2, Size(t1.cols * 2, t1.rows * 2));// 放大，上采样
//pyrDown(t1, t3, Size(t1.cols / 2, t1.rows / 2));// 缩小，下采样
GaussianBlur(t1, t4, Size(3, 3), 0, 0, BORDER_DEFAULT);// 高斯模糊
GaussianBlur(t4, t5, Size(3, 3), 0, 0, BORDER_DEFAULT);// 高斯模糊
subtract(t4, t5, t6, Mat(), -1);// 图像相减
normalize(t6, t6, 0, 255, NORM_MINMAX, -1, Mat());// 缩放到 0 ~ 255，以便看清图像
imshow("t1", t1);
imshow("t2", t2);
imshow("t3", t3);
imshow("t6", t6);
waitKey(0);
}
```

程序运行结果部分输出如图 3-27 所示。

图 3-27　例 3-22 程序运行结果部分输出

在以上代码中，subtract() 函数执行两幅图像之间的减法操作，该函数定义如下。

```
subtract(InputArray src1,
InputArray src2,
OutputArray dst,
InputArray mask=noArray(),
   int dtype=-1);
```

具体参数解析如下。

- InputArray src1：输入图像 1。
- InputArray src2：输入图像 2。
- OutputArray dst：输出图像。输出图像数组的大小和原数组一致。
- InputArray mask：可选操作掩码 -8 位单通道数组，用于更改的输出数组元素。
- int dtype：输出数组的可选深度。

在以上代码中，normalize() 函数执行归一化操作，该函数分为范围归一化与数据值归一化，定义如下。

```
normalize(InputArray src,
InputOutputArray dst,
double alpha=1,
double beta=0,
int norm_type=NORM_L2,
int dtype=-1,
InputArray mark=noArray());
```

具体参数解析如下。

- InputArray src：输入图像。
- Input OutputArray dst：输出图像。其数组的大小和原数组一致。
- double alpha：下限值。
- double beta：上限值。
- int norm_type：归一化选择的数学公式类型。该参数值为 NORM_MINMAX 时，数组的数值被平移或缩放到一个指定的范围，线性归一化一般较常用。

- int dtype：当该值为负时，输出图像的大小、深度、通道数都等于输入；当该值为正时，输出图像只有深度与输入不同，不同的地方由 dtype 决定。
- InputArray mark：掩码。选择感兴趣区域，选定后只能对该区域进行操作。

3.4 小结

本章简要介绍了图像分割的几种常用方法和数学形态学常见的几种操作。通过本章的学习，读者可以对这些内容进行深入的理解，并且每节内容都有相应的程序代码，读者在学习的过程中务必动手实践。本章内容较多，图像预处理、分割以及数学形态学处理变换需要一定的实践和工程经验，希望读者能充分理解其原理，掌握图像分割和数学形态学操作的使用方法。

第4章

特征提取与匹配

前 3 章介绍了图像处理的基本操作，其中更多的是对单一图像的处理。在现实生活中，很多场景下需要找出两幅甚至多幅图像的相似性，例如人脸识别。所谓相似性，即图像的相同特征。所谓特征，不管如何旋转目标，离目标远或近，特征都应不变，这两个特征分别被称作旋转不变性和尺度不变性。当然还有其他特征，如光照不一样特征也不应该发生变化，但旋转不变性和尺度不变性是最基本的两个特征。特征提取是目标检测和模板匹配等操作中的重要环节。

本章主要内容和学习目标如下。

- 边缘检测
- 颜色特征
- 关键点特征
- 特征描述与匹配
- 形状提取

4.1 边缘检测

图像中物体的边缘往往有一种特征，那就是灰度的不连续性。假设有一幅人物图，在多数情况下人脸与背景很容易区分。仔细看人脸边缘可以发现，边缘两边的像素值有显著差异，这就是灰度的不连续性，同时也是区别人脸与背景的关键。检测图像内目标物的边缘能大幅度地减少数据量，并且可以剔除某些不相关信息，同时还能保留图像重要的结构属性。边缘检测的方法有很多种，其中微分算子在图像处理中扮演着重要的角色，其算法实现简单，而且边缘检测的效果又较好，因此这些基本的微分算子是在学习图像处理过程中的必备方法，下面将由易到难，着重介绍几种常见的微分算子或方法。

· 4.1.1 梯度法

梯度法是一种较为简单的边缘检测方法。由于灰度变化大的地方梯度大，因此计算图像中像素点的梯度后，通过比较即可大致确定物体边缘。假设图像中有一像素点 I，x 和 y 分别表示该像素点在图像中的横、纵坐标（后面不再赘述），计算点 $I(x,y)$ 的一阶导数的方法和计算函数某点导数的方法略有不同。如计算该点 x 方向上的导数，需按照下式计算。

$$I'(x,y) = I(x+1,y) - I(x,y) \tag{4-1}$$

其中，$I(x+1)$ 表示右边一位的像素值。同理可知 y 方向导数的计算公式如下。

$$I'(x,y) = I(x,y+1) - I(x,y) \tag{4-2}$$

该点的梯度平方大小即为以上两式平方之和，最后选定合适的阈值 T，若某点的计算结果大于 T，则可认为该点为边缘点。

· 4.1.2 索贝尔算子

索贝尔（Sobel）算子是进行图像边缘检测非常重要的算子之一。Sobel 算子是一个离散微分算子（Discrete Differentiation Operator）。该算子结合了高斯平滑和微分求导，用来计算图像灰度函数的近似梯度。图像边缘的像素值会发生显著的变化，表示这一改变的一个方法是使用导数。梯度值的大变预示着图像中内容的显著变化。Sobel 算子考虑了水平、垂直和两个对角共计 4 个方向的梯度加权求和，是一个 3×3 各向异性的梯度算子。其包含以下两组 3×3 的矩阵。

$$\boldsymbol{y}_x = \begin{bmatrix} x_1 & x_2 & x_3 \\ x_4 & x_5 & x_6 \\ x_7 & x_8 & x_9 \end{bmatrix} = \begin{bmatrix} -1 & 0 & 1 \\ -2 & 0 & 2 \\ -1 & 0 & 1 \end{bmatrix} \tag{4-3}$$

$$\boldsymbol{y}_y = \begin{bmatrix} x_1 & x_2 & x_3 \\ x_4 & x_5 & x_6 \\ x_7 & x_8 & x_9 \end{bmatrix} = \begin{bmatrix} 1 & 2 & 1 \\ 0 & 0 & 0 \\ -1 & -2 & -1 \end{bmatrix} \tag{4-4}$$

y_x 和 y_y 分别用来检测水平及垂直边缘，检测方法是将之与图像做平面卷积，对像素点的 x,y 方向分别进行卷积的结果如下。

$$G(x) = (x_3 + 2 \times x_6 + x_9) - (x_1 + 2 \times x_4 + x_7) \quad (4\text{-}5)$$

$$G(y) = (x_1 + 2 \times x_2 + x_3) - (x_7 + 2 \times x_8 + x_9) \quad (4\text{-}6)$$

从结果来看，正好是右边 3 个像素减去左边对应像素之和，以及上面 3 个像素减去下面 3 个对应像素之和。后一步为节省运算时间，像素点的梯度值 G 的大小为 $G(x)$ 和 $G(y)$ 的绝对值之和。最后选择合适的阈值，将最终结果与阈值进行比较，若大于阈值，则该点为边缘点。读取图像后，设置关键变量，将图像转化为灰度图后，再求其梯度，判断是否为边缘。

Sobel() 函数使用扩展的 Sobel 算子来计算一阶、二阶、三阶或混合图像差分。OpenCV 中的 Sobel() 函数定义如下。

```
void Sobel (
InputArray src，// 输入图像
   OutputArray dst，// 输出图像
   int ddepth，// 输出图像的深度
   int dx,
   int dy,
   int ksize=3,
   double scale=1,
   double delta=0,
   int borderType=BORDER_DEFAULT )，
```

具体参数解析如下。

- InputArray src：输入图像，填 Mat 类型即可。
- OutputArray dst：目标图像，需要和源图像有一样的尺寸和类型。
- int ddepth：输出图像的深度。支持 src.depth() 和 ddepth 的组合：若 src.depth() = CV_8U，则 取 ddepth =-1/CV_16S/CV_32F/CV_64F； 若 src.depth() = CV_16U/CV_16S， 则取 ddepth =-1/CV_32F/CV_64F； 若 src.depth() = CV_32F，则 取 ddepth =-1/CV_32F/CV_64F；若 src.depth() = CV_64F, 则取 ddepth = -1/CV_64F。也就是说目标图像的深度大于或等于源图像深度，其中 -1 表示等于。
- int dx：x 方向上的差分阶数。
- int dy：y 方向上的差分阶数。
- int ksize：表示 Sobel 核的大小，有默认值 3，必须取 1、3、5 或 7。
- double scale：计算导数值时可选的缩放因子，默认值是 1，表示默认情况下是没有应用缩放的。可以在文档中查阅 getDerivKernels() 函数的相关介绍，以得到这个参数的更多信息。
- double delta：表示在结果存入目标图（第二个参数 dst）之前可选的 delta 值，有默认值 0。
- int borderType：边界模式，默认值为 BORDER_DEFAULT。关于这个参数，可以在官方文档中的 borderInterpolate 处得到更详细的信息。

下面通过例 4-1 进行说明。

例 4-1：Sobel 算子边缘检测。

具体代码如下。

```
#include <opencv.hpp>
usingnamespacecv;
intmain(int, char* argv[])
{
    Mat src, src_gray, grad;
    int scale = 1, delta = 0;
    // 梯度的类型
    int ddepth = CV_16S;
    src = imread("sobel.png");
    if (src.empty()) return -1;
    // 高斯模糊
    GaussianBlur(src, src, Size(3, 3), 0, 0, BORDER_DEFAULT);
    cvtColor(src, src_gray, COLOR_RGB2GRAY);
    //x 与 y 反向的梯度
    Mat grad_x, grad_y;
    Mat abs_grad_x, abs_grad_y;
    // 调用 Sobel() 函数计算
    Sobel(src_gray, grad_x, ddepth, 1, 0, 3, scale, delta, BORDER_DEFAULT);
    Sobel(src_gray, grad_y, ddepth, 0, 1, 3, scale, delta, BORDER_DEFAULT);
    // 将计算的梯度从 float 转回 int，显示图像
    convertScaleAbs(grad_x, abs_grad_x); // 消除梯度负值
    convertScaleAbs(grad_y, abs_grad_y); // 消除梯度负值
    // 将 x 与 y 方向融合
    addWeighted(abs_grad_x, 0.5, abs_grad_y, 0.5, 0, grad);
    imshow("sourceimg", src);
    imshow("Sobel", grad);
    waitKey(0);
    return0;
}
```

程序运行结果如图 4-1 所示。

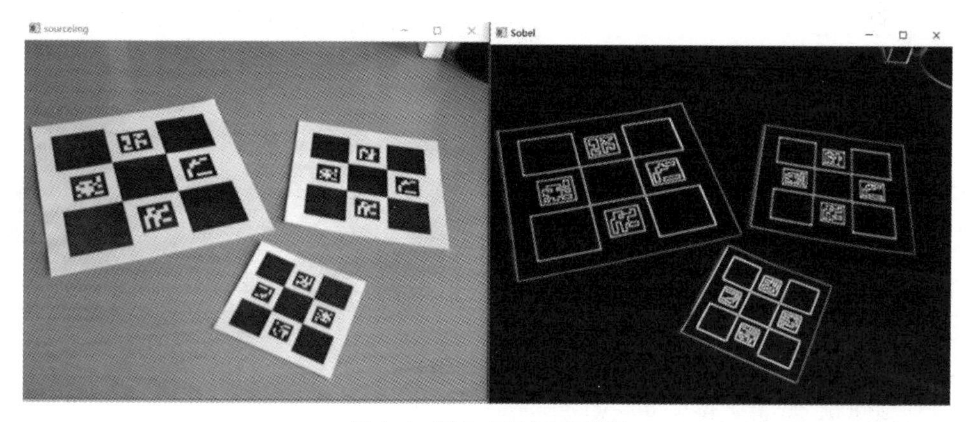

图 4-1　例 4-1 程序运行结果

从图 4-1 所示结果可以看出，源图像中的边缘被很好地识别了出来。

因为 Sobel 算子只是求取了导数的近似值，当内核大小为 3 时，Sobel 内核可能产生比较明显的误差。为解决这一问题，OpenCV 提供了 Scharr() 函数，应注意该函数仅作用于大小为 3 的内核。该函数的运算与 Sobel() 函数一样快，结果却更加精确、效果更好。其包含以下两组 3 × 3 的矩阵。

$$G_x = \begin{bmatrix} -3 & 0 & +3 \\ -10 & 0 & +10 \\ -3 & 0 & +3 \end{bmatrix} \tag{4-7}$$

$$G_y = \begin{bmatrix} -3 & -10 & -3 \\ 0 & 0 & 0 \\ +3 & +10 & +3 \end{bmatrix} \tag{4-8}$$

如果要用 Scharr 滤波器的话，把例 4-1 程序中应用 Sobel() 函数的那两行代码替换掉即可，具体如下。

```
Scharr( src_gray, grad_x, ddepth, 1, 0, scale, delta, BORDER_DEFAULT );
Scharr( src_gray, grad_x, ddepth, 0, 1, scale, delta, BORDER_DEFAULT );
```

Sobel 算子对灰度渐变低噪声的图像有较好的检测效果，但是对于混合多种复杂噪声的图像，其处理效果就不理想了。

· 4.1.3 拉普拉斯算子

拉普拉斯（Laplacian）算子与 Sobel 算子的不同之处可以理解为模板不同，Laplacian 算子给出的矩阵如下。

$$\begin{bmatrix} 0 & 1 & 0 \\ 1 & -4 & 1 \\ 0 & 1 & 0 \end{bmatrix} \tag{4-9}$$

检测方法同样是对图像进行卷积，对像素点 G 的卷积结果如下。

$$G = f(x+1, y) + f(x-1,y) + f(x, y+1) + f(x, y-1) - 4f(x, y) \tag{4-10}$$

经计算，该结果刚好是 $G(x, y)$ 对 x 和 y 的二阶导数之和。对 G 点的 x 方向求一阶导数：

$$f'(x, y) = f(x+1) - f(x) \tag{4-11}$$

对 x 方向求二阶导数：

$$f''(x, y) = f(x+1) - f(x) - [\,f(x) - f(x-1)\,] = f(x+1) + f(x-1) - 2f(x) \tag{4-12}$$

y 方向同理，两者相加即为 G 点卷积结果。最后设置合适的阈值 T，若某点计算结果大于 T，则该点为边缘点。值得一提的是，由于二阶微分的边缘定位能力更强，因此锐化效果更好。读取图像后，需先对其进行高斯滤波，消除一些噪声的影响，再将其转化为灰度图，求二阶导数，最后识别边缘。在求二阶导数的时候，因为是针对一阶导数进行求导，所以最大变化处的值为 0，即边缘是零值。

Laplacian() 函数定义如下。

```
void Laplacian(InputArray src, OutputArray dst, int ddepth, int ksize=1, double scale=1,
        double delta=0, int borderType=BORDER_DEFAULT )
```

具体参数解析如下。

- InputArray src：输入图像，即源图像。填 Mat 类的对象即可，且需为单通道 8 位图像。
- OutpatArray dst：输出图像。需要和源图像有一样的尺寸和通道数。
- int ddepth：目标图像的深度。
- int ksize：用于计算二阶导数的滤波器的孔径尺寸，大小必须为正奇数，且有默认值 1。
- double scale：计算 Laplacian 值的时候可选的比例因子，有默认值 1。

- double delta：表示在结果存入目标图（第二个参数 dst）之前可选的 delta 值，有默认值 0。
- int borderType：边界模式。其默认值为 BORDER_DEFAULT。

实际的计算过程是先对图像进行高斯滤波去噪声，然后将其转换为灰度图像，再使用 Laplacian() 函数计算 Laplacian 二阶导数，然后使用 convertScaleAbs() 函数取导数的绝对值，进一步对边缘进行二值化处理，最后显示处理结果，下面通过例 4-2 进行说明。

例 4-2：Laplacian 算子边缘检测。

具体代码如下。

```
#include <opencv.hpp>
#include <opencv2/highgui/highgui_c.h>
using namespace cv;
int main(int, char* argv[])
{
    Mat src, src_gray, dst;
    int kernel_size = 3;
     int scale = 1;
    int delta = 0;
    int ddepth = CV_16S;
    src = imread("sobel.png");
    if (src.empty()) return -1;
    GaussianBlur(src, src, Size(3, 3), 0, 0, BORDER_DEFAULT);
    cvtColor(src, src_gray, COLOR_RGB2GRAY);
    Mat abs_dst;
    // 调用 Laplacian 算子计算
    Laplacian(src_gray, dst, ddepth, kernel_size, scale, delta, BORDER_DEFAULT);
    // 得到 32 浮点数，将正负的 float 转为正的 int，显示图像
convertScaleAbs(dst, abs_dst);// 转 8 位
// 对边缘进行二值化处理，更清晰地显示边缘
threshold(edge_image, edge_image, 0, 255, THRESH_OTSU | THRESH_BINARY);
    imshow("sourceimg", src);
    imshow("Laplace", abs_dst);
    waitKey(0);
    return 0;
}
```

程序运行结果如图 4-2 所示。

图 4-2 例 4-2 程序运行结果

使用 Laplacian 算子时，由于在处理前对图像做了高斯滤波，因此最终整体图像较模糊。Laplacian 算子也是一种锐化方法，同时可以做边缘检测，而且在边缘检测的应用中并不局限于水平方向或垂直方向，这也是 Laplacian 算子与 Sobel 算子的区别之处。

· 4.1.4 坎尼算子

坎尼（Canny）算子的功能比前面几种都要好，但实现起来较为麻烦。Canny 算子是一个具有滤波、增强、检测功能的多阶段的优化算子。在进行处理前，Canny 算子先利用高斯平滑滤波器来平滑图像以除去噪声。Canny 分割算法采用一阶偏导的有限差分来计算梯度幅值和方向。在处理过程中，Canny 算子还将经过一个非极大值抑制的过程，最后 Canny 算子还采用两个阈值来连接边缘。Canny 算子边缘检测方法是本章所给出的方法中最复杂的一个，其主要包括如下 4 个步骤。

（1）去噪。顾名思义，就是消除图像中例如小黑点等干扰，这些干扰在图像处理过程中被称为噪声。去噪的方法有很多，例如均值滤波、高斯滤波等，这里一般采用高斯滤波。

（2）计算梯度幅值和方向。这里要用到前面介绍的 Sobel 方法。最终幅度值 G 以及方向 θ 按公式（4-13）、公式（4-14）算出，其中 G_x 和 G_y 分别表示 G 点在 x 方向的导数和在 y 方向上的导数（即该点切线的斜率）。

$$G = \sqrt{G_x^2 + G_y^2} \tag{4-13}$$

$$\theta = \tan^{-1}\frac{G_y}{G_x} \tag{4-14}$$

方向一般近似取 4 个值（0，45，90，135）。

（3）非极大值抑制。顾名思义，就是在一定范围内将不是极大值的元素抑制，这样可以将非边缘像素排除掉，留下的都是候选边缘的线条。

（4）滞后阈值。此处有高阈值 H 和低阈值 L 两个阈值，当某点像素幅度值 $P>H$ 时，则该点为边缘像素点；若是 $P<L$，则该点被排除。当该点值在 H 和 L 之间时，如果该点与某一被判断为边缘点的像素点连接，则该点也被视作边缘点。H 和 L 的阈值比一般是 2 ：1 到 3 ：1 之间。

OpenCV 中的 Canny() 函数定义如下。

```
void Canny(InputArray image, OutputArray edges, double threshold1, double threshold2, int apertureSize=3, bool L2gradient=false );
```

具体参数解析如下。

- InputArray image：输入图像，即源图像，填 Mat 类的对象即可，且需为 8 位图像。
- OutputArray edges：输出的边缘图，和源图像有一样的尺寸和类型。
- double threshold1：低阈值，常取高阈值的 1/2 或者 1/3。
- double threshold2：高阈值。
- int apertureSize：应用 Sobel 算子的孔径大小，通常 3x3，取值 3。
- bool L2gradient：一个计算图像梯度幅值的标识，有默认值（false）。需要注意的是，这个函数的阈值 1 和阈值 2 中小的那个用于边缘连接，而大的那个用来控制强边缘的初始段，推荐的高低阈值比在 2：1 到 3：1 之间。其值选择 true 表示是用 L2 来归一化，即根据公式（4-13），否则用 L1 来归一化，即梯度绝对值之和，一般用 L1。

在处理图像前先进行高斯滤波去除噪声，然后进行灰度转换，计算梯度，再进行非极大信号抑制，最后通过高低阈值输出二值图像。为清晰看到边缘，还进行了像素值取反操作，下面通过例 4-3 进行说明。

例 4-3：Canny 算子边缘检测。

具体代码如下。

```
#include<opencv2/opencv.hpp>
#include<iostream>
#include<opencv2/highgui/highgui_c.h>
usingnamespace cv;
Mat src, gray_src, dst;
int t1_value = 50;
int max_value = 255;
constchar* OUTPUT_TITLE = "Canny Result";
void Canny_Demo(int, void*);
int main(intargc, char** argv) {
    src = imread("lena.png");
    if (!src.data) {
        printf("could not load image...\n");
        return -1;
}
char INPUT_TITLE[] = "input image";
namedWindow(INPUT_TITLE, CV_WINDOW_AUTOSIZE);
namedWindow(OUTPUT_TITLE, CV_WINDOW_AUTOSIZE);
imshow(INPUT_TITLE, src);
cvtColor(src, gray_src, CV_BGR2GRAY);// 将源图像转为灰度图像
createTrackbar("Threshold Value:", OUTPUT_TITLE, &t1_value, max_value, Canny_Demo);
Canny_Demo(0, 0);
waitKey(0);
return 0;
}
void Canny_Demo(int, void*) {
Mat edge_output;
blur(gray_src, gray_src, Size(3, 3), Point(-1, -1), BORDER_DEFAULT);
Canny(gray_src, edge_output, t1_value, t1_value * 2, 3, false);// 调用 Canny 算子
imshow(OUTPUT_TITLE, ~edge_output);// 注意图像取反操作 ~
}
```

程序运行结果如图 4-3 所示。

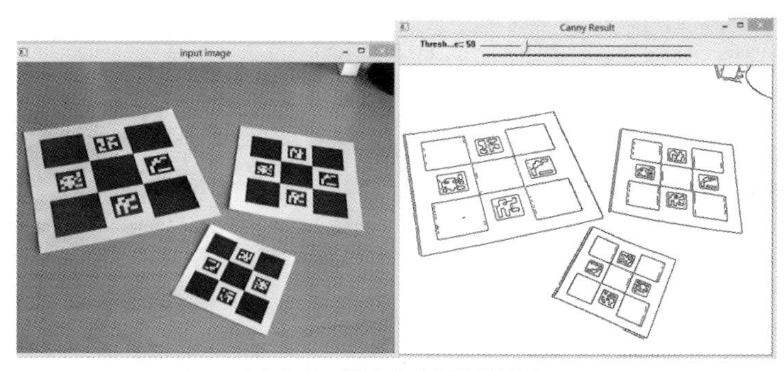

图 4-3　例 4-3 程序运行结果

从程序运行结果可以看到，Canny() 函数在有噪声情况下的表现好坏，取决于前面的降噪过程，这也是 OpenCV 将图像降噪放在 Canny() 函数外面的原因。使用此算法最终提取出的边缘线更细、更精确，但 Canny() 函数只能处理 8 位灰度图像。

4.1.5 普鲁伊特算子

普鲁伊特（Prewitt）算子比起前面所介绍的算子来说较为简单，只使用像素点附近的灰度差来进行边缘检测。其主要步骤为先使用水平方向以及垂直方向的卷积核对源图像进行卷积，再通过卷积后的图像合成边缘检测后的图像。Prewitt 算子使用了两个矩阵进行卷积，水平方向的卷积核如下。

$$G_x = \begin{bmatrix} 1 & 1 & 1 \\ 0 & 0 & 0 \\ -1 & -1 & -1 \end{bmatrix} \tag{4-15}$$

垂直方向的卷积核如下。

$$G_y = \begin{bmatrix} -1 & 0 & 1 \\ -1 & 0 & 1 \\ -1 & 0 & 1 \end{bmatrix} \tag{4-16}$$

将两次卷积后对应的像素值进行平方求和，再开平方，得到一个新的像素值。最终图像像素计算公式如下。

$$I(x, y) = \sqrt{G_x(x, y)^2 + G_y(x, y)^2} \tag{4-17}$$

从计算过程可以看出，Prewitt 算子一个方向求微分，另一个方向求平均，所以对噪声相对不敏感。可使用本书 2.2.1 小节中所介绍的函数 filter2D() 进行卷积，卷积操作可参考例 2-3。下面通过例 4-4 进行说明。

例 4-4：Prewitt 算子。

具体代码如下。

```
#include<opencv.hpp>
#include<cmath>
usingnamespacecv;
int main()
{
    Mat srcImage = imread("prewitt.png", IMREAD_GRAYSCALE);
    imshow("origin image", srcImage);
    // 定义水平方向和垂直方向的卷积核
   kernelx = (Mat_<double>(3,3) <<1,1,1,0,0,0,−1,−1,−1
   kernely = (Mat_<double>(3,3) <<−1,0,1,−1,0,1,−1,0,1) ;
    // 分别存储水平和垂直方向的卷积图像
    Mat destx, desty;
    // 调用 filter2D() 函数进行卷积
    filter2D(srcImage, destx, srcImage.depth(), kernel x);
    filter2D(srcImage, desty, srcImage.depth(), kernel y);
    for(int i=0;i<srcImage.rows;i++)
    {
      for(int j=0;j<srcImage.cols;j++)
```

```
        {
            // 计算边缘图像
            int tempx = destx.at<uchar>(i,j);
            int tempy = desty.at<uchar>(i,j);
            srcImage.at<uchar>(i,j) = sqrt(pow(tempx, 2) + pow(tempy, 2));
        }
    }
    imshow("conv image",srcImage);
    waitKey(0);
    return0;
}
```

程序运行结果如图 4-4 所示。

图 4-4　例 4-4 程序运行结果

4.1.6　罗伯茨算子

罗伯茨（Roberts）算子是利用局部差分寻找边缘的一种算子，是非常简单的边缘检测算子。Roberts 算子利用对角线方向相邻两像素之差来检测边缘，检测垂直边缘的效果要优于检测其他方向边缘的效果，其定位精度高，但对于噪点的抑制能力较弱。

对于源图像 $f(x,y)$，采用 Roberts 算子边缘检测输出图像为 $g(x,y)$，则可表示如下。

$$G(x, y) = \{ [f(x, y)- f(x+1, y+1)]^2 [f(x+1, y)- f(x, y+1)]^2\}^{\frac{1}{2}} \tag{4-18}$$

下面通过例 4-5 进行说明。

例 4-5：Roberts 算子。

具体代码如下。

```
#include<opencv.hpp>
#include<cmath>
using namespace cv;
int main()
{
    Mat srcImage = imread("Roberts.png", IMREAD_GRAYSCALE);
    imshow("origin image", srcImage);
    // 存储结果
    Mat resultImage = Mat(srcImage.size(), srcImage.type(), srcImage.channels());
```

```
        for(int i=0;i<srcImage.rows-1;i++)
        {
          for(int j=0;j<srcImage.cols-1;j++)
          {
            // 获取当前像素的相邻像素
            int a = srcImage.at<uchar>(i,j);
            int b = srcImage.at<uchar>(i + 1, j);
            int c = srcImage.at<uchar>(i, j + 1);
            int d = srcImage.at<uchar>(i + 1, j + 1);
            // 运用 Roberts 公式计算轮廓
            resultImage.at<uchar>(i,j)=sqrt(pow(a-d,2) + pow(b - c,2));
          }
        }
        imshow("Roberts",resultImage);
        waitKey(0);
        return 0;
    }
```

程序运行结果如图 4-5 所示。

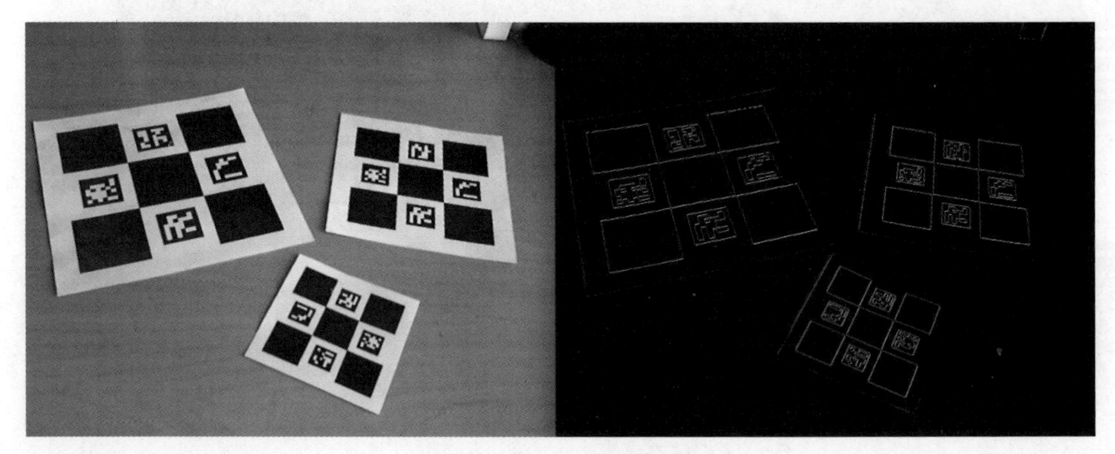

图 4-5　例 4-5 程序运行结果

4.2 颜色特征

在现实生活中，我们能看到的图像大多是彩色的。很多事物都有特定的颜色，例如火焰往往呈现出红色黄色或蓝色，而天空往往是蓝色的。对于这些颜色特征鲜明的事物，我们通过颜色对它们进行识别会非常迅速。同时，颜色特征对图像本身的尺寸、方向、视角的依赖性较小，因此抗干扰能力比较强。

4.2.1　灰度直方图

众所周知，在 RGB 颜色空间中，每种颜色可以按照亮度分为从 0 到 255 总共 256 个等级，然而由于人眼对颜色的敏感度并没有那么高，当像素点的像素值很接近时，所对应的两类甚至是几类颜色，人眼很难将其区分开来。量化正是为了将源图像中不太重要的相似颜色合并为一种颜色，从而减少图像中的颜色种类。直方图是一种统计报告图，在图像直方图中，横轴表示像素值，纵轴表示出现的次数。随着像素值的增大，图像会越来越亮，因此当看到图像直方图统计的像素值大都很小时，即使不看源图像也能得知此图像整体偏暗。

图 4-6 所示是两幅亮度不同的相同图像及其灰度直方图。从图中可以看到下方图更白、更亮，对应的直方图中，下方图的像素峰值和均值也更大。想要获得灰度直方图，就必须遍历所有像素点。

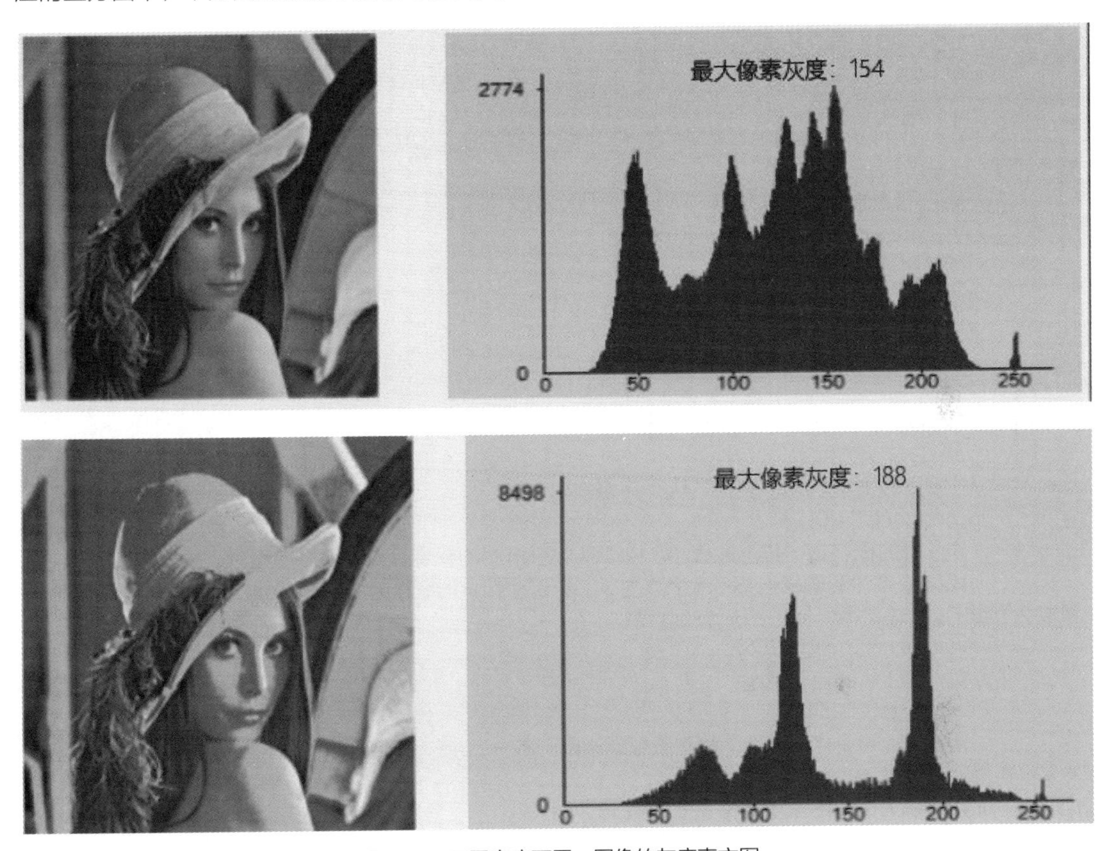

图 4-6　不同亮度下同一图像的灰度直方图

下面通过例 4-6 进行说明。

例 4-6：图像灰度直方图。

具体代码如下。

```
#include<opencv2\core\core.hpp>
#include<opencv2\highgui\highgui.hpp>
#include<opencv2\imgproc\imgproc.hpp>
#include<opencv2/highgui/highgui_c.h>
#include<iostream>
using namespace std;
using namespace cv;
// 求一幅灰度图像的直方图图像，返回的是直方图图像
Mat getHistograph(const Mat grayImage);
int main(int argc,char* argv[])
{
```

```
        // 读取图像
        Mat image;
        image=imread("histogram.png");
        // 判断是否为空
        if(image.empty())
        {
                cerr<<""<<endl;
                return -1;
        }
        // 定义灰度图像，转成灰度图
        Mat grayImage;
        cvtColor(image,grayImage,COLOR_BGR2GRAY);
    // double x=compareHist(hist,hist,/*CV_COMP_CORREL、CV_COMP_INTERSECT*/CV_COMP_
BHATTACHARYYA);
        // 直方图图像
        Mat hist=getHistograph(grayImage);
        imshow("src",image);
        imshow("hist",hist);
        waitKey(0);
        return 0;
    }
    Mat getHistograph(const Mat grayImage)
    {
        // 定义求直方图的通道数目，从 0 开始索引
        int channels[]={0};
        // 定义直方图在每一维上的大小，例如灰度直方图的横坐标是图像的灰度值，就一维
        // 如果直方图图像横坐标 bin 个数为 x，纵坐标 bin 个数为 y，则 channels[]={1,2}，其直方图应
// 该为三维的，z 轴是每个 bin 上统计的数目
        const int histSize[]={256};
        // 每一维 bin 的变化范围
        float range[]={0,256};
        // 所有 bin 的变化范围、个数应该跟通道数一致
        const float* ranges[]={range};
        // 定义直方图，这里求的是直方图数据
        Mat hist;
        //OpenCV 中计算直方图的函数，hist 大小为 256*1，每行存储该行对应的灰度值的个数
        calcHist(&grayImage,1,channels,Mat(),hist,1,histSize,ranges,true,false);//OpenCV 中 是 通 过
//cvCalcHist() 函数
        // 找出的直方图统计的个数的最大值，用来作为直方图纵坐标的高
        double maxValue=0;
        // 找矩阵中最大、最小值及对应索引的函数
        minMaxLoc(hist,0,&maxValue,0,0);
        // 最大值取整
        int rows=cvRound(maxValue);
        // 定义直方图图像，直方图纵坐标的高作为行数，列数为 256（灰度值的个数）
        // 因为是直方图图像，所以以黑白两色区分，白色为直方图图像
        Mat histImage=Mat::zeros(rows,256,CV_8UC1);
        // 直方图图像表示
        for(int i=0;i<256;i++)
        {
                // 取每个 bin 的数目
```

```
                    int temp=(int)(hist.at<float>(i,0));
                    // 如果 bin 数目为 0，则说明图像上没有该灰度值，则整列为黑色
                    // 如果图像上有该灰度值，则将该列对应个数的像素设为白色
                    if(temp)
                    {
                              // 由于图像坐标是以左上角为原点的，因此要进行变换，使直方图图像以左
// 下角为坐标原点
                              histImage.col(i).rowRange(Range(rows-temp,rows))=255;
                    }
          }
          // 由于直方图图像列高可能很高，因此对图像列要进行对应的缩减，使直方图图像更直观
          Mat resizeImage;
          resize(histImage,resizeImage,Size(256,256));
          return resizeImage;
    }
```

程序运行结果如图 4-7 所示。

图 4-7　例 4-6 程序运行结果

从图 4-7 左侧的源图像中可以看出，图像整体偏暗，因此灰度值大多落在左边。

4.2.2 聚类

俗话说“物以类聚，人以群分”。例如，在 iOS 照片中有“人物”选项，相簿里多次出现的人物所在的相片被归为一类，这就是聚类的应用。但是直接对源图像进行此类操作是不可取的，因为将图像转换为矩阵后数据量非常大，而且不同图像有可能尺寸不同。因此，在聚类操作前往往都会先进行降维操作，使得处理过的图像数据尽可能少，且能表达源图像的精髓，这一过程也被称为编码解码的过程。

在单一图像中，聚类是将相近像素的像素点聚集到一起，判别依据是距离，也就是灰度值差异。有时候在处理图像时，不需要那么多细节，在进行图像聚类之后能很迅速地识别目标物，节约大量时间。读取图像后，在聚类前往往需要先设定一个值，用来限定类的个数，例如设定 5 种颜色，最终聚

类结果将会是 5 类。

下面通过例 4-7 进行说明。每一个像素均有 R、G、B3 个分量，取值范围为 0 ~ 255。以 RGB 建立三维的空间图像，则每一种颜色可视为空间中的一个点，使用聚类算法可将图像的颜色分为多个类别，如深色为一类、浅色为一类等。

例 4-7：图像聚类。

具体代码如下。

```
#include<opencv2/opencv.hpp>
#include<iostream>
using namespace cv;
using namespace std;
int main()
{
    // 读取图像
        Mat srcImage = imread("means.jpg");
        if (!srcImage.data)
        {
                printf("could not load image...\n");
                return -1;
        }
        imshow("girl1.jpg", srcImage);
        //5 种颜色，聚类之后的颜色从这里面随机选择
        Scalar colorTab[] = {
                Scalar(0,0,255),
                Scalar(0,255,0),
                Scalar(255,0,0),
                Scalar(0,255,255),
                Scalar(255,0,255)
        };
        int width = srcImage.cols;// 图像的宽
        int height = srcImage.rows;// 图像的高
        int channels = srcImage.channels();// 图像的通道数
        // 初始化一些定义
        int sampleCount = width*height;// 所有的像素
        int clusterCount = 4;// 分类数
        Mat points(sampleCount, channels, CV_32F, Scalar(10));//points 用来保存所有的数据
        Mat labels;// 聚类后的标签
        Mat center(clusterCount, 1, points.type());// 聚类后类别的中心
        // 将图像的 RGB 值转到样本数据
        int index;
        for (int i = 0; i < srcImage.rows; i++)
        {
                for (int j = 0; j < srcImage.cols; j++)
                {
                        index = i*width + j;
                        Vec3b bgr = srcImage.at<Vec3b>(i, j);
                        // 将图像中每个通道的数据分别赋值给 points 的值
                        points.at<float>(index, 0) = static_cast<int>(bgr[0]);
                        points.at<float>(index, 1) = static_cast<int>(bgr[1]);
                        points.at<float>(index, 2) = static_cast<int>(bgr[2]);
```

```
            }
        }
        // 运行 K-means 算法
        //MAX_ITER 也可以称为 COUNT 最多迭代次数，EPS 为最高精度，10 表示最多的迭代次数，
//0.1 表示结果的精确度
        TermCriteria criteria = TermCriteria(TermCriteria::EPS + TermCriteria::COUNT,10,0.1);
        kmeans(points, clusterCount, labels, criteria, 3, KMEANS_PP_CENTERS, center);
        // 显示图像分割结果
        Mat result = Mat::zeros(srcImage.size(), srcImage.type());// 创建一幅结果图
        for (int i = 0; i < srcImage.rows; i++)
        {
            for (int j = 0; j < srcImage.cols; j++)
            {
                index = i*width + j;
                int label = labels.at<int>(index);// 每一个像素属于哪个标签
                result.at<Vec3b>(i, j)[0] = colorTab[label][0];// 对结果图中的每一个通道进行
// 赋值
                result.at<Vec3b>(i, j)[1] = colorTab[label][1];
                result.at<Vec3b>(i, j)[2] = colorTab[label][2];
            }
        }
        imshow("Kmeans", result);
        waitKey(0);
        return 0;
    }
```

程序运行结果如图 4-8 所示。

图 4-8　例 4-7 程序运行结果

从图 4-7 可以看出，聚类后的结果舍弃了很多细节，但从轮廓上看还是能分辨出源图像是一幅人像。

4.3 关键点特征

在对图像进行操作时，不一定每个像素都有用。若是每个像素都要处理，那样会耗费大量的时间。因此在处理图像前，往往会对源图像进行预处理。图像的关键点是图像中突出的小区域（如角点），它们具有像素值急剧地从浅色变为深色的特征。通常来说，这些关键点需要满足多个条件，如

当图像的光照发生变化时位置不变，图像内的物体旋转一定角度时相对位置也应不变。因此，若能准确提取这些关键点，将会大大提升图像处理的效率。

以三角形为例，边上的一个点具有灰度急剧变化的特征，但因为其周围的点都具有这个特征，所以这个点无法正确地描述图像的特征。而三角形的顶点不仅附近灰度变化大，而且其边缘曲率（两线交点）也与其他点不一样，所以可以很好地体现图像的特征，一般称这类点为特征点。

· 4.3.1 SURF 算法

SURF 的英文全称为 Speeded Up Robust Features（加速稳健特征）。SURF 算法是一种稳健的局部特征点检测和描述算法，最初由赫伯特 · 贝（Herbert Bay）在 2006 年的欧洲计算机视觉国际会议（Europen Conference on Computer Vision，ECCV）上提出，并在 2008 年正式发表在 *Computer Vision and Image Understanding* 期刊上。该算法利用图像的卷积以及图像金字塔等技术，可以快速地提取出图像的特征信息。由于 SURF 算法在 OpenCV4.4 版本中被放置在 opencv_contrib 模块中（该模块需下载 OpenCV 的 Contrib 源码编译，过程请参考本书附录 2），使用较不方便，读者可以使用 4.3.2 小节中的 SIFT 算法来代替，本小节将简要介绍 SURF 算法的工作原理。

首先对输入的图像应用一个类似于高斯滤波器的盒子滤波器，生成倒转的图像金字塔（效果类似使用 pryUp() 函数得到的一样），并在每一层中使用多个参数不一样的滤波器（如卷积核大小不一样的高斯滤波器）来生成多幅图像，如图 4-9 所示。

对所有图像使用一些数学性质的卷积核进行卷积操作，然后计算每一个像素点的二阶偏导数，再对每一个像素点应用 SURF 算法的核心黑塞（Hessian）矩阵，计算每一个像素点的特征值。最后将每一个像素点与它周围的像素点进行比较，经过 Hessian 阈值筛选出合适的特征点。其中，周围的像素点指与对应像素点在同一图像上的周围 8 个像素点，以及其上、下方图像中的各 9 个像素点，如图 4-10 所示。

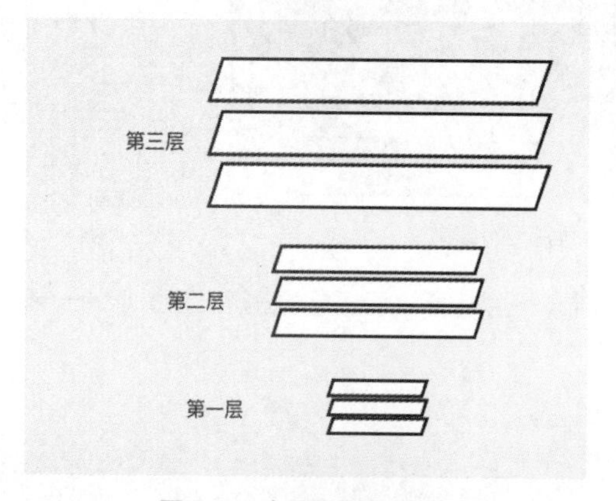

图 4-9　多层图像金字塔

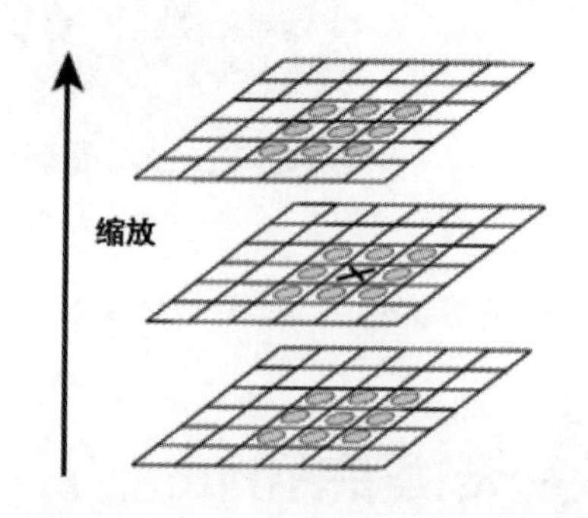

图 4-10　中心像素点 x 与其周围像素点

计算特征点的方向等过程读者可自行查阅资料，下面简要介绍 SURF 算法在 OpenCV 中的使用方法。注意，SURF 算法需要使用 opencv_contrib 模块，若没有安装，可以使用 4.3.2 小节中的 SIFT 算法代替。下面通过例 4-8 进行说明。例 4-8 中使用的函数定义如下。

```
CV_WRAP static Ptr<SURF> create(double hessianThreshold=100,
            int nOctaves = 4, int nOctaveLayers = 3,
            bool extended = false, bool upright = false);
```

此函数用于创建使用 SURF 算法的特征检测器。参数 hessianThreshold 为 SURF 算法使用的阈值，可自由指定；nOctaves 和 nOctaveLayers 为图像金字塔的参数，使用其默认值即可；extended 与 upright 参数为拓展功能，其值保持默认即可。

```
CV_WRAP virtual void detect( InputArray image,
                    CV_OUT std::vector<KeyPoint>& keypoints,
                    InputArray mask=noArray() );
```

此函数为调用检测器进行检测的接口。参数 image 为输入图像；KeyPoint 为经 SURF 算法检测后的特征点数组；mask 为检测的区域，其值保持默认即可。

```
CV_EXPORTS_W void drawKeypoints( InputArray image,
                    const std::vector<KeyPoint>& keypoints, InputOutputArray outImage,
                    const Scalar& color=Scalar::all(-1),
                    DrawMatchesFlags flags=DrawMatchesFlags::DEFAULT );
```

参数 image 为源图像；KeyPoint 为特征点数组；outImage 为输出图像；color 为关键点的颜色，-1 表示随机；其余参数保持默认即可。

例 4-8：使用 SURF 算法进行特征提取。

具体代码如下。

```
#include<opencv2/opencv.hpp>
#include<opencv2/xfeatures2d.hpp>
#include<opencv2/xfeatures2d/nonfree.hpp>
#include<iostream>
using namespace cv;
using namespace cv::xfeatures2d;
using namespace std;
Mat g_srcImage, g_grayImage, g_keyPointImage;
int main()
{
   // 读取图像
      g_srcImage = imread( "surf.png" );
      if (g_srcImage.empty())
      {
            printf("read image fail\n");
            return -1;
      }
      imshow("g_srcImage", g_srcImage);
      int minHessian = 400;
      // SURF 特征检测
      vector<KeyPoint> keyPoints;
      Ptr<SURF> detector = SURF::create(minHessian); // 创建一个检测器
      detector->detect(g_srcImage, keyPoints, Mat());
      // 绘制关键点
      g_keyPointImage = g_srcImage.clone();
      drawKeypoints(g_srcImage,keyPoints,g_keyPointImage,Scalar::all(-1),
DrawMatchesFlags::DEFAULT);
```

```
        imshow("g_keyPointImage", g_keyPointImage);
        waitKey(0);
        return 0;
}
```

程序运行结果如图 4-11 所示。

图 4-11　例 4-8 程序运行结果

· 4.3.2　SIFT 算法

SIFT 的英文全称为 Scale-Invariant Feature Transform（尺度不变特征转换）。SIFT 算法是一种计算机视觉的算法，用来侦测与描述影像中的局部特征，它在空间尺度中寻找极值点，并提取出其位置、尺度、旋转不变量。此算法由大卫 · 罗伊（David Lowe, 又译为大卫 · 洛）在 1999 年发表，2004 年完善总结。在 OpenCV4.4 以前的版本中，因为专利限制，OpenCV 将其放入 opencv_contrib 模块中。从 OpenCV4.4 版本开始，OpenCV 重新将其放入主存储区，用户只需要安装预编译版本（Release 版）即可使用，该算法比 SURF 算法更为方便。

SIFT 算法与 SURF 算法类似，首先用输入图像生成图像金字塔，并使用参数不同的高斯卷积核将金字塔的每一层拓展为多幅图像，如图 4-12 所示。

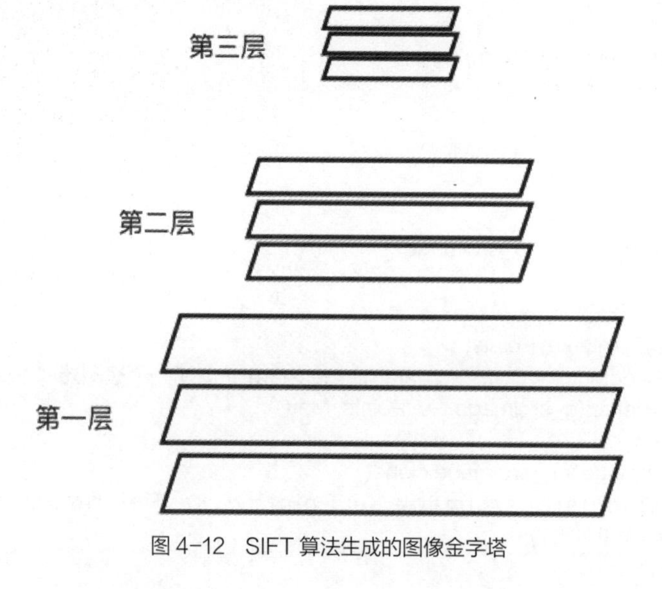

图 4-12　SIFT 算法生成的图像金字塔

随后对金字塔每一层中所有相邻的图像进行差分，得到高斯差分（Difference of Gaussian，DoG）金字塔，如图 4-13 所示。

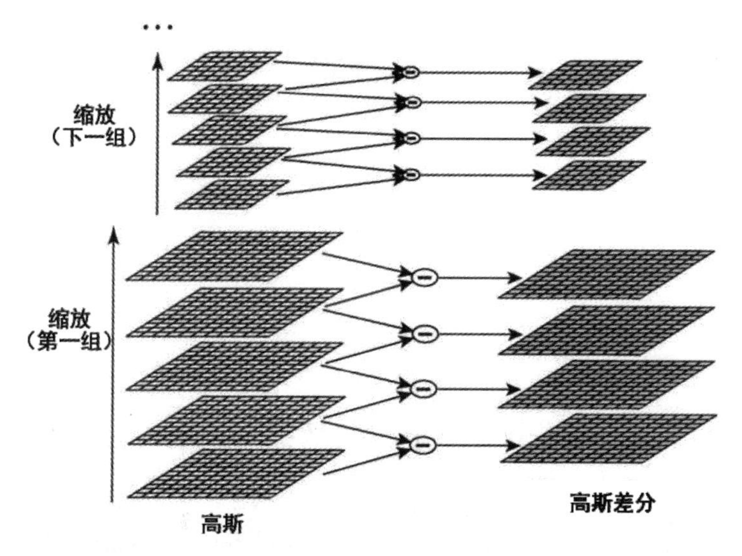

图 4-13 高斯差分（DoG）金字塔

SIFT 算法使用与 SURF 算法筛选特征点相同的方法确定特征点，经过函数拟合计算更精确的坐标（图像的坐标都是整数，精度有所丢失），经由边缘处理后开始计算特征点的方向。为每一个 DoG 中筛选出的特征点选择其对应的高斯金字塔图像，计算图像中的梯度方向，统计其附近的方向，选择出一个主方向以及多个辅方向。最后通过这些信息生成该特征点的描述子，独立于特定的图像，使其不随各种变化而改变，例如光照变化、视角变化等。这个描述子不但包括关键点，还包含关键点周围对其有贡献的像素点，并且描述符应该有较高的独特性，以便于提高特征点正确匹配的概率。碍于篇幅有限，读者若想了解具体细节，可自行查阅相关资料。

SIFT 算法所使用的函数定义如下。

```
CV_WRAP static Ptr<SIFT> create(int nfeatures = 0, int nOctaveLayers = 3,
        double contrastThreshold = 0.04, double edgeThreshold = 10,
        double sigma = 1.6);
```

此函数用于创建使用 SIFT 算法的特征提取器，与 SURF 算法的函数类似。参数均使用默认值即可。

```
CV_WRAP virtual void detectAndCompute( InputArray image, InputArray mask,
                        CV_OUT std::vector<KeyPoint>& keypoints,
                        OutputArray descriptors,
                        bool useProvidedKeypoints=false );
```

此函数用于检测特征点，与 SURF 算法的函数类似，descriptors 为描述子的集合。下面通过例 4-9 进行说明。

例 4-9：使用 SIFT 算法提取特征。

具体代码如下。

```
#include <opencv.hpp>
using namespace cv;
int main()
{
    Mat img = imread("gzhu.jpg");
```

```
    // 创建使用 SIFT 算法的特征检测器
    auto detector = SIFT::create();
    std::vector<KeyPoint> keypoints_obj;
    Mat descriptors_box;
    // 检测特征点
    detector->detectAndCompute(img, Mat(), keypoints_obj, descriptors_box);
    Mat out;
    // 绘制特征点
    drawKeypoints(img, keypoints_obj, out);
    imshow("out", out);
    waitKey();
    return 0;
}
```

程序运行结果如图 4-14 所示。

图 4-14　例 4-9 程序运行结果

4.3.3　ORB 算法

由于 SIFT 算法与 SURF 算法中大量地使用卷积计算偏导等特征值，如果没有硬件加速的话，算法的时间复杂度较高，而 ORB 算法可以很好地解决这个问题。ORB 的英文全称为 Oriented FAST and Rotated BRIEF（FAST 关键点检测和 BRIEF 关键点描述）。ORB 算法可以用来为图像中的关键点快速创建特征向量，这些特征向量可以用来识别图像中的对象。

其中 FAST 是 Features from Accelerated Segments Test（加速分段测试的特征）的简称，通过 FAST 算法可以快速选择关键点。具体做法是给定某点 p（该像素点取值为 Ip），设定一个阈值 h，在图 4-15 所示圆形区域扫过的像素点内，选择 4 个与圆心等距的像素点，若其像素值大于 $Ip+h$，则视为该像素点亮于 Ip，若小于 $Ip-h$，则视为更暗。一般如果至少有 12 个连续像素点的亮度高于或低于 Ip，就将 p 选作关键点。

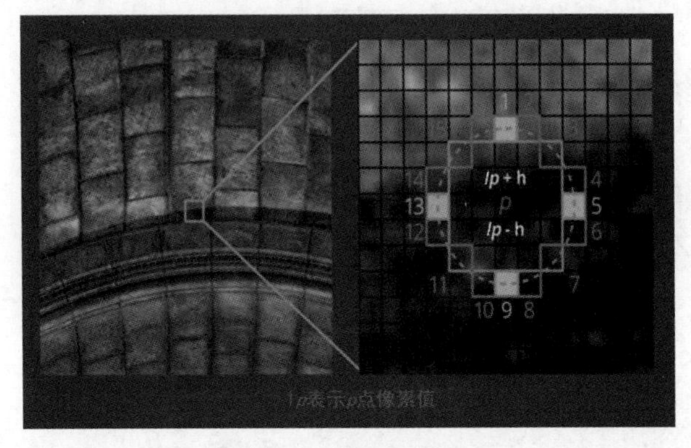

图 4-15　关键点的选取

处理完源图像中的所有像素后，会得到一系列关键点，标记完成后的图像如图 4-16 所示。

图 4-16 标记关键点后的图像

可以看出关键点位于亮度有变化的区域，此类区域通常确定了某种边缘，例如猫的爪子。边缘定义了猫的界限，包括猫脸部区域的界限，因此通过这些关键点能够识别这只猫，而不是图像中的任何其他对象或背景。但光有关键点是不够的，还要将这些关键点变成特征向量，一个对象可以有多个特征向量，这一步是通过 BRIEF 算法完成的。

BRIEF 是 Binary Robust Independent Elementary Features（二进制鲁棒独立的基本特征）的简称，它的作用是根据一组关键点创建 n 维二元特征向量，即向量中只包含两个元素 0 和 1。选择某一关键点后，从以该点为中心的高斯分布中随机抽取一个像素点，再以此像素点为中心重复上述操作抽取第二个像素点。特征向量的第一位对应的是这个关键点的第一个点对，若第一个像素点比第二个亮，则分配值 1，否则分配值 0。重复此操作 n 次后即得到该特征点的描述向量。在应用此算法进行匹配等操作时，则是检测两图间的特征点集合中是否包含相似的描述向量。

ORB 算法的使用方法与 SIFT 算法和 SURF 算法类似，在此不再赘述，下面简要介绍匹配特征点的函数。

```
CV_WRAP static Ptr<DescriptorMatcher> create( const String & descriptorMatcherType );
```

此函数用于创建描述匹配器，参数 descriptorMatcherType 为匹配所使用的算法类型，可默认为空，主要有以下匹配类型。

- BruteForce（用 L2）
- BruteForce-L1
- BruteForce-Hamming
- BruteForce-Hamming(2)
- FlannBased

具体用法如下。

```
Ptr<DescriptorMatcher> descriptorMatcher = DescriptorMatcher::create( "BruteForce" );
```

从查询集中查找每个描述符的最佳匹配函数如下。

```
CV_WRAP void match( InputArray queryDescriptors, InputArray trainDescriptors,
        CV_OUT std::vector<DMatch>& matches, InputArray mask=noArray() ) const;
```

此函数的功能为根据传递的两个描述子数组，计算两个描述子数组中匹配的描述子并返回至matches。

```
CV_EXPORTS_W void drawMatches( InputArray img1, const std::vector<KeyPoint>& keypoints1,
                InputArray img2, const std::vector<KeyPoint>& keypoints2,
                const std::vector<DMatch>& matches1to2, InputOutputArray outImg);
```

此函数用于绘制配对的特征点对，参数 img1.img2 为源图像，KeyPoint 为源图像的特征点数组。matches1to2 为配对关系，outImg 为输出图像。下面通过例 4-10 进行说明。

例 4-10：使用 ORB 算法提取特征。

具体代码如下。

```
#include<opencv.hpp>
using namespace std;
using namespace cv;
int main()
{
    // 读取图像
    Mat srcImage = imread("lena.png");
    // 创建特征提取器
    Ptr<ORB> orb = ORB::create();
    vector<KeyPoint> keyPoints;
    Mat descriptors1;
    // 提取特征
    orb->detectAndCompute(srcImage, Mat(), keyPoints, descriptors1);
    Mat keyPointImage;
    // 绘制特征点
    drawkeyPoints(srcImage,keyPoints,keyPointImage);
    imshow("keyPointImage", keyPointImage);
    waitKey(0);
    return 0;
}
```

程序运行结果如图 4-17 所示。

图 4-17　例 4-10 程序运行结果

4.3.4　LBP 算法

LBP 的英文全称是 Local Binary Pattern（局部二值模式）。二值即 0 和 1，在源图像中选定一个像素点，在以该点为中心的 3×3 窗口内，其余 8 个像素点中若某点的像素值大于等于中心点像素值，则标记为 1，反之标记为 0。

图 4-18 比较直观地描绘了这一处理过程及结果：从左上角开始，按顺时针方向读取数值，产生一个 8 位的二进制数，转化为十进制后共有 256 种 LBP 码，这个值可以反映此区域的纹理特征。

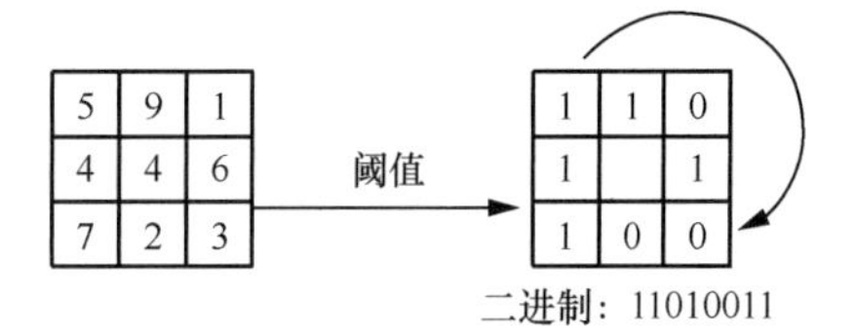

图 4-18　LBP 编码示例

下面通过例 4-11 进行说明。

例 4-11：使用 LBP 算法提取特征。

具体代码如下。

```
#include<opencv2/opencv.hpp>
#include<iostream>
#include<math.h>
using namespace cv;
using namespace std;
int current_radius = 3;
int max_count = 20;
Mat src,gray_src;
int main(int argc, char** argv)
{
    // 读取图像
      src = imread("detection.jpg");
      if (!src.data)
      {
            cout <<" 图像未找到 "<< endl;
            return -1;
      }
      imshow("input title", src);
      cvtColor(src, gray_src,COLOR_BGR2GRAY);
      int width = src.cols - 2;
      int hight = src.rows - 2;
      //LBP
      Mat lbpImg = Mat::zeros(hight, width, CV_8UC1);
      for (int row = 1; row < src.rows - 1; row++)
      {
            for (int col = 1; col < src.cols - 1; col++)
            {
                  uchar c = gray_src.at<uchar>(row, col);
                  uchar code = 0;
                  code |= (gray_src.at<uchar>(row - 1, col - 1) > c) << 7;
                  code |= (gray_src.at<uchar>(row - 1, col ) > c) << 6;
                  code |= (gray_src.at<uchar>(row - 1, col + 1) > c) << 5;
                  code |= (gray_src.at<uchar>(row, col + 1) > c) << 4;
                  code |= (gray_src.at<uchar>(row + 1, col +1) > c) << 3;
                  code |= (gray_src.at<uchar>(row + 1, col ) > c) << 2;
```

```
                    code |= (gray_src.at<uchar>(row + 1, col - 1) > c) << 1;
                    code |= (gray_src.at<uchar>(row , col ) > c) << 0;
                    lbpImg.at<uchar>(row-1, col-1) = code;
            }
    }
    imshow("LBP", lbpImg);
    waitKey(0);
    return 0;
}
```

程序运行结果如图 4-19 所示。

图 4-19　例 4-11 程序运行结果

该结果看起来好像没有什么规律，但计算机能够很好地识别，这也正是纹理特征的特性。

4.3.5　Gabor 算法

Gabor 算法的主要思想是不同纹理一般具有不同的中心频率及带宽，根据这些频率和带宽可以设计一组 Gabor 滤波器对纹理图像进行滤波，每个 Gabor 滤波器只允许与其频率相对应的纹理顺利通过，而使其他纹理的能量受到抑制，从而能根据各滤波器的输出结果分析和提取纹理特征。

Gabor 算法主要有如下 3 个步骤。

（1）将源图像分块，后面将对这些单独的块进行操作。

（2）建立 Gabor 滤波器，选择不同尺度、不同方向，可以得到多个滤波器，如图 4-20 所示。

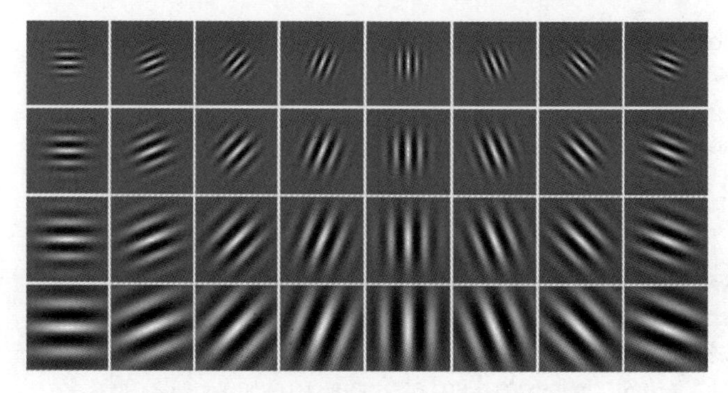

图 4-20　不同尺度和方向的 Gabor 滤波器

（3）Gabor 滤波器组与每个图像块在空域卷积，可以得到不同方向、不同尺度滤波后的图像，结果如图 4-21 所示。

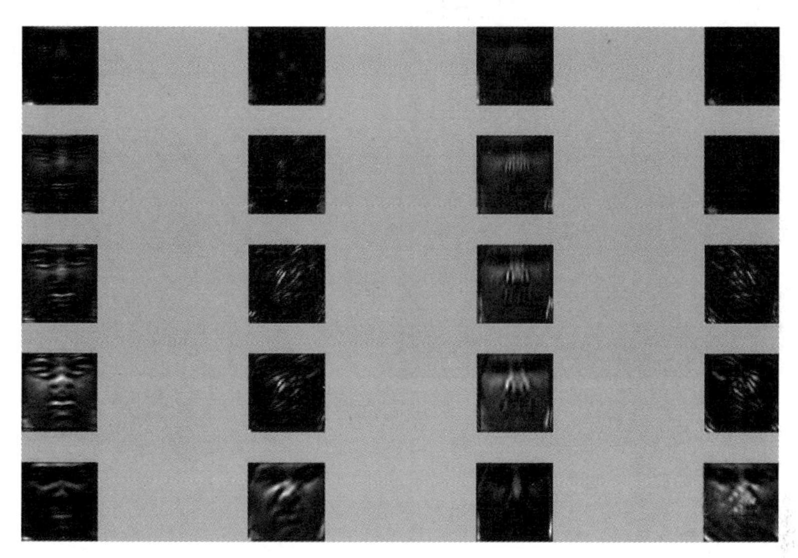

图 4-21 卷积结果

接下来可以利用卷积后的图像做进一步的处理，例如进行各种分类、识别等。使用 Gabor 滤波器进行特征提取的操作在 OpenCV 中很容易实现，下面通过例 4-12 进行说明。

例 4-12：Gabor 滤波器。

具体代码如下。

```
#include<opencv2/core.hpp>
#include<opencv2/highgui.hpp>
#include<opencv2/imgproc.hpp>
using namespace std;
using namespace cv;
int main()
{
// 读取图像
Mat srcImage = imread("histogram.png");
    namedWindow("srcImage", WINDOW_AUTOSIZE);
    imshow("srcImage", srcImage);
    // 设置参数
    Mat gaborKernel = getGaborKernel( Size(31,31), 4.0, CV_PI/4, 10.0, 0.5, 0, CV_32F );
    Mat dstImage;
    filter2D(srcImage,dstImage,srcImage.depth(),gaborKernel);
    namedWindow("dstImage",WINDOW_AUTOSIZE);
    imshow("dstImage",dstImage);
    waitKey(0);
    return 0;
}
```

程序运行结果如图 4-22 所示。

图 4-22　例 4-12 程序运行结果

可以明显看出，最终提取出的线条基本都是 45° 方向的。

4.4 特征描述与匹配

4.3 节简要介绍了各种特征点的提取算法，但是特征点与特定输入的图像关联性较强，仅用特征点无法很好地表述图像的一般特征，更无法快捷地对多张类似的照片进行匹配分类。为此，在特征提取算法中引入特征描述算法来提取更抽象、更通用的特征。通常将描述一个特征点的信息称为描述子，那么图像的匹配问题就可以转换为两幅图像的描述子匹配问题。

· 4.4.1　SIFT 特征描述子

为了让同一个物体旋转到不同角度时其描述子不变，SIFT 算法为每一个关键点分配一个基准方向。对于每一个关键点，选择其所在高斯金字塔对应图像中的一定范围内的像素点，并计算这些像素点的梯度和方向，具体公式如下。

$$m(x,y)=\sqrt{\left[L(x+1,y)-L(x-1,y)\right]^2+\left[L(x,y+1)-L(x,y-1)\right]^2} \tag{4-19}$$

$$\theta(x,y)=\tan^{-1}\left(\left[L(x,y+1)-L(x,y-1)\right]/\left[L(x+1,y)-L(x-1,y)\right]\right) \tag{4-20}$$

其中，m 为梯度值，θ 为方向。

完成关键点的梯度计算后，使用直方图统计像素点的梯度方向。其中，梯度的方向将 360° 划分为 36 个区间，每隔 10° 为一个区间，如图 4-23 所示。

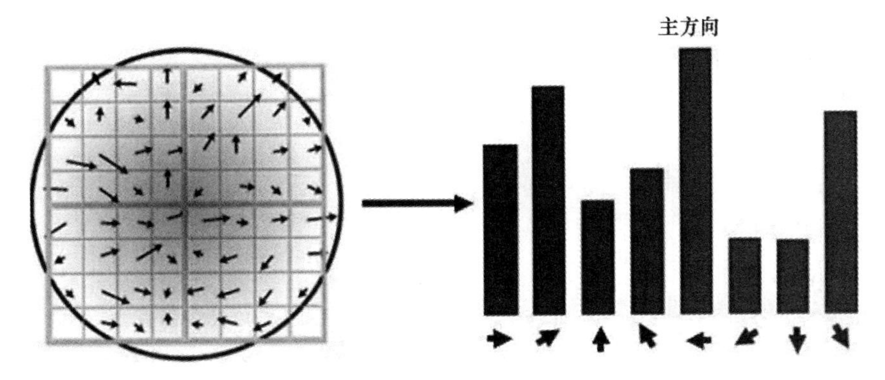

图 4-23　直方图统计像素点

为每一个像素点分配完方向后，开始计算特征点的描述子。以特征点为中心，按特征点的方向建立坐标轴，划分 4×4 个区块，如图 4-24 所示。

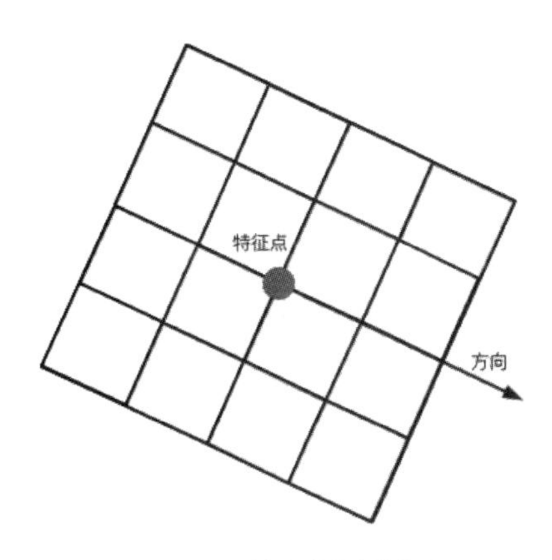

图 4-24　特征点的描述子

针对每一个区块，将像素点的方向划分为 8 个，统计该区块的直方图。将 16 个区块的信息聚合得到 16×8=128 个梯度信息，即为该关键点的特征向量。最后对特征向量进行归一化处理，去除光照等影响，再设置一些阈值过滤某些信息，最终得到该特征点的描述子。

此时，关键点的匹配问题已经转为特征向量的匹配问题，只需计算欧氏距离（也称欧几里得距离或欧几里德度量）即可。在 OpenCV 中使用的函数以及类型的部分定义如下。

```
CV_WRAP void match( InputArray queryDescriptors, InputArray trainDescriptors,
            CV_OUT std::vector<DMatch>& matches, InputArray mask=noArray() ) const;
```

参数 queryDescriptors 为查询的特征点数组，trainDescriptors 为待匹配的特征点数组，matches 为匹配的输出数组。

```
class CV_EXPORTS_W_SIMPLE DMatch
{
public:
    CV_PROP_RW int queryIdx; // 表示查询特征点数组的对应下标
    CV_PROP_RW int trainIdx; // 表示查询出对应匹配特征点数组的下标
    CV_PROP_RW float distance;// 特征向量的距离
};
```

参数 queryIdx 为匹配的特征点在 queryDescriptors 中的下标，trainIdx 为被匹配的特征点在 trainDescriptors 中的下标，distance 为两个特征向量间的距离。

下面通过例 4-13 进行说明。

例 4-13：SIFT 特征描述子的应用。

具体代码如下。

```
#include<opencv.hpp>
using namespace std;
using namespace cv;
int main()
{
    Mat box = imread("xiaomai.png");
    Mat scene = imread("xiaomai_in_scene.png");
    auto detector = SIFT::create();
    // 特征点
    vector<KeyPoint> keypoints_obj, keypoints_sence;
    // 特征点的描述子
    Mat descriptors_box, descriptors_sence;
    detector->detectAndCompute(box, Mat(), keypoints_obj, descriptors_box);
    detector->detectAndCompute(scene, Mat(), keypoints_sence, descriptors_sence);
    // 使用匹配算法 FLANN 初始化匹配器，计算特征向量间的距离，返回匹配的特征向量
    vector<DMatch> matches;
    Ptr<FlannBasedMatcher> matcher = FlannBasedMatcher::create();
    matcher->match(descriptors_box, descriptors_sence, matches);
    // 按照匹配的距离排序，去除匹配度较低（低于 80%）的匹配，筛选高质量匹配
    std::sort(matches.begin(), matches.end());
    matches.erase(matches.begin() + matches.size() * 0.2, matches.end());
    Mat dst;
// 绘制匹配的特征点对，不绘制没有匹配的点
drawMatches(box,keypoints_obj,scene,keypoints_sence,matches,dst,Scalar::all(-1),Scalar::all
(-1),std::vector<char>(),DrawMatchesFlags::NOT_DRAW_SINGLE_POINTS);
    imshow("output", dst);
    waitKey();
    return 0;
}
```

程序结果如图 4-25 所示。匹配的结果符合实际情况。若想匹配更精准的人脸，可翻到第 9 章学习 Haar 分类器。

图 4-25　例 4-13 程序运行结果

4.4.2　ORB 特征描述子

ORB 特征描述子比 SIFT 特征描述子简单，而且 ORB 算法的时间复杂度比 SIFT、SURF 算法的时间复杂度低。ORB 算法使用了 BRIEF 算法来计算描述子，具体过程如下。

（1）以特征点为圆心，划分出一个圆形区域，在区域内选取 n 个点对，如图 4-26 所示。

（2）对于每一个点对，若点对左端点的像素值大于右端点的像素值，则取值为 1，否则取值为 0。由此得到一个 n 维的向量，向量的取值只有 0 和 1，这个向量就称为 ORB 的描述子。因为旋转对这个描述子的影响较大，所以需要定义坐标轴。由于区域内的像素分布不均，一般以区域的质心与关键点的连线建立坐标系。下面通过例 4-14 进行说明。

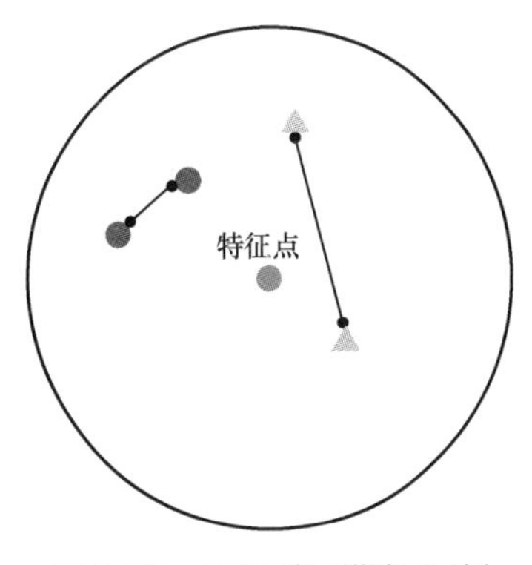

图 4-26　ORB 特征描述子示例

例 4-14：ORB 特征描述子的应用。

具体代码如下。

```
#include <opencv.hpp>
using namespace std;
using namespace cv;
int main()
{
    Mat box = imread("1.png");
    Mat scene = imread("2.png");
    auto detector = ORB::create();
    // 特征点
    vector<KeyPoint> keypoints_obj, keypoints_sence;
    // 特征点的描述子
    Mat descriptors_box, descriptors_sence;
    detector->detectAndCompute(box, Mat(), keypoints_obj, descriptors_box);
    detector->detectAndCompute(scene, Mat(), keypoints_sence, descriptors_sence);
    // 使用匹配算法 BruteForce 初始化匹配器
    vector<DMatch> matches;
    Ptr<DescriptorMatcher> matcher = DescriptorMatcher::create("BruteForce");
    matcher->match(descriptors_box, descriptors_sence, matches);
    // 按照匹配的距离排序，去除匹配度较低（低于 80%）的匹配，筛选高质量匹配
    std::sort(matches.begin(), matches.end());
    matches.erase(matches.begin() + matches.size() * 0.5, matches.end());
    Mat dst;
    // 绘制匹配的特征点对，不绘制没有匹配的点
     drawMatches(box, keypoints_obj, scene, keypoints_sence, matches, dst,Scalar::all(-
1),Scalar::all(-1),std::vector<char>(),DrawMatchesFlags::NOT_DRAW_SINGLE_POINTS);
    imshow("output", dst);
    waitKey();
    return 0;
}
```

程序运行结果如图 4-27 所示。

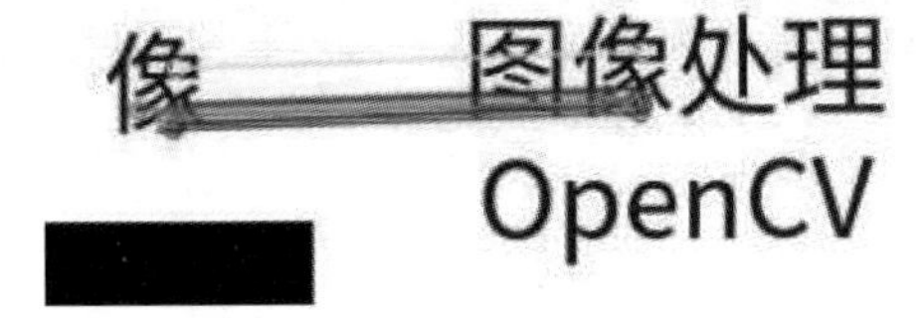

图 4-27　例 4-14 程序运行结果

4.5 形状提取

在图像处理和计算机视觉领域，从当前的图像中精确地提取出所需要的特征信息是图像识别的关键所在。在许多应用场合中计算机需要快速、准确地检测出直线或者圆，其中一种非常有效的方法是霍夫变换，它是从图像中识别几何形状的基本方法之一。

霍夫变换在自动驾驶、三维重建等领域应用广泛。自 20 世纪 80 年代以来，基于计算机视觉的车辆自主导航技术已经成为自动驾驶与车辆辅助驾驶研究中的热点方向之一。其中，道路识别技术更是车辆自主导航系统的重要组成部分，在城市等具有明显道路结构的场景中，通过霍夫变换可以很好地提取出街道线，提高识别的速度。

现代的自动驾驶技术主要是混合使用人工智能以及霍夫变换提取当前车道的车道线，用于提高车道线识别的准确率。早在 2003 年，我国通过利用图像处理技术，就在自动驾驶领域达到无须使用红外线传感器的阶段，车上除视觉传感器外无其他传感器。对视觉传感器传输过来的图像应用霍夫变换，可提取出道路的主干，以及道路的主体方向，如图 4-28 所示。

图 4-28　霍夫变换示意图

霍夫圆变换在地图导航中起到重要作用，它能通过地图和卫星图识别出环岛等圆形道路。以遥感无人机为例，虽然人很容易识别遥感图像中的道路，但是对于计算机而言识别时却需要大量的计算。通过霍夫变换，则可以快速地提取出笔直的道路以及环岛，如图 4-29 所示。

图 4-29　霍夫圆变换示意图

霍夫线变换是图像处理中的一种特征提取技术，它运用直角坐标系和极坐标系两个坐标空间之间的变换，将在一个空间中具有相同形状的曲线或直线映射到另一个坐标空间的一个点上形成峰值，从而把检测任意形状的问题转换为统计峰值的问题，达到识别几何形状的目的。极坐标系中的点对应直角坐标系中的线，反之，直角坐标系中的线可对应极坐标系线中不同角度的点，如公式（4-21）所示。

$$r = x\cos\theta + y\sin\theta \tag{4-21}$$

在极坐标系中的点而言，用公式（4-20），每次取一个度数，可得到图 4-30 左侧图所示的曲线，然后对每个像素点绘制曲线，都交于某一点 P（图 4-30 右侧图所示），则表明这些像素点属于同一条直线。将所有的像素点转换成极坐标系中的线，如果这些线交于某点，则对应直角坐标系中的这些点构成一条直线，这就是霍夫线变换的原理。对交点次数进行累加，最终，属于同一条直线上的点在极坐标空间中必然在一个点上有最强的信号出现，据此反算到平面坐标中就可以得到直线上各点的像素坐标，从而得到直线。

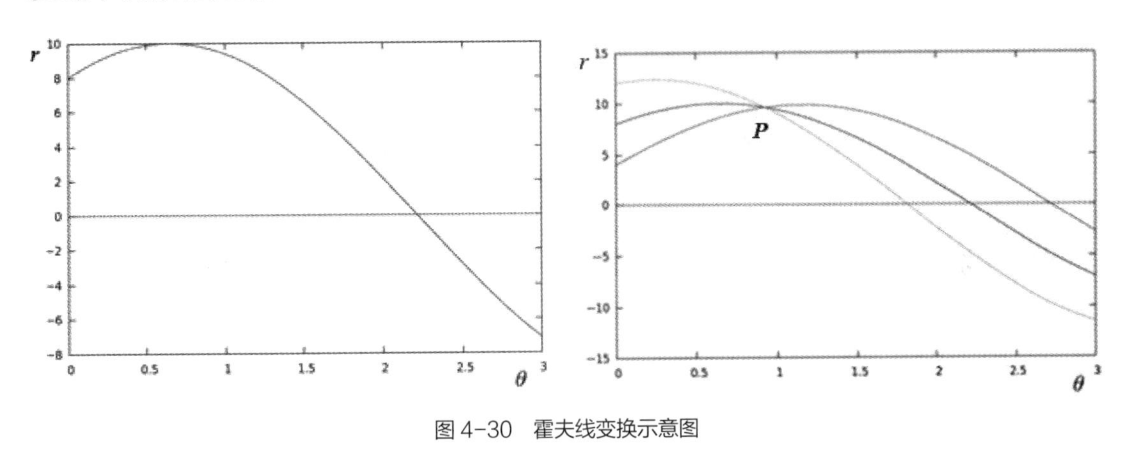

图 4-30 霍夫线变换示意图

霍夫线变换是一种用来寻找直线的方法。在使用霍夫线变换之前，首先要对图像进行边缘检测处理，即霍夫线变换的直接输入只能是边缘二值图像。本节将探讨 OpenCV 中霍夫变换相关的知识点，讲解在 OpenCV 中实现标准霍夫变换、累计概率霍夫变换以及霍夫圆变换的方法。

· 4.5.1 标准霍夫变换

要进行标准霍夫变换，首先需要将直角坐标系的点变换为极坐标系的线，变换步骤如下。

（1）针对每个像素点（x, y），使得角度 θ 从 -90° 到 180° 变化，使用公式 $p = x\cos(\theta) + y\sin(\theta)$ 计算得到共 270 组（p, θ），代表着霍夫空间的 270 条直线。将这 270 组值存储到 H 中。如果一组点共线，则这组点中的每个值都会使得 $H(p, \theta)$ 加 1。

（2）找到 $H(p, \theta)$ 值最大的直线，它就是共线的点最多的直线；$H(p, \theta)$ 值次大的直线，是共线点次多的直线。可以根据一定的阈值，将比较明显的线全部找出来（极坐标系中的点即直角坐标系中的线）。

使用 OpenCV 中的 HoughLines() 函数可以找出采用标准霍夫变换的二值图像线条。在 OpenCV 中可以用其来调用标准霍夫变换（Standard Hough Transform，SHT）和多尺度霍夫变换（Multi-Scale Hough Transform，MSHT）的 OpenCV 内建算法。

HoughLines() 函数定义如下。

- void HoughLines(InputArray image, OutputArray lines, double rho, double theta, int threshold, double srn = 0, double stn = 0, double min_theta = 0, double max_theta = CV_PI);

- InputArray image：输入灰度图像。
- OutputArray lines：输出图像。
- double rho：以像素为单位的距离精度，另一种说法是直线搜索时的进步尺寸的单位半径。
- double theta：以弧度为单位的角度精度，另一种说法是直线搜索时的进步尺寸的单位角度。
- int threshold：累加平面的阈值参数，即识别某部分为图中的一条直线时在累加平面中必须达到的值。大于阈值 threshold 的线段才可以被检测通过并返回到结果中。
- double srn：默认值 0，对于多尺度的霍夫变换，这是第三个参数进步尺寸 rho 的除数距离。粗略的累加器进步尺寸直接是第三个参数 rho，而精确的累加器进步尺寸为 rho/srn。
- double stn：默认值 0，对于多尺度的霍夫变换，stn 表示第四个参数进步尺寸的单位角度 theta 的除数距离。且如果 srn 和 stn 同时为 0，就表示使用经典的霍夫变换；否则，这两个参数应该都为正数。
- double min_theta：对于标准和多尺度的霍夫变换，检查线的最小角度。必须在 0 和 max_theta 之间。
- double max_theta：对于标准和多尺度霍夫变换，检查线的最小角度。必须在 min_theta 和 CV_PI 之间。

下面通过例 4-15 进行说明

例 4-15：标准霍夫变换。

具体代码如下。

```
//引入相关头文件
#include<opencv2/opencv.hpp>
#include<opencv2/imgproc/imgproc.hpp>
using namespace std;
using namespace cv;
int main(void)
{
//载入源图像和 Mat 变量定义
	Mat srcImage = imread("6.png");
	Mat midImage, dstImage;
//进行边缘检测和转化为灰度图
	Canny(srcImage, midImage, 50, 200, 3);
	cvtColor(midImage, dstImage, COLOR_GRAY2BGR);
//进行霍夫线变换
	vector<Vec2f> lines;
	HoughLines(midImage, lines, 1, CV_PI / 180, 150, 0, 0);
//依次在图中绘制出每条线段
	for (size_t i = 0; i < lines.size(); i++)
	{
		float rho = lines[i][0], theta = lines[i][1];
		Point pt1, pt2;
		double a = cos(theta), b = sin(theta);
		double x0 = a * rho, y0 = b * rho;
		pt1.x = cvRound(x0 + 1000 * (-b));
```

```
            pt1.y = cvRound(y0 + 1000 * (a));
            pt2.x = cvRound(x0 - 1000 * (-b));
            pt2.y = cvRound(y0 - 1000 * (a));
            line(dstImage, pt1, pt2, Scalar(55, 100, 123), 1, LINE_AA);
        }
        // 显示效果图
        imshow(" 变换效果图 ", dstImage);
        waitKey(0);
        return 0;
}
```

程序运行结果如图 4-31 所示，最终结果还需要用户自己反变换到平面空间。有经验的开发者会使用这种方法，更多的人则会使用下一小节的函数 HoughLinesP()。

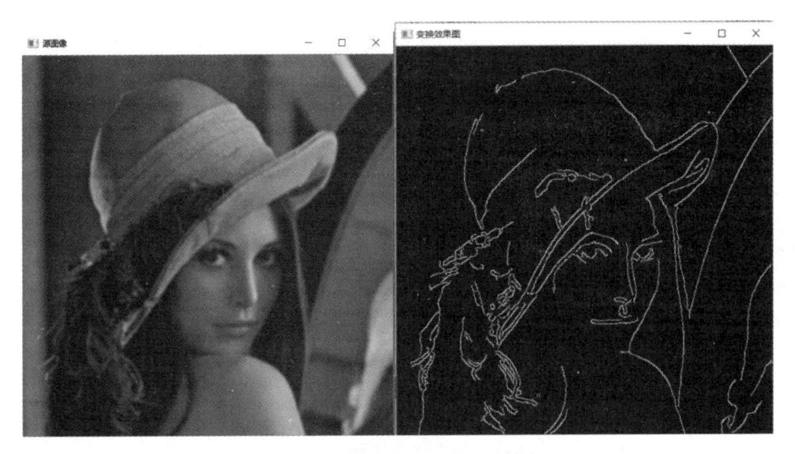

图 4-31　例 4-15 程序运行结果

· 4.5.2　累计概率霍夫变换

累计概率霍夫变换（Progressive Probabilistic Hough Transform，PPHT）是标准霍夫变换的改进，它在一定的范围内进行霍夫变换，计算单独线段的方向和范围，从而减少计算量，缩短计算时间。之所以称 PPHT 为“概率”的，是因为其并不将累加器平面内的所有可能的点累加，而只是累加其中的一部分，该做法的依据是如果峰值足够高，只用一小部分时间去寻找就够了。

累计概率霍夫变换的步骤如下。

（1）随机获取边缘图像上的前景点，并映射到极坐标系画曲线；

（2）当极坐标系里面有交点达到最小投票数时，将该点对应直角坐标系的直线 L 找出来。

（3）搜索边缘图像上的前景点，将在直线 L 上的点连成线段，然后将这些点全部删除，并且记录该线段的参数（起始点和终止点），当然线段长度要满足最小长度的要求。

（4）重复步骤（1）、（2）、（3）。

HoughLinesP() 函数在 HoughLines() 函数的基础上，在末尾加了一个代表 Probabilistic（概率）的 P，表明它可以采用累计概率霍夫变换来找出二值图像中的直线。

函数定义如下。

```
void HoughLinesP( InputArray image, OutputArray lines, double rho, double theta, int threshold,double minLineLength = 0, double maxLineGap = 0 );
```

参数解析如下。

- InputArray image：输入图像，必须是 8 位的灰度图像。
- OutputArray lines：输出检测的线条。
- double rho：极径。
- double theta：极角。
- int threshold：阈值，只有获得足够多交点的极坐标点的连线才被看成是直线。
- double minLineLength：最短直线的长度。
- double maxLineGap：点与点之间的最大距离。

下面通过例 4-16 进行说明。

例 4-16：累计概率霍夫变换。

具体代码如下。

```
// 引入相关头文件和命名空间
#include <opencv2/opencv.hpp>
#include <opencv2/imgproc/imgproc.hpp>
using namespace cv;
using namespace std;
int main()
{.
Mat srcImage = imread("6.png"); // 读取图像
   Mat midImage, dstImage;// 临时变量和目标图的定义
// 先进行 CANNY 边缘检测
Canny(srcImage, midImage, 50, 200, 3);
// 转化完成边缘检测后的图为灰度图
    cvtColor(midImage, dstImage, COLOR_GRAY2BGR);
    // 进行霍夫线变换
     vector<Vec4i> lines;// 定义一个矢量结构 lines 用于存放得到的线段矢量集合，Vec4i 表示四维
//int 向量
    HoughLinesP(midImage, lines, 1, CV_PI / 180, 80, 50, 10);
    // 依次在图中绘制出每条线段
    for (size_t i = 0; i < lines.size(); i++)
    {
       Vec4i l = lines[i];// 依次取出一条线
       line(dstImage, Point(l[0], l[1]), Point(l[2], l[3]), Scalar(186, 88, 255), 1, LINE_AA);
    }
     imshow("【源图像】", srcImage);
    // 完成边缘检测后的图
    imshow("【完成边缘检测后的图】", midImage);
    // 显示效果图
imshow("【效果图】", dstImage);
    waitKey(0);
    return 0;
}
```

程序运行结果如图 4-32 所示。

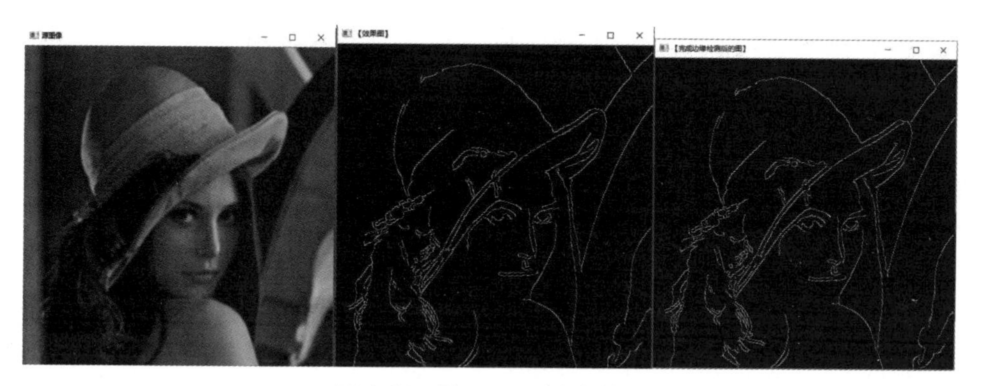

图 4-32　例 4-16 程序运行结果

4.5.3　霍夫圆变换

霍夫圆变换的基本原理和前文讲的霍夫线变换大体类似，只是点对应的二维极径角空间被三维的圆心点（x, y）还有半径 r 空间取代。通过判断 x、y、r 中每一点的相交（累积）数量，大于一定阈值的点就被认为是圆，从而实现圆的检测。

OpenCV 中的霍夫圆变换函数定义如下。

```
void HoughCircles( InputArray image, OutputArray circles, int method, double dp, double minDist,double param1 = 100, double param2 = 10, int minRadius = 0, int maxRadius = 0 );
```

参数解析如下。

- InputArray image：输入图像，即源图像，需为 8 位的灰度单通道图像。
- OutputArray circles：存储调用 HoughCircles() 函数后检测到的圆的输出矢量，每个矢量由包含了 3 个元素 (x, y, radius) 的浮点矢量表示。
- int method：使用的检测方法，目前 OpenCV 中就霍夫梯度法一种可以使用，它的标识符为 CV_HOUGH_GRADIENT，在此参数处填这个标识符即可。
- double dp：用来检测圆心的累加器图像的分辨率与输入图像之比的倒数，且此参数允许创建一个比输入图像分辨率低的累加器。例如，如果 dp= 1，累加器和输入图像具有相同的分辨率；如果 dp=2，累加器便有输入图像一半的宽度和高度。
- double minDist：霍夫变换检测到的圆的圆心之间的最短距离，即让算法能明显区分的两个不同圆之间的最短距离。这个参数值如果太小的话，多个相邻的圆可能会被错误地检测成一个重合的圆；反之，这个参数值设置得太大的话，某些圆就不能被检测出来了。
- double param1：第三个参数 method 设置的检测方法的对应参数，有默认值 100。对当前唯一的检测方法霍夫梯度法 CV_HOUGH_GRADIENT，它表示传递给 Canny 边缘检测算子的高阈值，而低阈值为高阈值的一半。
- double param2：也有默认值 100，为中心点累加器阈值，即候选圆心。它是第 3 个参数 method 设置的检测方法的对应参数。对当前唯一的检测方法霍夫梯度法 CV_HOUGH_GRADIENT，表示在检测阶段圆心的累加器阈值。该值越小，可以检测到越多根本不存在的圆；该值越大，则能通过检测的圆就越接近完美的圆形。

- int minRadius：圆半径的最小值，有默认值 0。
- int maxRadius：圆半径的最大值，也有默认值 0。

下面通过例 4-17 进行说明。

例 4-17：霍夫圆变换。

具体代码如下。

```
// 引入相关头文件
#include<opencv2/opencv.hpp>
using namespace std;
using namespace cv;
int main()
{
    // 载入源图像和 Mat 变量定义
    Mat srcImage = imread("9.jpg");
    Mat midimg, dstimg2;// 定义临时变量和目标图
    imshow(" 源图像 ", srcImage);
    // 转为灰度图，进行图像平滑
    cvtColor(srcImage, midimg, COLOR_BGR2GRAY);
    GaussianBlur(midimg, midimg, Size(9, 9), 2, 2);
    vector<Vec3f>Circles;// 声明一个向量，保存检测出的圆的圆心坐标和半径
    // 霍夫变换检测圆
    HoughCircles(midimg, Circles, HOUGH_GRADIENT, 1.5, 10, 150, 100, 0, 0);
    // 依次在图中绘制出圆
    for (size_t i = 0; i < Circles.size(); i++)
    {
      Point center(cvRound(Circles[i][0]), cvRound(Circles[i][1]));// 获取圆心
      int radius = cvRound(Circles[i][2]);// 半径，cvRound() 表示对浮点数进行四舍五入取整，可删除
      // 绘制圆心
      circle(srcImage, center, 3, Scalar(0, 255, 0), -1, 8, 0);
      // 轮廓绘制
      circle(srcImage, center, radius, Scalar(155, 50, 255), 3, 8, 0);
    }
    imshow(" 效果图 ", srcImage);
    waitKey(0);
    return 0;
}
```

程序运行结果如图 4-33 所示。

图 4-33 例 4-17 程序运行结果

因为霍夫圆变换对噪声比较敏感，所以首先要对图像做中值或高斯滤波。霍夫变换的分割结果稳健性（又称鲁棒性）比较好，即对数据的不完全或噪声不是非常敏感，但是要获得描述边界的解析表达常常是不可能的。

4.6 小结

所有的特征提取操作都是为了将图像的信息转化成计算机能看懂的形式，若想要在计算机上对图像进行处理，例如分类或检索，那么特征提取就是关键的第一步。特征提取也不能随意为之，以上方法都有一些共同点，例如提取简单、区分能力强、抗干扰能力强等。当然，还有更多、更好的特征提取方法等待着被人们发掘、探索和研究。

第 5 章

模板匹配与轮廓绘制

模板匹配（Template Matching）是一种原始而基本的模式识别方法。例如，研究某一特定对象的图案位于图像的什么地方，进而识别对象，这就是一个匹配问题。模板匹配是图像处理中最基本、最常用的匹配方法之一。本章主要介绍两个方面：第一个是模板匹配，第二个是轮廓绘制。所谓轮廓，即以某种方式表示图像中构成曲线的点的列表，查找图像的轮廓在图像处理及应用中扮演着重要的角色。

本章主要内容和学习目标如下。

- 模板匹配
- 轮廓绘制

5.1 模板匹配

模板就是一幅已知的小图像，而模板匹配就是在一幅大图像中搜寻目标。已知该图中有要找的目标，且该目标同模板有相同的尺寸、方向和图像元素，通过一定的算法可以在图中找到目标，确定其坐标位置。

模板匹配的工作原理是在待检测图像上，从左到右、从上到下计算模板图像与重叠子图像的匹配度，匹配度越高，两者相同的可能性越大。

假设有一幅 100 像素 ×100 像素的输入图像，有一幅 10 像素 ×10 像素的模板图像，那么模板匹配的过程如下。

（1）从输入图像的左上角（0,0）开始，切割一块（0,0）至（10,10）的临时图像。

（2）用临时图像和模板图像进行对比，对比结果记为 c。

（3）对比结果 c 就是结果图像（0,0）处的像素值。

（4）切割输入图像从（0,1）至（10,11）的区域作为临时图像，进行对比，并记录到结果图像。

（5）重复步骤（1）~（4）直至输入图像的右下角。

OpenCV 中模板函数 matchTemplate() 定义如下。

```
void cv::matchTemplate(
	cv::InputArray image, // 用于搜索的输入图像 , 8U 或 32F, 大小 W-H
	cv::InputArray templ, // 用于匹配的模板，和 image 类型相同，大小 w-h
	cv::OutputArray result, // 匹配结果图像 , 类型 32F, 大小 (W-w+1)-(H-h+1)
	int method // 用于比较的方法
);
```

该参数解析如下。

- cv:InputArray image：源图像。
- cv:ImputArray temp！：匹配图。
- cv:OutputArray result：结果，也是这个函数的返回值。
- int method：比较所用的匹配方法。OpenCV 中支持以下 6 种匹配，分别如下。

cv::TM_SQDIFF：使用平方差进行匹配，最佳的匹配结果在结果为 0 处，值越大匹配结果越差。

$$R(x,y)=\sum_{x',y'}[T(x',y')-I(x+x',y+y')]^2 \tag{5-1}$$

cv::TM_SQDIFF_NORMED：使用归一化的平方差进行匹配，最佳匹配在结果为 0 处。

$$R(x,y)=\frac{\sum_{x',y'}[T(x',y')-I(x+x',y+y')]^2}{\sqrt{\sum_{x',y'}T(x',y')^2,\sum_{x',y'}I(x+x',y+y')^2}} \tag{5-2}$$

cv::TM_CCORR：相关性匹配方法，使用源图像与模板图像的卷积结果进行匹配，最佳匹配位置在值最大处，值越小匹配结果越差。

$$R(x,y)=\sum_{x',y'}(T(x',y'),I(x+x',y+y')) \tag{5-3}$$

cv::TM_CCORR_NORMED：归一化的相关性匹配方法，与相关性匹配方法类似，最佳匹配位置在值最大处。

$$R(x,y)=\frac{\sum_{x',y'}(T(x',y')\cdot I(x+x',y+y'))}{\sqrt{\sum_{x',y'}T(x',y')^2\cdot\sum_{x',y'}I(x+x',y+y')^2}} \tag{5-4}$$

cv::TM_CCOEFF：相关性系数匹配方法，该方法使用源图像与其均值的差、模板与其均值的差二者之间的相关性进行匹配，最佳匹配结果在值为 1 处，最差匹配结果在值为 -1 处，值为 0 则表示二者不相关。

$$R(x,y)=\sum_{x',y'}(T'(x',y')\cdot I'(x+x',y+y'))$$

当 (5-5)

$$T'(x',y')=T(x',y')-1/(w\cdot h)\cdot\sum_{x'',y''}T(x'',y'')$$
$$I'(x+x',y+y')=I(x+x',y+y')-1/(w\cdot h)\cdot\sum_{x'',y''}I(x+x'',y+y'')$$

cv::TM_CCOEFF_NORMED：归一化的相关性系数匹配方法，正值表示匹配的结果较好，负值表示匹配的结果较差，值越大，匹配结果越好。

$$R(x,y)=\frac{\sum_{x',y'}(T'(x',y')\cdot I'(x+x',y+y'))}{\sqrt{\sum_{x',y'}T'(x',y')^2\cdot\sum_{x',y'}I'(x+x',y+y')^2}} \tag{5-6}$$

选定匹配函数后，使用 minMaxLoc() 函数寻找匹配的最大值或最小值，其定义如下。

```
void minMaxLoc(InputArray src,
      double* minVal,
      double* maxVal = 0,
      Point* minLoc = 0,
      Point* maxLoc = 0,
      InputArray mask = noArray());
```

具体参数解析如下。

- InputArray src：输入的数组，若是图像，需为单通道图像。
- double* minVal：返回最小值的指针，若无须返回，则此值设为 NULL。
- double* maxVal：返回最大值的指针，若无须返回，则此值设为 NULL。
- Point* minLoc：返回最小值位置的指针（二维情况下），若无须返回，则此值设为 NULL。
- Point* maxLoc：返回最大值位置的指针（二维情况下），若无须返回，则此值设为 NULL。
- InputArray mask：可选的卷积操作，非零掩码元素用于标记待统计元素，需要与输入图像集有相同尺寸。

下面通过例 5-1 进行说明。该例通过使用函数 matchTemplate() 与之前所述的 6 种匹配方法中的任一个实现模板匹配。首先载入一幅输入图像 1 和一幅模板图像 2，用户可以通过滑动条选取任何一种方法，归一化匹配后的输出结果，然后程序将定位最匹配的区域，最后用矩形标注出最匹配的区域。

例 5-1：模板匹配。

具体代码如下。

```
#include<opencv2/highgui/highgui_c.h>
#include<opencv2/highgui/highgui.hpp>
#include<opencv2/imgproc/imgproc.hpp>
#include<iostream>
#include<stdio.h>
using namespace std;
using namespace cv;
// 全局变量
Mat img; Mat templ; Mat result;
const char* image_window = "Source Image";
const char* result_window = "Result window";
int match_method;
int max_Trackbar = 5;
// 函数声明
void MatchingMethod(int, void*);
/** @ 主函数 */
int main(int argc, char** argv)
{
    // 载入源图像和模板
    img = imread("1.jpg", 1);
    templ = imread("2.jpg", 1);
    // 创建窗口
    namedWindow(image_window, CV_WINDOW_AUTOSIZE);
    namedWindow(result_window, CV_WINDOW_AUTOSIZE);
// 创建滑动条并输入将被使用的 6 种匹配方法，滑动条发生改变，回调函数 MatchingMethod() 就会
// 被调用
const char* trackbar_label = "Method: \n 0: SQDIFF \n 1: SQDIFF NORMED \n 2: TM CCORR \n 3:
TM
CCORR NORMED \n 4: TMCCOEFF \n 5: TM CCOEFF NORMED";
    createTrackbar(trackbar_label, image_window, &match_method, max_Trackbar,
MatchingMethod);
    MatchingMethod(0, 0);
    waitKey(0); // 一直等待，直到用户退出这个程序
    return 0;
}
/*** 简单的滑动条回调函数 */
void MatchingMethod(int, void*)
{
    // 将被显示的源图像
    Mat img_display;
    img.copyTo(img_display);
    // 创建了一个用来存放匹配结果的输出图像矩阵，包含了所有可能的匹配位置
    int result_cols = img.cols - templ.cols + 1;
    int result_rows = img.rows - templ.rows + 1;
    result.create(result_cols, result_rows, CV_32FC1);
    // 进行匹配并标准归一化匹配结果
    matchTemplate(img, templ, result, match_method);
    normalize(result, result, 0, 1, NORM_MINMAX, -1, Mat());
    // 通过函数 minMaxLoc() 定位最佳匹配位置并绘制矩形
```

```
        double minVal; double maxVal; Point minLoc; Point maxLoc;
        Point matchLoc;
        minMaxLoc(result, &minVal, &maxVal, &minLoc, &maxLoc, Mat());
    // 对于方法 SQDIFF 和 SQDIFF_NORMED, 越小的数值代表越好的匹配结果，其他方法与之相反。
        if (match_method == CV_TM_SQDIFF || match_method == CV_TM_SQDIFF_NORMED)
        {
          matchLoc = minLoc;
        }
        else
        {
          matchLoc = maxLoc;
        }
        // 显示源图像和结果图像，再用矩形框标注最符合的区域
         rectangle(img_display, matchLoc, Point(matchLoc.x + templ.cols, matchLoc.y + templ.rows),
Scalar::all(0), 2, 8, 0);
         rectangle(result, matchLoc, Point(matchLoc.x + templ.cols, matchLoc.y + templ.rows),
Scalar::all(0), 2, 8, 0);
        imshow(image_window, img_display);
        imshow(result_window, result);
        return;
    }
```

程序运行结果如图 5-1 所示。其中 3 幅小图分别为匹配模板图、源图像和匹配结果。

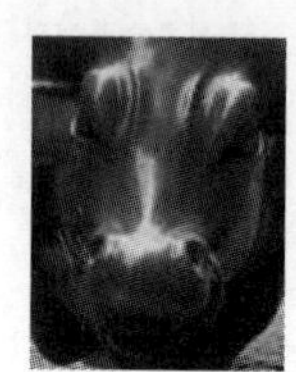

图 5-1　例 5-1 程序运行结果

对 SQDIFF 方法而言，图 5-1 右侧效果图中最黑的部分代表最好的匹配结果，而对于 CCORR 和 CCOEFF 方法而言，越白的区域则代表越好的匹配。模板匹配具有局限性，主要表现在它只能进行平行移动，若源图像中的匹配目标旋转了一定角度或大小发生变化，则该方法无效。

5.2 轮廓绘制

在实际应用过程中，经常需要在图像中提取某些颜色的部分区域，并忽略其他部分。其过程如下：先通过 OpenCV 的 imread() 函数读取样本图像，然后将其转换为灰度图像，经过均值

或其他滤波后，选择合适的阈值来二值化图像，经过开（或闭）运算优化二值化图像，然后调用 findContours() 函数检测边缘，调用 drawContours() 函数绘制边缘，最后取出目标区域。轮廓发现是基于图像边缘提取来寻找对象轮廓的方法，所以边缘提取的阈值选择会影响最终的轮廓发现结果。findContours() 和 drawContours() 函数的具体介绍如下。

findContours() 函数用于检测物体的轮廓，其定义如下。

```
findContours( InputOutputArray image, OutputArrayOfArrays contours,
                    OutputArray hierarchy, int mode,
                    int method, Point offset=Point());
```

参数解析如下。

- InputOutputArray image: 单通道图像矩阵，可以是灰度图，但更常用的是二值图像，一般是经过 Canny、LaPlacian 等边缘检测算子处理过的二值图像。
- OutputArray of Arrays contours：是一个向量，定义为“vector<vector<Point>> contours”，并且是一个双重向量，向量内的每个元素保存一组由连续 Point 点构成的点的集合的向量，每一组 Point 点集就是一个轮廓。检测到多少个轮廓，向量 contours 就有多少元素。
- OutputArray hierarchy：定义为“vector<Vec4i> hierarchy”。Vec4i 的定义如下。

```
typedef    Vec<int, 4>    Vec4i;
```

Vec4i 是 Vec<int,4> 的别名，定义了一个“向量内的每个元素包含 4 个 int 型变量”的向量。所以从定义上看，hierarchy 也是一个向量，向量内的每个元素保存了一个包含 4 个 int 型变量的数组。向量 hiararchy 内的元素和轮廓向量 contours 内的元素是一一对应的，向量的容量相同。hierarchy 向量内每个元素的 4 个 int 型变量——hierarchy[i][0] ~ hierarchy[i][3]，分别表示第 *i* 个轮廓的后一个轮廓、前一个轮廓、父轮廓、内嵌轮廓的索引编号。如果当前轮廓没有对应的后一个轮廓、前一个轮廓、父轮廓或内嵌轮廓的话，则 hierarchy[i][0] ~hierarchy[i][3] 的相应位被设置为默认值 -1。

- int mode：定义轮廓的检索模式，主要有以下几种取值。

取值一: RETR_EXTERNAL。表示只检测最外围轮廓，包含在外围轮廓内的内围轮廓被忽略。

取值二: RETR_LIST。表示检测所有的轮廓，包括内围、外围轮廓，但是检测到的轮廓不建立等级关系，彼此之间独立。没有等级关系，就意味着这个检索模式下不存在父轮廓或内嵌轮廓，所以 hierarchy 向量内所有元素的第三和第四个分量都会被置为 -1，具体下文会讲到。

取值三: RETR_CCOMP。表示检测所有的轮廓，但所有轮廓只建立两个等级关系。外围为顶层，若外围内的内围轮廓还包含了其他的轮廓信息，则内围内的所有轮廓均归属于顶层。

取值四: RETR_TREE。表示检测所有轮廓，但所有轮廓建立一个等级树结构。外层轮廓包含内层轮廓，内层轮廓还可以继续包含内嵌轮廓。

- int method：定义轮廓的近似方法，主要有以下几种取值。

取值一: CHAIN_APPROX_NONE。表示保存物体边界上所有连续的轮廓点到 contours 向量内。

取值二: CHAIN_APPROX_SIMPLE。表示仅保存轮廓的拐点信息，把所有轮廓拐点处的点保存到 contours 向量内，拐点与拐点之间直线段上的信息点不予保留。

取值三和取值四: CHAIN_APPROX_TC89_L1 和 CHAIN_APPROX_TC89_KCOS。表示

使用 teh-Chinl chain 近似算法。

- Point offset：所有的轮廓信息相对于源图像对应点的偏移量。相当于要在每一个检测出的轮廓点上加上该偏移量，并且还可以是负值。当所分析图像是另外一个图像的特定区域时，通过加减这个偏移量，就可以把特定区域图像的检测结果投影到原始图像对应位置上。

drawContours() 函数用于绘制找到的图像轮廓，即进行轮廓填充，函数定义如下。

```
Void drawContours(InputOutputArray image, InputArrayOfArrays contours, int contourIdx, const Scalar & color, int thickness=1, int lineType=8, InputArray hierarchy=noArray(), int maxLevel=INT_MAX, Point offset=Point()) ;
```

参数解析如下。

- InputOutputArray image：目标图像。
- InputArray Of Arrays contours：输入的轮廓组，每一组轮廓由点 vector 构成。
- Int contourIdx：指明画第几个轮廓，如果该参数为负值，则画全部轮廓。
- const Scalar & color：轮廓的颜色。
- int thickness：轮廓的线宽，如果为负值或 CV_FILLED 表示填充轮廓内部。
- int lineType：线型。
- Input Array hierarchy：轮廓结构信息。
- int maxLevel：INT_MAX，表示绘制轮廓的最大层级，若为 0，则仅仅绘制指定的轮廓；若为 1，则绘制该轮廓及其内嵌轮廓；若为 2，则绘制该轮廓、其内嵌轮廓以及内嵌轮廓的内嵌轮廓，依次类推。该参数只有在有层级信息输入时才被考虑。

Point offset 为可选的轮廓偏移参数，所有的轮廓将会进行指定的偏移。

arcLength () 函数用于计算封闭轮廓的周长或曲线的长度，函数定义如下。

```
double arcLength(InputArray curve, bool closed);
```

参数解析如下。

- InputArray curve：输入的二维点集（轮廓顶点），可以是 vector 或 Mat 类型。
- bool closed：用于指示曲线是否封闭。

contourArea () 函数用于计算轮廓面积，其原型和参数说明如下。

```
double contourArea(InputArray contour, bool oriented = false);
```

- InputArray contour：输入的二维点集（轮廓顶点），可以是 vector 或 Mat 类型。
- bool oriented：面向区域标识符，默认值为 false。其值若为 true，则该函数返回一个带符号的面积值，正负取决于轮廓的方向（顺时针还是逆时针）。若为 false，表示以绝对值返回。

要进行轮廓提取，应先转灰度图，然后进行均值滤波，再进行二值化和数学形态学处理，最后查找轮廓并进行绘制，输出轮廓长度和面积。下面通过例 5-2 进行说明。

例 5-2：轮廓提取。

具体代码如下。

```
#include<opencv2\opencv.hpp>
#include<iostream>
#include<opencv2\imgproc\types_c.h>
usingnamespace std;
usingnamespace cv;
int main()
{
        Mat srcImg = imread("red.jpg");
        if (!srcImg.data) {
                printf("could not load image...\n");
                return -1;
        }
        Mat xianshi = srcImg.clone();
        namedWindow("【源图像】", WINDOW_NORMAL);
        imshow("【源图像】", srcImg);
        Mat grayImg, midImg1;
        //1 转灰度图
        cvtColor(srcImg,grayImg,COLOR_BGR2GRAY);
        //grayImg = channels.at(0);// 取 0 通道
        namedWindow("【灰度图】", WINDOW_NORMAL);
        imshow("【灰度图】", grayImg);
        //2 均值滤波
        blur(grayImg, grayImg, Size(20, 20), Point(-1, -1));
        namedWindow("【均值滤波后】", WINDOW_NORMAL);
        imshow("【均值滤波后】", grayImg);
        //3 转化为二值图
        threshold(grayImg, midImg1, 0, 255,  CV_THRESH_OTSU);
        namedWindow("【二值图】", WINDOW_NORMAL);
        imshow("【二值图】", midImg1);
        Mat midImg2 = midImg1.clone();
        //enum { MORPH_RECT=0, MORPH_CROSS=1, MORPH_ELLIPSE=2 }; 矩形、十字形、圆形
        Mat element = getStructuringElement(MORPH_RECT, Size(20, 20));// 生成数学形态学操作中
// 用到的核
        morphologyEx(~midImg1, midImg2, MORPH_OPEN, element);
    //4 数学形态学变换 morphologyEx() 函数 ,~ 表示取反操作
        namedWindow("【开运算后】", WINDOW_NORMAL);
        imshow("【开运算后】", midImg2);
        //5 查找图像轮廓
        Mat midImg3 = Mat::zeros(midImg2.rows, midImg2.cols, CV_8UC3);
    //3 个参数为宽、长、三通道，黑色图像
        vector<vector<Point>> contours;//contours 向量内的所有点集
        vector<Vec4i> hierarchy;// 存储检测到的轮廓之间的内外父子关系
        // 从二值图像中检索轮廓，并返回检测到的轮廓个数
        findContours(midImg2, contours, hierarchy, RETR_CCOMP, CHAIN_APPROX_SIMPLE);
        /* 第一个参数 midIm2，单通道图像矩阵
        第二个参数 contours，定义为 "vector<vector<Point>> contours"，是一个向量，并且是一个双
重向量，向量内的每个元素保存一组由连续的 Point 点构成的点的集合，每一组 Point 点集就是一个轮
廓。有多少轮廓，向量 contours 就有多少元素
        第三个参数 hierarchy，向量内每个元素的 4 个 int 型变量——hierarchy[i][0] ~hierarchy[i][3]，
        分别表示第 i 个轮廓的后一个轮廓、前一个轮廓、父轮廓、内嵌轮廓的索引编号
        第四个参数定义轮廓的检索模式
```

```
        第五个参数定义轮廓的近似方法 */
        int index = 0;
        for (; index >= 0; index = hierarchy[index][0])
        {
                Scalar color(255, 255, 255);// 黑底上绘制白点
                drawContours(midImg3, contours, index, color, NULL, 8, hierarchy);//6 绘制轮廓
                /* 其中，第一个参数 midImg3 表示目标图像
                第二个参数 contours 为输入的轮廓组，每一组轮廓由点 vector 构成
                第三个参数 index 为 contourIdx 指明画第几个轮廓，如果该参数为负值，则画全部轮廓
                第四个参数 color 为轮廓的颜色
                第五个参数 thickness 为轮廓的线宽，NULL 表示默认线型，如果为负值或 CV_
FILLED 则表示填充轮廓内部
                第六个参数 8 为线型（lineType）
                第七个参数 hierarchy 为轮廓结构信息 */
        }
        namedWindow("【轮廓图】", WINDOW_NORMAL);
        imshow("【轮廓图】", midImg3);
        Mat midImg4 = midImg3.clone();
        // 创建包围轮廓的矩形边界
        for (int i = 0; i < contours.size(); i++)
        {
                // 每个轮廓
                vector<Point> points = contours[i];
                // 对给定的 2D 点集，寻找最小面积的包围矩形
                RotatedRect box = minAreaRect(Mat(points));
                Point2f vertex[4];
                box.points(vertex);
                // 绘制出最小面积的包围矩形
                line(xianshi, vertex[0], vertex[1], Scalar(100, 200, 211), 6, LINE_AA);
                line(xianshi, vertex[1], vertex[2], Scalar(100, 200, 211), 6, LINE_AA);
                line(xianshi, vertex[2], vertex[3], Scalar(100, 200, 211), 6, LINE_AA);
                line(xianshi, vertex[3], vertex[0], Scalar(100, 200, 211), 6, LINE_AA);
                // 输出面积和长度
                printf("contours %d area : %.2f   arc length : %.2f\n", i, contourArea(contours[i]),
arcLength(contours[i], true));

        }
        namedWindow("【绘制的最小面积矩形】", WINDOW_NORMAL);
        imshow("【绘制的最小面积矩形】", xianshi);
        waitKey(0);
        return 0;
    }
```

程序运行结果的部分输出如图 5-2 所示，从左至右分别为源图像和提取图。程序运行时如出现提示“opencv2/opencv.hpp”：No such file or directory，一般是运行环境和配置 include 与 lib 的环境不一样造成的。在 VS 编程环境中，读者应注意选择 Release 和 x64 版本。

图 5-2 例 5-2 程序运行结果

应用中的难点之一是如何确定二值化的阈值，可通过滑动条改变阈值来测试二值图像效果，或采用不指定阈值的方法，例如 OTSU 阈值算法、三角形算法等进行二值化。

下面通过例 5-3 进行说明。

例 5-3：滑动条确定二值化阈值。

具体代码如下。

```
#include<iostream>
#include<opencv2\opencv.hpp>
#include<opencv2\imgproc\types_c.h>
#include<opencv2\highgui\highgui_c.h>
usingnamespace std;
usingnamespace cv;
int val=55;
Mat srcImage, dstImage;
void back(int, void*)
{
        threshold(srcImage, dstImage, val, 255, CV_THRESH_BINARY);
        imshow(" 滑动条 ", dstImage);
}
int main()
{
        namedWindow(" 源图像 ");
        srcImage = imread("red.jpg");
        imshow(" 源图像 ", srcImage);
        dstImage.create(srcImage.size(), srcImage.type());
        namedWindow(" 滑动条 ", WINDOW_NORMAL); //WINDOW_NORMAL 表示窗口大小可以改变
        createTrackbar(" 阈值 ", " 滑动条 ", &val, 255, back);
        //5 个参数分别为滑动条的名字、窗口（即滑动条对应窗口）的名字、滑块值、最大值、回调函数
        back(val,0);
        waitKey();
}
```

程序运行结果部分输出如图 5-3 所示。

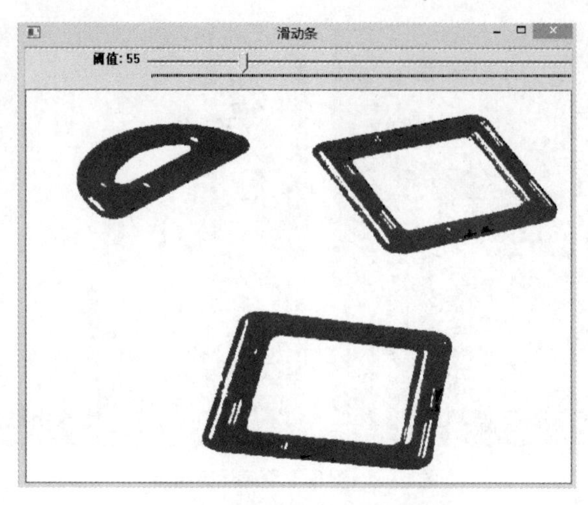

图 5-3　例 5-3 程序运行结果

5.3 小结

本章介绍了模板匹配和通过滑动条选取阈值，然后进行轮廓提取的两个例子。模板匹配是图像识别中最具代表性的方法之一，轮廓提取可以很好地结合之前介绍的 OpenCV 基础知识，建议读者加以掌握。

第 6 章

视频录制与目标追踪

本章将重点介绍 OpenCV 在视频录制与目标追踪方面的应用。目标追踪是计算机视觉领域的一个经典任务，是进行场景内容分析和理解等高级视觉任务的基本前提。对视频中的目标进行追踪的任务更是和现实生活中人们的需求十分贴近，如智能视频监控、机器人导航等应用场景都需要对视频进行处理，对视频中的目标进行检测。视频目标检测需要在静态图像目标检测的基础上对目标因运动而产生的各种变化进行处理，这是其中的难点。

本章主要内容和学习目标如下。

- 简单视频录制
- 视频目标追踪

6.1 简单视频录制

当视频中的某帧出现了前一帧中所没有的像素时，通过设计一个算法来发现其中的差异，这称为检测。识别则是根据先验知识了解对象是什么或对象做出了什么行为，其实质为分类。跟踪则是希望知道对象的去向。

视频监控是安全防范系统的重要组成部分，本节将结合前面所学的内容，实现开启多线程调用系统摄像头并实现视频录制与回放，对其中涉及的 Qt 项目和多线程知识仅做简单描述。

在多个线程中，主线程负责画面显示及指令响应，子线程负责调用视频设备与获取画面，线程之间的通信主要采用信号与槽机制，下面通过例 6-1 进行说明。

例 6-1：视频录制与回放。

具体操作步骤如下。

（1）创建 Qt 工程项目 6-1。打开 Qt Creator，依次选择“New”→“Application”→“Qt Widgets Application”选项，单击“Choose...”按钮，在弹出的对话框中，设置项目名称为“6-1”，如图 6-1 所示。选择“qmake”作为编译器，然后单击“下一步”按钮，在弹出的对话框中，Qt 基类默认为“QMainWindow”即可，如图 6-2 所示，保持默认设置，单击“下一步”按钮。项目创建后其目录结构如图 6-3 所示。

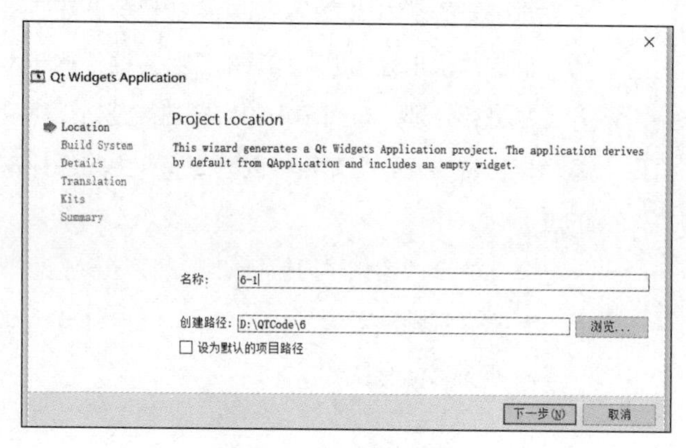

图 6-1　创建 Qt 项目 6-1

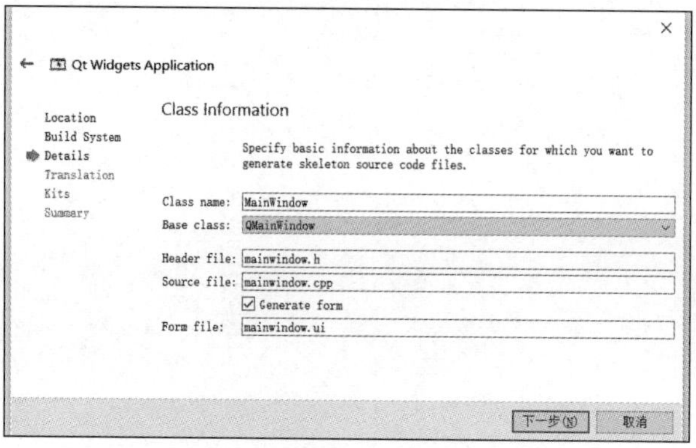

图 6-2　Qt 基类默认为“QMainWindow”

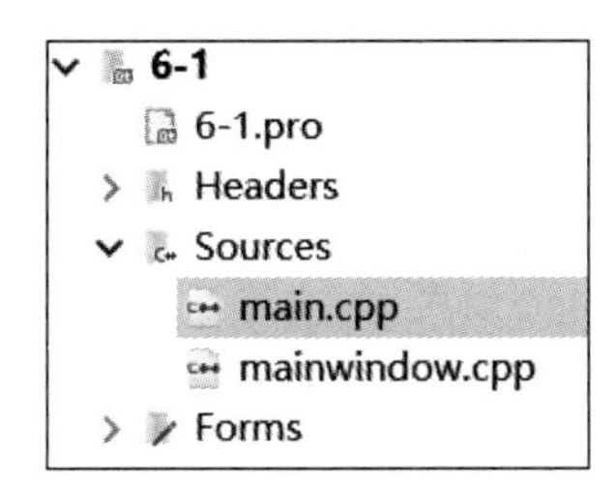

图 6-3 项目 6-1 目录结构

（2）在项目配置文件 .pro 文件中配置 OpenCV 环境，加入如下代码。

```
# 导入头文件
INCLUDEPATH+=D:/OpenCV/opencv/build/include
INCLUDEPATH+=D:/opencv/opencv/build/include/opencv2
# 导入库文件
win32:CONFIG(debug,debug|release):{
LIBS+=-LD:/OpenCV/opencv/build/x64/vc14/lib\
-lopencv_world440d
}
else{
LIBS+=-LD:/OpenCV/opencv/build/x64/vc14/lib\
-lopencv_world440
}
```

（3）对界面进行设计，打开 mainwindow.ui 文件，设计的主界面如图 6-4 所示。

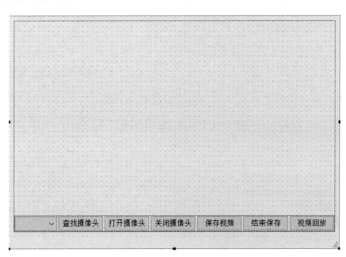

图 6-4 项目 6-1 主界面

更改界面中各控件的属性名，如表 6-1 所示。

表 6-1 界面控件设计

控件属性名	控件类型	功能
label_videoviewer	QLabel	画面显示
camera_name	QComboBox	显示摄像设备
pushbutton_searchcamera	QPushButton	查找摄像头
pushbutton_opencamera	QPushButton	打开摄像头

续表

控件属性名	控件类型	功能
pushbutton_closecamera	QPushButton	关闭摄像头
pushbutton_savevideo	QPushButton	保存视频
pushbutton_savecomplete	QPushButton	结束保存
pushbutton_videoreview	QPushButton	视频回放

（4）在本项目中，主线程负责画面显示及指令响应，子线程负责调用视频设备与获取画面，线程之间的通信主要采用信号与槽机制，因此需要添加子线程调用类。在项目上右击添加新文件，选择 C++ 类，设置类名为“CamThread”，继承于 QObject，源文件和头文件分别默认为“camthread.cpp”和“camthread.h”，如图 6-5 所示。

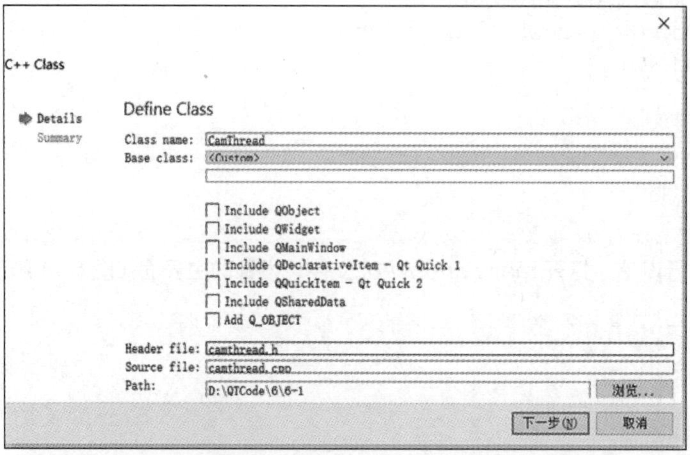

图 6-5　添加 CamThread 类

（5）在主线程中创建子线程。在头文件 mainwindow.h 和 mainwindow.cpp 中添加相应的代码。其中在 mainwindow.h 文件中添加的代码如下。

```
private:
    Ui::MainWindow *ui;
    QThread *firstThread;
    CamThread *MyCamThread;
    QList<QCameraInfo> camera_list;
    QTimer fps_timer;
```

在 mainwindow.cpp 的构造函数 mainwindow() 中添加的代码如下。

```
ui->setupUi(this);
firstThread = new QThread;
MyCamThread = new CamThread;// 摄像头线程
MyCamThread->moveToThread(firstThread);// 摄像头线程加入子线程
```

关于线程的创建，本节中采用继承于 QObject+MoveToThread 的方法，感兴趣的读者可以自行查看相关知识文档，此处不展开讲述。

（6）添加各按钮槽函数。打开 mainwindow.ui 文件，选择对应按钮后，右击并在弹出的快捷菜单中选择“转到槽”选项，选择“click()”选项并编写对应按钮的槽函数，主要槽函数介绍如下。

- “查找摄像头”按钮的代码实现思路如下：查找摄像头时先清空下拉列表，然后将查到的摄像头信息依次加入下拉列表中。此功能由主线程完成，不需要创建子线程调用。相关代码如下。

```
void MainWindow::on_pushButton_searchcamera_clicked()
{
        ui->camera_name->clear();
        camera_list = QCameraInfo::availableCameras();// 获取可用的摄像头设备
        for(auto i =0;i<camera_list.size();i++)
        {
        ui->camera_name->addItem(camera_list.at(i).description());
        }
}
```

- “打开摄像头”按钮的代码实现思路如下：打开摄像头时，主线程应先获取窗口中所选择的摄像头的标号，进而在子线程中打开相应的摄像头。因此需要分别在主线程中开启子线程，发送标号，启动定时器，调用子线程函数，子线程则获取摄像头标号并打开摄像头。

主线程 mianwindow.cpp 中的相关代码如下。

```
void MainWindow::on_pushButton_opencamera_clicked()
{
      if(ui->camera_name->currentIndex() >= 0)
      {
        firstThread->start();// 开启子线程
        MyCamThread->camNumber(ui->camera_name->currentIndex());// 发送标号给子线程
        fps_timer.start();// 启动定时器
        MyCamThread->openCamera();// 调用子线程
      }
      else // 没有找到视频设备
    QMessageBox::information(this,tr(“Error”),tr(“HaveNo Camera Device!”),QMessageBox::Ok);
}
```

子线程 camthread.cpp 中的相关代码如下。

```
// 获取摄像头标号
void CamThread::camNumber(const int &n)
{
      camera_num = n; //camera_num 是全局变量，在 camthread.h 中定义
}
// 打开摄像头
void CamThread::openCamera()
{
      capture.open(camera_num);
      if(!capture.isOpened())
      {
        return;
      }
}
```

- 在窗口中显示摄像头所指视频的代码实现思路如下：子线程每隔 50 毫秒向主线程发送一帧画面，然后主线程接收并显示在 label_videoviewer 中。因此子线程需要将获取到的摄像头所拍图像转换成 Qimage 数据类型并发送给主线程。

子线程 camthread.cpp 中的相关代码如下。

```
void CamThread::mainwindowDisplay()
{
    capture >> src_image;
    QImage img1 = QImage((const unsigned char*)src_image.data,
                src_image.cols, src_image.rows, QImage::Format_RGB888).rgbSwapped();
    emit sendPicture(img1);// 发送信号
}
```

在主线程的构造函数 mainwindow() 中添加 connect() 函数关联信号和槽函数，并设置定时器，具体如下。

```
  connect(&fps_timer,SIGNAL(timeout()), MyCamThread, SLOT(mainwindowDisplay()));
// 表示超时后调用槽函数 mainwindowDisplay() 获取 Qimage 并显示到主窗口
  connect(MyCamThread,SIGNAL(sendPicture(QImage)),this,SLOT(receivePicture(QImage)));
// 表示获取到子进程发送的照片信号后调用槽函数显示该照片
  fps_timer.setInterval(50);// 设置定时器

// 显示到 label_videoviewer 上
void MainWindow::receivePicture(QImage img)
{
    ui->label_videoViewer->setPixmap(QPixmap::fromImage(img));
}
```

- "关闭摄像头"按钮的代码实现思路较为简单。

主线程 mainwindow.cpp 中的相关代码如下。

```
void MainWindow::on_pushButton_closecamera_clicked()
{
    fps_timer.stop();// 停止定时器
    ui->label_videoViewer->clear();// 清空显示屏
    MyCamThread->closeCamera();// 调用子线程释放摄像头设备
    firstThread->quit();
    firstThread->wait();// 子线程完成当前操作后退出
}
```

子线程释放设备资源的相关代码如下。

```
void CamThread::closeCamera()
{
    capture.release();
    writer.release();
}
```

- "保存视频"的动作，也是通过主线程调用子线程完成保存视频的操作来实现的。对于"保存视频"和"结束保存"的动作，代码中使用全局变量 stopFalg 来完成，当 stopFlag 为 true 时结束保存，为 false 时开始保存视频。

主线程 mainwindow.cpp 中关于保存视频的代码如下。

```
voidMainWindow::on_pushButton_savevideo_clicked()
{
MyCamThread->setFlag(false);
MyCamThread->startsave();
}
```

子线程中关于保存视频的代码如下。

```
voidCamThread::startsave()
{
cv::Stringfile_path="D://images/6-1.avi";
writer.open(file_path,cv::VideoWriter::fourcc('X','V','I','D'),20.0,cv::Size(640,480));
while(!stopFlag)
{
capture>>src_image;
writer.write(src_image);
namedWindow("video",cv::WINDOW_NORMAL);
imshow("video",src_image);
waitKey(50);
}
}
```

主线程中关于结束保存的代码如下。

```
voidMainWindow::on_pushButton_savecomplete_clicked()
{
MyCamThread->setFlag(true);
MyCamThread->closeImshow();
}
```

子线程中关于结束保存的代码如下。

```
void CamThread::closeImshow()
{
    cv::destroyWindow("video");
}
```

- 对于“视频回放”按钮，主线程创建子线程，并调用子线程进行视频播放操作。和前面不同的是，在播放结束之后，需要子线程发送播放结束信号，主线程再进行相应操作（让子线程停止等待）。

主线程调用子线程操作的相关代码如下。

```
voidMainWindow::on_pushButton_videoreview_clicked()
{
firstThread->start();
MyCamThread->reviewVideo();
}
```

子线程播放视频操作的相关代码如下。

```
voidCamThread::reviewVideo()
{
VideoCapturevideo;
Matvideo_src;
cv::Stringopenpath="D://images/6-1.avi";
video.open(openpath);
while(video.isOpened())
{
video>>video_src;
if(video_src.empty())
break;
imshow("video_review",video_src);
if(waitKey(50)==27)
```

```
{
destroyWindow("video_review");
break;
}
}
emitreviewComplete(); // 子线程发送结束播放信号
}
```

主线程收到信号后让子线程停止等待操作的相关代码如下。

```
voidMainWindow::reviewVideo_complete()
{
firstThread->quit();
firstThread->wait();
}
```

在 mainwindow() 构造函数中添加 connect() 函数关联信号和槽函数，具体如下。

```
connect(MyCamThread,SIGNAL(reviewComplete()),this,SLOT(reviewVideo_complete()));
```

（7）最后，例 6-1 程序运行过程和结果分别如图 6-6 至图 6-9 所示。

图 6-6　查找摄像头功能

图 6-7　打开摄像头功能

图 6-8　保存视频功能

图 6-9 视频回放功能

6.2 视频目标追踪

目标追踪是计算机视觉领域的一个重要课题，目前广泛应用在体育赛事转播、安防监控、无人机、无人驾驶、机器人等领域。本节将介绍一系列可用在视频或图像中的目标追踪算法，如 BS 算法、Meanshift 算法和 Camshift 算法。

· 6.2.1 BS 算法

BS 算法即前景分割（Background Subtraction，BS）算法是通过使用静态相机来生成前景蒙版（即包含场景中运动对象的二进制图像）的，其原理如图 6-10 所示。BS 算法在很多基础应用中具有很重要的地位。例如顾客统计，使用一个静态的摄像头来记录进入和离开店铺的人数；又如交通摄像头，需要提取交通工具的信息等。从技术上来说，有时需要从静止的背景中提取出移动的前景，有时需要把单独的人或者交通工具从背景中提取出来。OpenCV 提供了一些背景减除的算法。

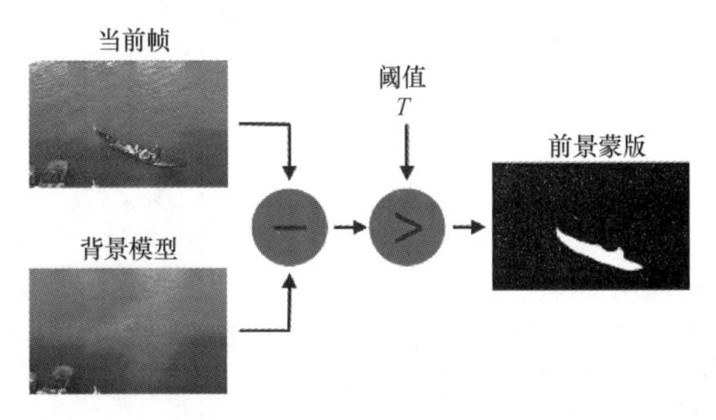

图 6-10 BS 算法原理

顾名思义，BS 前景分割即计算当前帧和背景模型之间的前景掩码，该背景模型包含场景的静态部分，或者更一般地，在给定观察到的场景的特征情况下，可以将其视为背景的所有内容。直接用当前帧减去前一帧的图像作为背景，这个办法最简单。也可以对所有的帧差进行建模，得到最优的背景模型。

背景建模包括以下两个主要步骤。

（1）后台初始化，即计算背景的初始模型。

（2）后台更新，更新模型以适应场景中可能的变化。

下面通过例 6-2 进行说明。该例主要包括 3 个过程：使用 cv :: VideoCapture() 从视频或图像序列中读取数据，使用 cv :: BackgroundSubtractor() 类创建和更新背景模型，使用 cv :: imshow() 获取并显示前景蒙版。在本例中亦可使用 cv :: BackgroundSubtractorMOG2() 生成前景蒙版。

例 6-2：前景分割。

参考例 6-1，创建项目 6-2，编辑其 main.cpp 文件，具体代码如下。

```
#include<iostream>
#include<sstream>
#include<opencv2/imgcodecs.hpp>
#include<opencv2/imgproc.hpp>
#include<opencv2/videoio.hpp>
#include<opencv2/highgui.hpp>
#include<opencv2/video.hpp>
usingnamespacecv;
usingnamespacestd;
intmain(intargc,char*argv[])
{
// 创建前景分割对象 pBackSub，BackgroundSubtractor 与其是一个概念，具体需要通过 create() 实现
Ptr<BackgroundSubtractor>pBackSub;
// 这里选择使用 createBackgroundSubtractorKNN() 生成前景蒙版，同时也可替换成
// createBackgroundSubtractorMOG2()
pBackSub=createBackgroundSubtractorKNN();
// 使用 VideoCapture 从视频或图像序列中读取数据，这里为预先准备好的视频 test2.mp4
VideoCapturecapture(“D:/images/test2.mp4”);
if(!capture.isOpened()){
// 打开失败
cerr<<"Unabletoopen:test2.mp4"<<endl;
return0;
}
// 创建 Mat 对象用于存放源图像 frame 和前景掩码 fgMask
Matframe,fgMask;
while(true){
capture>>frame;
if(frame.empty())
break;
// 更新背景模型
pBackSub->apply(frame,fgMask);
// 获取当前的帧号并将其写到当前帧 frame 图像的左上角位置，白色矩形用于突出显示黑色的帧编号
rectangle(frame,cv::Point(10,2),cv::Point(100,20),
cv::Scalar(255,255,255),-1);// 矩形位置
stringstreamss;
ss<<capture.get(CAP_PROP_POS_FRAMES);// 获取当前视频帧的帧号
stringframeNumberString=ss.str();
putText(frame,frameNumberString.c_str(),cv::Point(15,15),
FONT_HERSHEY_SIMPLEX,0.5,cv::Scalar(0,0,0));// 显示帧号文字
```

```
// 显示源图像和前景掩码图像
imshow("Frame",frame);
imshow("FGMask",fgMask);
// 获取键盘输入
intkeyboard=waitKey(30);
if(keyboard=='q'||keyboard==27)
break;
}
return0;
}
```

主要代码解释如下。

- BackgroundSubtractor 对象用于生成前景蒙版。在此示例中，使用了默认参数，但是也可以在 create() 函数中声明特定参数。
- 在上述例子中，每帧 frame 都用于计算前景蒙版和更新背景。如果要更改用于更新背景模型的学习率，可以通过将参数传递给 apply() 函数来设置特定的学习率。

```
pBackSub->apply(frame, fgMask);
```

apply() 函数定义如下。

```
apply(InputArrayimage, OutputArrayfgmask, doublelearningRate=-1);
```

learningRate 介于 0 和 1 之间，指示学习背景模型的速度。该值若为负数，会使算法使用一些自动选择的学习率。0 表示完全不更新背景模型，1 表示从最后一帧开始完全重新初始化背景模型。

- waitKey() 函数 () 内的值表示等待时间（默认单位为毫秒），如代码中表示等待 30 毫秒，则为 waitKey(30)；其返回值为 30 毫秒内键盘被按下的返回值（键盘中每个按键对应一个 ASCII 码），如果没有按键被按下，则返回 -1，所以不会跳出循环。waitKey(0); 表示一直等待用户按键事件发生。

例 6-2 程序运行结果如图 6-11 所示。

图 6-11　例 6-2 程序运行结果

· 6.2.2 Meanshift 算法与 Camshift 算法

Meanshift 算法是一种基于概率密度分布的跟踪方法，使目标的搜索一直沿着概率梯度上升的方向进行，并迭代收敛到概率密度分布的局部峰值上。假设有一堆特征点（或角点，例如直方图反向投影得到的点），从中任选一个点，然后以这个点为圆心，以给定半径画圆，如图 6-12 所示，得到的圆圈即兴趣区域。落在这个圆内的所有点和圆心之间都会产生一个向量，这些向量以圆心为起点，而落在球内的点则为终点。把这些向量相加，相加的结果就是 Meanshift 向量，图中的“⇨”就是 Meanshift 向量。Meanshift 算法就是将这个兴趣区域（称为窗口）移动到最大灰度密度处（或者是点最多的地方），即将窗口移动到 Meanshift 向量指向的位置。

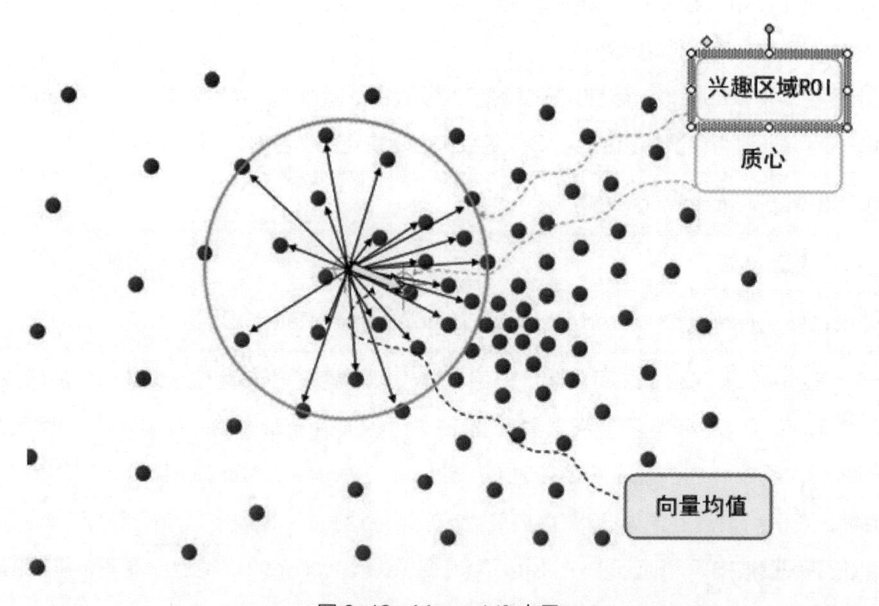

图 6-12　Meanshift 向量

因此，通常会传递直方图反向投影图像和初始目标位置。当物体移动时，其运动情况会明显地反映在直方图反向投影图像中。而 Meanshift 算法会将窗口移动到最大灰度密度的新位置处。

反向投影的工作原理如下：反向投影图像中某一位置（x, y）的像素值等于源图像对应位置（x, y）像素值在源图像中的总数目，即若源图像中（5，5）位置上的像素值为 200，而源图像中像素值为 200 的像素点有 500 个，则反向投影图像中（5，5）位置上的像素值就设为 500。具体步骤如下。

（1）计算图像直方图：统计各像素值（或像素区间）在源图像中的总数量。

（2）将直方图数值归一化到 [0,255]。

（3）对照直方图，实现反向投影。

对于 Meanshift 算法，窗口的大小是固定的，如果跟踪的物体是汽车时，汽车由远及近（在视觉上）是一个逐渐变大的过程，使用固定的窗口是不合适的，如图 6-13 所示。因此需要根据目标的大小和角度来对窗口的大小和角度进行调整。

Camshift 算法是对 Mean shift 算法的改进，它能够自动调节搜索窗口大小来适应目标的大小，可以跟踪视频中尺寸变化的目标。Camshift 算法首先要使用 Meanshift 算法，在 Meanshift 算法找到并覆盖目标之后，再去调整窗口的大小。此外它还会计算目标对象的最佳外接椭圆的角度，并以此调节窗口角度。然后使用更新后的窗口大小和角度来在原来的位置继续执行 Meanshift 算法，一直重复这个过程直到达到需要的精度。Camshift 算法识别结果如图 6-14 所示。

图 6-13　Meanshift 算法识别结果

图 6-14　Camshift 算法识别结果

6.2.3　示例程序

本小节将分别介绍 Meanshift 算法和 Camshift 算法的具体应用。

1. Meanshift 算法的应用

在 OpenCV 中使用 Meanshift 算法，首先需要设置目标，找到目标的直方图，然后就可以在每一帧的反向投影直方图上使用 Meanshift 算法；此外还需要提供窗口的初始位置，对于直方图，这里只考虑色相；另外，为了避免因光线不足而产生错误值，可以使用 cv::inRange() 函数来丢弃光线不足的值。

下面通过例 6-3 进行说明。

例 6-3：Meanshift 算法应用。

参考例 6-1，创建项目 6-3，编辑其 main.cpp 文件，具体代码如下。

```
#include<iostream>
#include<opencv2/imgcodecs.hpp>
#include<opencv2/imgproc.hpp>
#include<opencv2/videoio.hpp>
#include<opencv2/highgui.hpp>
#include<opencv2/video.hpp>
using namespace cv;
using namespace std;
int main(int argc, char **argv)
{
    // 需提前准备项目所使用的视频
    string filename = "D:/images/slow_traffic_small.mp4";

    VideoCapture capture(filename);
    if (!capture.isOpened()){
        // 打开视频失败
        cerr <<"Unable to open file!"<< endl;
        return 0;
    }
    Mat frame, roi, hsv_roi, mask;
    // 取视频的第一帧到 frame 中
    capture >> frame;
    // 设置窗口的初始位置
    Rect track_window(300, 200, 100, 50); // 简单设定一个窗口值即可
    // 设置跟踪的区域
    roi = frame(track_window);
    // 跟踪区域 roi 处的 HSV 图像
    cvtColor(roi, hsv_roi, COLOR_BGR2HSV);
    // 获取 HSV 值在（0，60，32）到（180，255，255）之间的部分
    inRange(hsv_roi, Scalar(0, 60, 32), Scalar(180, 255, 255), mask);
    float one_possible_range[] = {0, 180}; // 范围
    const float* range[] = {one_possible_range};// range 是多个范围的集合，可以有多个数组，用作
// calcHist() 中统计像素值的区间
    Mat roi_hist;
    int histSize[] = {180}; // 用于指定直方图分成多少个区间
    int channels[] = {0};  // 需要统计的直方图的通道
    // 计算直方图
    calcHist(&hsv_roi, 1, channels, mask, roi_hist, 1, histSize, range);
    // 归一化
    normalize(roi_hist, roi_hist, 0, 255, NORM_MINMAX);
    // 设置终止标准，可进行 10 次迭代或至少移动 1 像素
    TermCriteria term_crit(TermCriteria::EPS | TermCriteria::COUNT, 10, 1);
    while(true){
        Mat hsv, dst;
        capture >> frame;
        if (frame.empty())
            break;
        // 第一步：将输入图像转换成灰度图像后计算反向投影
        cvtColor(frame, hsv, COLOR_BGR2HSV);
        calcBackProject(&hsv, 1, channels, roi_hist, dst, range); // 计算反向投影
        // 第二步：应用 Meanshift() 获取新位置
```

```
            meanShift(dst, track_window, term_crit);
            // 第三步：在图像中画出新位置的方框
            rectangle(frame, track_window, 255, 2);
            imshow("img2", frame);
            int keyboard = waitKey(30);
            if (keyboard == 'q' || keyboard == 27)
                break;
        }
    }
```

主要代码说明如下。

Meanshift() 函数的定义和参数解析如下。

```
int Meanshift(InputArray probImage, Rect & window, TermCriteria criteria ;
```

其参数解析如下。

- Input Array probImage：输入图像直方图的反向投影图像。Rect&window：要跟踪目标的初始位置矩形框。
- TermCriteria criteria：算法结束条件。

该函数的返回值是一个 int 型变量。该 int 型变量代表找到目标物体的个数。特别需要注意的是参数 window，它不仅是目标物体初始化的位置，还是实时跟踪目标后的位置，所以其实它也是一个返回值。

TermCriteria 类的构造函数的定义和参数解析如下。

```
TermCriteria::TermCriteria(int type, int maxCount, double epsilon) ;
```

其中，type 表示终止条件类型；maxCount 表示计算的迭代数或者最大元素数；epsilon 表示当达到要求的精确度或参数的变化范围时，迭代算法停止。其中，type 的可选项如下。

- 达到最大迭代次数：TermCriteria::COUNT
- 达到精度：TermCriteria::EPS
- 以上两种同时作为判定条件：TermCriteria::COUNT + TermCriteria::EPS。

计算反向投影使用 calcBackProject() 函数，其函数定义如下。

```
void calcBackProject(const Mat* images, int nimages, const int* channels, InputArray hist,
OutputArray backProject, const float** ranges, double scale = 1, bool uniform = true);
```

其参数解析如下。

- const Mat* images：输入图像（或图像集）。
- int nimages：输入图像个数。
- const int* channels：需要统计图像的通道索引，即第几个通道。第一幅图的通道索引可选范围 [0, images[0].channels() – 1]，第二幅图的通道索引可选范围 [images[0].channels(), images[0].channels() + images[1].channels() – 1]，以此类推。
- InputArray hist：输入的直方图。
- OutputArray backProject：反向投影图像，需为单通道，并且和 images[0] 有相同的大小和深度。

- const float** ranges：直方图中 x 轴的取值范围。
- doule scale：缩放因子，backProject [i][j] = scale * hist [images[k] [i][j]];，有默认值 1。
- bool uniform：直方图是否均匀化的标识符，有默认值 true。

例 6-3 程序运行结果如图 6-15 所示。

图 6-15 例 6-3 程序运行结果

2. Camshift 算法的应用

Camshift 算法类似于 Meanshift 算法，但是其返回一个旋转的矩形（这是需要输出显示的结果）和方框参数（用于在下一次迭代中作为搜索窗口传递）。下面通过例 6-4 进行说明，本例的代码和例 6-3 基本类似。

例 6-4：Camshift 算法应用。

参考例 6-1，创建项目 6-4，编辑其 main.cpp 文件，具体代码如下。

```
#include<iostream>
#include<opencv2/imgcodecs.hpp>
#include<opencv2/imgproc.hpp>
#include<opencv2/videoio.hpp>
#include<opencv2/highgui.hpp>
#include<opencv2/video.hpp>
using namespace cv;
using namespace std;
int main(int argc, char **argv)
{
    // 需提前准备项目所使用的视频
    string filename = "D:/images/slow_traffic_small.mp4";
    VideoCapture capture(filename);
    if (!capture.isOpened()){
      // 打开视频失败
      cerr <<"Unable to open file!"<< endl;
      return 0;
    }
    Mat frame, roi, hsv_roi, mask;
    // 取视频的第一帧到 frame 中
    capture >> frame;
    // 设置窗口的初始位置
    Rect track_window(300, 200, 100, 50); // 简单设定一个窗口值即可
    // 设置跟踪的区域
```

```
        roi = frame(track_window);
        // 跟踪区域 roi 处的 HSV 图像
        cvtColor(roi, hsv_roi, COLOR_BGR2HSV);
        // 获取 HSV 值在（0，60，32）到（180，255，255）之间的部分
        inRange(hsv_roi, Scalar(0, 60, 32), Scalar(180, 255, 255), mask);
        float range_[] = {0, 180}; // 范围
        const float* range[] = {range_}; // range 是多个范围的集合，可以有多个数组，用作 calcHist() 函
// 数中统计像素值的区间
        Mat roi_hist;
        int histSize[] = {180};// 用于指定直方图分成多少个区间
        int channels[] = {0}; // 需要统计的直方图的通道
        // 计算直方图
        calcHist(&hsv_roi, 1, channels, mask, roi_hist, 1, histSize, range);
        // 归一化
        normalize(roi_hist, roi_hist, 0, 255, NORM_MINMAX);
        // 设置终止标准，可进行 10 次迭代或至少移动 1 像素
        TermCriteria term_crit(TermCriteria::EPS | TermCriteria::COUNT, 10, 1);
        while(true){
          Mat hsv, dst;
          capture >> frame;
          if (frame.empty())
            break;
          // 第一步：将输入图像转换成灰度图像后计算反向投影
          cvtColor(frame, hsv, COLOR_BGR2HSV);
          calcBackProject(&hsv, 1, channels, roi_hist, dst, range);
          // 第二步：应用 Camshift() 函数获取新位置，函数返回一个有方向（角度）的矩阵
          RotatedRect rot_rect = Camshift(dst, track_window, term_crit);
          // 第三步：在图像中展示，将有方向（角度）的矩阵转换成 4 个点，并且在图像上连点成线展示跟踪
// 结果
          Point2f points[4];
          rot_rect.points(points);
          for (int i = 0; i < 4; i++)
            line(frame, points[i], points[(i+1)%4], 255, 2);
          imshow("img2", frame);
          int keyboard = waitKey(30);
          if (keyboard == 'q' || keyboard == 27)
            break;
        }
    }
```

代码中的 Camshift() 函数的定义如下。

```
RotatedRect Camshift(InputArray probImage, Rect & window, TermCriteria criteria) ;
```

其参数解析如下。

- InputArray 参数 probImage：输入图像直方图的反向投影图像。
- Rect & window：要跟踪目标的初始位置矩形框。
- TermCriteria criteria：算法结束条件。

函数返回一个有方向（角度）的矩阵。该函数的实现首先利用 Meanshift 算法计算出要跟踪的中心，然后调整初始窗口的大小、位置和方向（角度）。在 Camshift 算法内部调用了 Meanshift 算法计算目标的重心。

例 6-4 程序运行结果如图 6-16 所示。

图 6-16　例 6-4 程序运行结果

6.3 小结

本章主要介绍了 OpenCV 在视频录制与目标跟踪方面的应用，读者可通过仔细阅读和复现本章中的 4 个实例项目，加深对 OpenCV 编程的理解，强化在项目实战编程中的代码逻辑。6.1 节主要介绍了多线程的调用和如何实现视频录制与回放；6.2 节介绍了一系列目标跟踪算法，可用于从静止的背景中提取出运动的人物或物体，以及动态地识别和跟踪视频或者图像中的运动物体，这部分内容为本书的重点，具有重要的应用价值，希望读者能够理解并掌握。

第 7 章

三维重建

本章将讲解计算机视觉中的三维重建知识。基于视觉的三维重建指的是先通过摄像机获取场景中物体的数据图像，并对此图像进行分析处理，再结合计算机视觉知识推导出现实环境中物体的三维信息。三维重建技术的重点在于如何获取目标场景或物体的深度信息。

本章主要内容和学习目标如下。

- 超分辨率重建
- 三维重建的具体操作

7.1 超分辨率重建

超分辨率（Super Resolution，SR）是指专门增强图像或视频的空间分辨率的技术或算法。超分辨率重建技术合并来自相同场景的多幅图像的信息，以便表示那些在源图像中最初未被拍摄到的细节。超分辨率重建是计算机视觉领域的一个经典应用，在监控设备、卫星图像遥感、数字高清、显微成像、视频编码通信、视频复原和医学影像等领域都有重要的应用价值。图像超分辨率重建技术分为两种：一种是将多幅低分辨率图像合成为一幅高分辨率图像，另外一种是从单幅低分辨率图像中获取高分辨率图像。

7.1.1 常见的超分辨率重建技术

常见超分辨率重建技术主要有以下3类：基于插值的方法、基于重建的方法、基于学习（传统）的方法。

1. 基于插值的方法

基于插值的方法是将每一幅图像都看作图像平面上的一个点，利用已知的像素信息对平面上未知的像素信息进行拟合。基于插值的方法实现起来非常简单，已经被广泛应用，但是这些线性的模型限制了它们恢复高频细节的能力。

基于插值的方法通常有3类：最近邻插值法、双线性插值法、双三次插值法。

（1）最近邻插值（Nearest Neighbor Interpolation）法。其核心思想是找出距离输出像素点最近的点，该点的灰度值就是输出点的灰度值其原理如图7-1所示，其中的P1和P2点分别取其附近的灰度值作为自己的灰度值。下面通过例7-1进行说明。

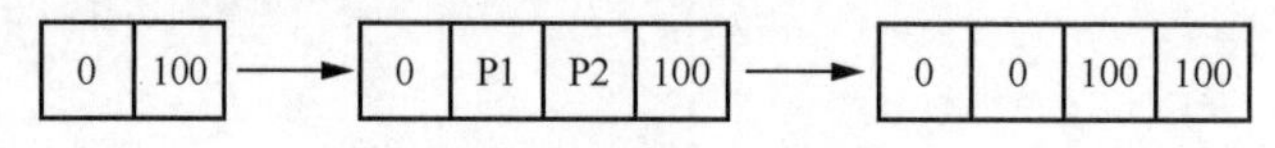

图7-1 最近邻插值法原理图

例7-1：最近邻插值法。

具体代码如下。

```
#include<opencv2/highgui.hpp>
#include<opencv2/imgproc.hpp>
#include<iostream>
using namespace std;
void nearest_neighbor (cv::Mat& input_img, int width, int height);
int main()
{
    cv::Mat img = cv::imread("D:/images/01.jpg",0);
    cv::imshow("image", img);
    nearest_neighbor (img, 450, 300);
    return 0;
}
// 获取源图像相应坐标的像素值
```

```
uchar get_scale_value(cv::Mat& input_img, int i, int j)
{
    uchar* p = input_img.ptr<uchar>(i);
    return p[j];
}
void nearest_neighbor (cv::Mat& input_img,int width,int height)
{
    cv::Mat output_img(height, width, CV_8UC1);
    output_img.setTo(0);
    float h_scale_rate = (float)input_img.rows/ height;  // 高的比例
    float w_scale_rate = (float)input_img.cols / width;  // 宽的比例
    for (int i = 0; i < height; i++)
    {
      uchar* p = output_img.ptr<uchar>(i);
      for (int j = 0; j < width; j++)
      {
        int i_scale = h_scale_rate * i;   // 依照高的比例计算源图像相应坐标中的 x
        int j_scale = w_scale_rate * j;  // 依照宽的比例计算源图像相应坐标中的 y
        p[j] = get_scale_value(input_img,i_scale, j_scale);
      }
    }
    cv::imshow("nearest neighbor", output_img);
    cv::waitKey();
}
```

例 7-1 程序运行结果如图 7-2 所示，可以看到，最近邻插值法会导致像素的变化不连续，在新图中会产生锯齿。

图 7-2　例 7-1 程序运行结果

（2）双线性插值（Bilinear Interpolation）法。这是一种针对一维数据的插值方法，其原理是根据一维数据序列中需要插值的点的左、右邻近两个数据点来进行数值的估计。

双线性插值法的核心思想是通过中心像素点 4 个相邻点的像素，分别在水平和垂直两个方向上做线性内插值，得到最终待插值点的像素值，其原理如图 7-3 所示。

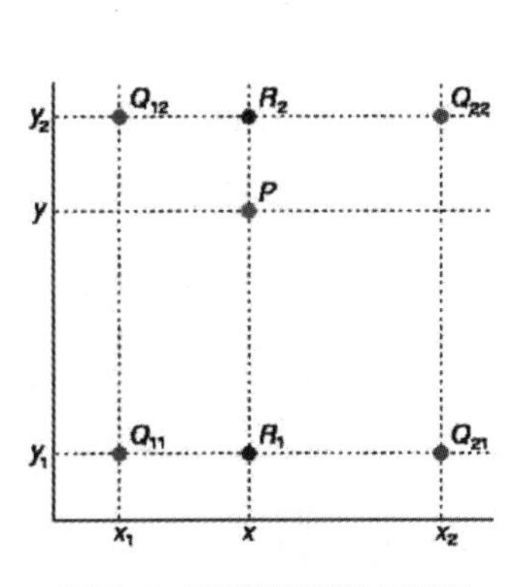

图 7-3　双线性插值法原理图

设 $Q_{11}=(x_1, y_1)$，$Q_{12}=(x_1, y_2)$，$Q_{21}=(x_2, y_1)$，$Q_{22}=(x_2, y_2)$，这 4 个点表示原始数据点，$P=(x, y)$ 表示插值点，则双线性插值

的步骤如下。

① 在 x 轴方向上，对 $R_1=(x, y_1)$ 和 $R_2=(x, y_2)$ 两个点进行插值。

② 在 y 轴方向上，根据 R_1 和 R_2 对 P 点进行插值，得到所求 P 的值。

相关公式如下。

$$
\begin{aligned}
f(R_1) &\approx \frac{x_2 - x}{x_2 - x_1} f(Q_{11}) + \frac{x - x_1}{x_2 - x_1} f(Q_{21}), \text{当} R_1 = (x, y_1) \\
f(R_2) &\approx \frac{x_2 - x}{x_2 - x_1} f(Q_{12}) + \frac{x - x_1}{x_2 - x_1} f(Q_{22}), \text{当} R_2 = (x, y_2)
\end{aligned} \tag{7-1}
$$

$$
f(P) \approx \frac{y_2 - y}{y_2 - y_1} f(R_1) + \frac{y - y_1}{y_2 - y_1} f(R_2) \tag{7-2}
$$

将公式（7-1）和公式（7-2）整合后如下。

$$
\begin{aligned}
f(x, y) \approx{} & \frac{f(Q_{11})}{(x_2 - x_1)(y_2 - y_1)}(x_2 - x)(y_2 - y) + \frac{f(Q_{21})}{(x_2 - x_1)(y_2 - y_1)}(x - x_1)(y_2 - y) \\
& + \frac{f(Q_{12})}{(x_2 - x_1)(y_2 - y_1)}(x_2 - x)(y - y_1) + \frac{f(Q_{22})}{(x_2 - x_1)(y_2 - y_1)}(x - x_1)(y - y_1)
\end{aligned} \tag{7-3}
$$

线性插值的结果与插值的顺序无关。先进行 y 方向的插值和先进行 x 方向的插值，所得到的结果是一样的。注意，因为涉及取整，所以没有用等于符号。双线性插值法仅考虑 4 个直接邻近点的灰度的影响，下面通过例 7-2 进行说明。

例 7-2：双线性插值法。

具体代码如下。

```
#include<opencv2\opencv.hpp>
#include<opencv2\imgproc\imgproc.hpp>
using namespace cv;
void Bilinear_interpolation (cv::Mat& input_img, int width, int height);
int main()
{
    cv::Mat img = cv::imread("D:/images/01.jpg ", 0);
    cv::imshow("image", img);
    Bilinear_interpolation (img, 450, 300);
    return 0;
}
uchar get_scale_value(cv::Mat& input_img, float raw_i, float raw_j)
{
    int i = raw_i;
    int j = raw_j;
    float u = raw_i - i;
    float v = raw_j - j;
    if (i + 1 >= input_img.rows || j + 1 >= input_img.cols)
    {
      uchar* p = input_img.ptr<uchar>(i);
      return p[j];
    }
    uchar* p = input_img.ptr<uchar>(i);
```

```
        uchar x1 = p[j];
        uchar x2 = p[j + 1];
        p = input_img.ptr<uchar>(i+1);
        uchar x3 = p[j];
        uchar x4 = p[j + 1];
        return ((1-u)*(1-v)*x1+(1-u)*v*x2+u*(1-v)*x3+u*v*x4);
    }
    void Bilinear_interpolation(cv::Mat& input_img, int width, int height)
    {
        cv::Mat output_img(height, width, CV_8UC1);
        output_img.setTo(0);
        float h_scale_rate = (float)input_img.rows / height;
        float w_scale_rate = (float)input_img.cols / width;
        for (int i = 0; i < height; i++)
        {
          uchar* p = output_img.ptr<uchar>(i);
          for (int j = 0; j < width; j++)
          {
            float i_scale = h_scale_rate * i;
            float j_scale = w_scale_rate * j;
            p[j] = get_scale_value(input_img, i_scale, j_scale);
          }
        }
        cv::imshow("Bilinear interpolation ", output_img);
        cv::waitKey();
    }
```

例 7-2 程序运行结果如图 7-4 所示。双线性插值法的计算比最近邻插值法复杂，计算量较大，但没有灰度不连续的缺点；图像经低通滤波处理，使高频分量受损，轮廓可能会有一点模糊，但基本令人满意。

图 7-4 例 7-2 程序运行结果

（3）双三次插值（Bicubic Interpolation）法。此方法又叫作双立方插值法。该方法的核心思想是利用待采样点周围 16 个点的灰度值进行 3 次插值。相比双线性插值法，双三次插值法考虑到了各邻点间灰度值变化率的影响，可以得到更接近高分辨率图像的放大效果，但运算量比双线性插值法大。这种方法需要选取插值基函数来拟合数据，其最常用的插值基函数如下。

$$W(x)=\begin{cases}(a+2)|x|^3-(a+3)|x|^2+1, & |x|\leqslant 1\\ a|x|^3-5a|x|^2+8a|x|-4a, & 1<|x|<2\\ 0 & \text{其他情况}\end{cases} \quad (7\text{-}4)$$

双三次插值法的具体实现过程如下。

假设源图像 A 大小为 $m\times n$，缩放后的目标图像 B 的大小为 $M\times N$。那么根据比例可以得到 $B(X,Y)$ 在 A 上的对应坐标为 $A(x,y)=A[X\times(m/M),Y\times(n/N)]$。选取最近的 16 个像素点作为计算目标图像 $B(X,Y)$ 处像素值的参数。图 7-5 所示 P 点就是目标图像 B 在 (X,Y) 处对应于源图像中的位置。

a_{00}	a_{01}	a_{02}	a_{03}
a_{10}	P ●	a_{12}	a_{13}
a_{20}	a_{21}	a_{22}	a_{23}
a_{30}	a_{31}	a_{32}	a_{33}

图 7-5 目标图像

P 的坐标位置会出现小数部分，所以假设 P 的坐标为 $P(x+u, y+v)$，其中 x 和 y 分别表示整数部分，u 和 v 分别表示小数部分。那么就可以得到图 7-5 所示的最近 16 个像素的位置，在这里用 $a(i, j)(i, j=0,1,2,3)$ 来表示。每个像素值的权重由该点到待求像素点的距离确定，这个距离包括水平和竖直两个方向上的距离。以像素点为例，该点在垂直和水平方向上与待求像素点的距离分别是 $1+u$ 和 v，则该像素点的权重为 $w=w(1+u)\times w(v)$，则待求点 $P(x+u,y+v)$ 的像素值的计算方法为 $P(x+u, y+v)=A\times B\times C$，其中的 B 和 C 如下。

$$B=\begin{bmatrix} P(x-1,y-1) & P(x-1,y+0) & P(x-1,y+1) & P(x-1,y+2)\\ P(x+0,y-1) & P(x+0,y+0) & P(x+0,y+1) & P(x+0,y+2)\\ P(x+1,y-1) & P(x+1,y+0) & P(x+1,y+1) & P(x+1,y+2)\\ P(x+2,y-1) & P(x+2,y+0) & P(x+2,y+1) & P(x+2,y+2)\end{bmatrix} \quad (7\text{-}5)$$

$$C=[w(1+v)w(v)w(1-v)w(2-v)]^{T} \quad (7\text{-}6)$$

其中插值核 $w(x)$ 计算公式如下。

$$w(x)=\begin{cases}1-2|x|^2+|x|^3 &, |x|<1\\ 4-8|x|+5|x|^2-|x|^3 &, 1\leqslant |x|<2\\ 0 &, |x|\geqslant 2\end{cases} \quad (7\text{-}7)$$

以上是双三次插值法的实现过程。下面通过例 7-3 进行说明。

例 7-3：双三次插值法。

具体代码如下。

```
#include <opencv2/highgui.hpp>
#include<opencv2/imgproc.hpp>
#include <opencv2/imgproc/types_c.h> // 必须添加
#include <iostream>
using namespace std;
#define INVALDE_DEM_VALUE  -9999999
double  bicubic(double x) {
	x = (x > 0) ? x : -x;
	if (x < 1) {
		return 1 - 2 * x*x + x * x*x;
	}
	else if (x < 2) {
		return 4 - 8 * x + 5 * x*x - x * x*x;
	}
	return 0;
}
double bicubic_interpolation(double x, double y, double * pdfValue, int nWidth, int nHeight)
{
	double dfCubicValue;
	int i = x;
	int j = y;
	if ((i - 1) < 0 || (j - 1) < 0 || (j + 2) > (nHeight - 1) || (i + 2) > (nWidth - 1))
		return INVALDE_DEM_VALUE;
	double values[4][4];
	for (int r = j - 1, s = 0; r <= j + 2; r++, s++) {
		for (int c = i - 1, t = 0; c <= i + 2; c++, t++) {
			values[s][t] = pdfValue[r*nWidth + c];
		}
	}
	double u = x - i;
	double v = y - j;
	double A[4], C[4];
	for (int distance = 1, s = 0; distance >= -2; distance--, s++) {
		A[s] = bicubic(u + distance);
		C[s] = bicubic(v + distance);
	}
	dfCubicValue = 0;
	for (int s = 0; s < 4; s++) {
		for (int t = 0; t < 4; t++) {
			dfCubicValue += values[s][t] * A[t] * C[s];
		}
	}
	return dfCubicValue;
}
void main()
{
	cv::Mat src = cv::imread("D:/images/01.jpg");
	cv::Mat gray;
	cvtColor(src, gray, CV_BGR2GRAY);
```

```
        cv::Mat gray32;
        gray.convertTo(gray32, CV_64FC1);
        cv::Mat bil(gray32.rows * 2, gray32.cols * 2, CV_64FC1);
        cv::Mat cub(gray32.rows * 2, gray32.cols * 2, CV_64FC1);
        int stride = gray32.step.p[0];
        double *data = new double[gray32.cols* gray32.rows];
        for (int i = 0; i < gray32.rows; i++) {
                char* p = ((char*)data) + i * gray32.cols * sizeof(double);
                memcpy(p, gray32.data + stride * i, gray32.cols * sizeof(double));
        }
        for (int r = 0; r < bil.rows; r++) {
                for (int c = 0; c < bil.cols; c++) {
                        double k = r / 2.0;
                        double j = c / 2.0;
                        cub.at<double>(r, c) = bicubic_interpolation(j, k, data, gray32.cols, gray32.rows);
                }
        }
        cv::namedWindow("image", 1);
        imshow("image", gray);
        cv::Mat cubShow;
        cub.convertTo(cubShow, CV_8UC1);
        cv::namedWindow("bicubic interpolation", 1);
        imshow("bicubic interpolation", cubShow);
        cv::waitKey();
        return;
}
```

例 7-3 程序运行结果如图 7-6 所示。

图 7-6　例 7-3 程序运行结果

2. 基于重建的方法

基于重建的方法的基础是均衡及非均衡采样定理，其假设低分辨率的输入采样信号（图像）能很好地预估出原始的高分辨率图像。绝大多数超分辨率算法都属于这一类，主要包括频域法和空域法。

频域法是图像超分辨率重建中的一类重要方法，其中最主要的是消混叠重建方法。

空域法具有很强的包含空域先验约束的能力，主要包括非均匀空间样本内插法、迭代反投影方法、凸集投影法、最大后验概率以及混合最大后验概率法、最优和自适应滤波方法、确定性重建方法等。

3. 基于学习的方法

基于学习的方法是采用大量的高分辨率图像构造学习库产生学习模型，在对低分辨率图像进行恢复的过程中引入由学习模型获得的先验知识，以得到图像的高频细节，最终获得较好的图像恢复效果。

其具体步骤如下。

（1）根据降质模型将高分辨率图像进行降质，产生训练集。

（2）根据高分辨率图像的低频部分和高频部分的对应关系对图像进行分块，通过一定的算法进行学习，获取先验知识，并建立学习模型。

（3）以输入的低分辨率块为依据，在所建立的训练集中搜索最合适的高频块。

基于学习的方法的关键是建立学习模型，获得先验知识。目前常用的学习模型有马尔可夫随机场模型、图像金字塔模型、神经网络模型、主成分分析模型等。

OpenCV 图像缩放使用的函数是 resize()，其定义如下。

```
void resize(InputArray src, OutputArray dst, Size dsize, double fx=0, double fy=0, int interpolation=INTER_LINEAR );
```

各个参数解析如下。

- InputArray src：源图像。
- OutputArray dst：输出图像。
- Size dsize：目标图像的大小。
- double fx：在 x 轴上的缩放比例。
- double fy：在 y 轴上的缩放比例。
- int interpolation：插值方式。

插值方式有如下 4 种。

INTER_NN：最近邻插值法。

INTER_LINEAR：双线性插值（默认方式）。

INTER_AREA：使用像素关系重采样。当图像缩小时，该方法可以避免波纹出现；当图像放大时，则类似于 INTER_NN。

INTER_CUBIC：三次插值。

注意，dsize、fx 和 fy 不能同时为 0。

下面通过例 7-4 进行说明。

例 7-4：OpenCV 缩放函数。

具体代码如下。

```
#include<opencv2\opencv.hpp>
#include<opencv2\imgproc\imgproc.hpp>
using namespace cv;
int main()
{
	// 读取图像
	Mat srcImage=imread("D:/images/01.jpg");
	Mat temImage,dstImage1,dstImage2;
	temImage=srcImage;
```

```
    // 显示源图像
    imshow(" 源图像 ",srcImage);
    // 尺寸调整
    resize(temImage,dstImage1,Size(temImage.cols/2,temImage.rows/2),0,0,INTER_LINEAR);
    resize(temImage,dstImage2,Size(temImage.cols*2,temImage.rows*2),0,0,INTER_LINEAR);
    imshow(" 缩小 ",dstImage1);// 缩小为源图像的 1/4
    imshow(" 放大 ",dstImage2);// 放大为源图像的 4 倍
    waitKey();
    return 0;
}
```

这个程序比较简单，因为实验结果前面的例子已给出，这里不再给出运行结果。

· 7.1.2 光流法简介

光流（Optical Flow）法是运动图像分析的重要方法，是指时变图像中模式的运动速度。因为当物体在运动时，它在图像上对应点的亮度模式也在运动。当人坐在行驶的汽车上往窗外看时，可以看到树和高楼建筑等都在往后退，这一系列连续变化的信息不断“流过”我们的眼睛，好像一种光的“流”，故称为光流。图 7-7 所示为一个小球在 5 个连续的帧中的运动，箭头上的数字代表不同的帧，小球的运动便构成了光流。光流法利用图像序列中像素在时间域上的变化以及相邻帧之间的相关性来找到上一帧跟当前帧之间存在的关系，从而计算出相邻帧之间物体的运动信息。所谓光流场，就是通过一个图像序列，把每幅图像中每一个像素的运动速度和运动方向找出来。

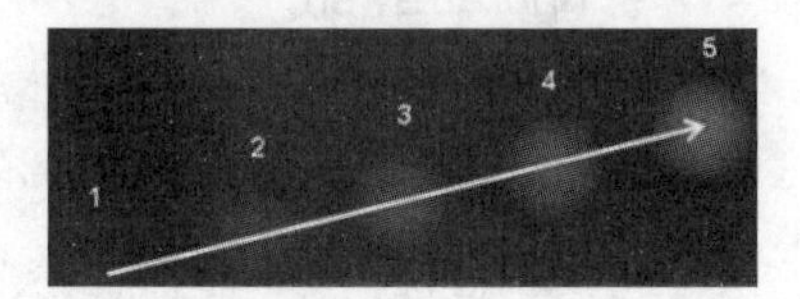

图 7-7 小球运动轨迹

在时间间隔很小（例如视频的连续前后两帧之间）时，光流也可以等同于目标点的位移。光流法是用来描述相对于观察者的运动所造成的观测目标、表面或边缘的运动的方法。

光流法需要满足以下条件。

基本假设条件：同一目标在不同帧间运动时，其亮度不会发生改变；时间的变化不会引起目标位置的剧烈变化，相邻帧之间位移要比较小。

假设 $I(x, y,t)$ 为一个像素在第一帧的发光强度（其中 t 表示其所在的时间维度），该像素移动了（dx,dy）的距离到下一帧，用了 dt 时间。因为是同一个像素点，依据假设认为该像素在运动前后的光强度是不变的，可以得到以下公式。

$$I(x, y,t) = I(x+\mathrm{d}x, y+\mathrm{d}y, t+\mathrm{d}t) \tag{7-8}$$

将公式（7-8）右端进行泰勒展开，得：

$$I(x, y, t) = I(x, y, t) + \frac{\partial I}{\partial x} + \frac{\partial I}{\partial y} + \frac{\partial I}{\partial t} \tag{7-9}$$

其中，ε 代表二阶无穷小项，可忽略不计。将公式（7-9）代入公式（7-8）后同除以 dt，可得到以下公式。

$$\frac{\partial I}{\partial x} \cdot \frac{\partial x}{\partial t} + \frac{\partial I}{\partial y} \cdot \frac{dy}{dt} + \frac{\partial I}{\partial t} \cdot \frac{dt}{dt} = 0 \tag{7-10}$$

设 u、v 分别为光流沿 x 轴与 y 轴的速度矢量，得到以下公式。

$$u = \frac{dx}{dt}, \quad v = \frac{dy}{dt} \tag{7-11}$$

令 $I_x = \frac{\partial x}{\partial t}, I_y = \frac{\partial y}{\partial t}, I_t = \frac{\partial I}{\partial t}$ 分别表示图像中像素点的灰度沿 x，y，t 方向的偏导数，综上，公式（7-10）可以写为如下形式。

$$I_x u + I_y u + I_t = 0 \tag{7-12}$$

其中，I_x、I_y、I_t 均可由图像数据求得，而 (u,v) 即为所求光流矢量。

可以看到，约束方程只有一个，而方程的未知量有两个，这种情况下无法求得 u 和 v 的确切值。此时需要引入另外的约束条件。从不同的角度引入约束条件，将产生不同的光流场计算方法。按照理论基础与数学方法的区别可以把它们分成 5 种：基于梯度（微分）的方法、基于匹配的方法、基于能量（频率）的方法、基于相位的方法和神经动力学方法。

OpenCV 中实现了不少的光流算法。下面介绍如何通过基于金字塔分层的 Lucas-Kanade(LK) 光流算法计算某些点集的光流（稀疏光流）。LK 光流算法于 1981 年提出，最初是用于求稠密光流的，后来由于该算法易于应用在输入图像的一组点上而成为求稀疏光流的重要方法。

LK 光流算法在原先的光流法的两个基本假设条件的基础上，增加了一个“空间一致”的假设，假设所有的相邻像素有相似的行动，即在目标像素周围 $m \times m$ 的区域内，每个像素均拥有相同的光流矢量，以此假设解决公式 7-12 无法求解的问题。LK 光流算法的约束条件包括低速、亮度不变和区域一致性，这些都是较强的假设，并不容易得到满足。如当物体运动速度较快时，假设不成立，那么后续的假设就会有较大的偏差，使得最终求出的光流值有较大的误差。LK 光流算法考虑到物体的运动速度较快时，结果会出现较大的误差，因此采用了缩小图像的尺寸，以减缓图像中物体的运动速度的方法。

OpenCV 中实现的 LK 光流算法的 CalcOpticalFlowPyrLK() 函数定义如下，其实现了金字塔中 LK 光流的稀疏迭代版本。

```
void cv::calcOpticalFlowPyrLK
(InputArray prevImg,
InputArray nextImg,
InputArray prevPts,
InputOutputArray nextPts,
OutputArray status,
OutputArray err,
Size winSize = Size(21, 21),
int maxLevel = 3,
TermCriteria criteria = TermCriteria(TermCriteria::COUNT+TermCriteria::EPS, 30, 0.01),
int flags = 0,
double minEigThreshold = 1e-4
);
```

具体参数解析如下。

- InputArray prevImg：buildOpticalFlowPyramid 构造的第一幅 8 位输入图像或金字塔。
- InputArray nextImg：与 prevImg 相同大小和相同类型的第二幅输入图像或金字塔。

- InputArray prevPts：需要找到流的二维点的矢量。点坐标必须是单精度浮点数。
- Input OutputArray nextPts：输出二维点的矢量（具有单精度浮点坐标），包含第二幅图像中输入特征的计算新位置；当传递 OPTFLOW_USE_INITIAL_FLOW 标志时，向量必须与输入中的大小相同。
- OutputArray status：输出状态向量（无符号字符）。如果找到相应特征的流，则向量的每个元素的设置为 1，否则设置为 0。
- OutputArray err：输出错误的矢量。向量的每个元素都设置为相应特征的错误，错误度量的类型可以在 flags 参数中设置；如果未找到流，则未定义错误（使用 status 参数查找此类情况）。
- Size winSize：每个金字塔等级的搜索窗口大小。
- int maxLevel：基于 0 的最大金字塔等级数。如果该参数值设置为 0，则不使用金字塔（单级）；如果设置为 1，则使用两个级别；依此类推。如果将金字塔传递给输入，那么算法将使用与金字塔一样多的级别，但不超过 maxLevel。
- Term criteria：指定迭代搜索算法的终止条件（在指定的最大迭代次数 criteria.maxCount 之后或当搜索窗口移动的距离小于 criteria.epsilon 时）。
- int flags：操作标志。

OPTFLOW_USE_INITIAL_FLOW 使用初始估计，存储在 nextPts 中；如果未设置标志，则将 prevPts 复制到 nextPts 并将其视为初始估计。

OPTFLOW_LK_GET_MIN_EIGENVALS 使用最小特征值作为误差测量（参见对 minEigThreshold 的描述）；如果没有设置标志，则将原稿周围的色块和移动点之间的 L1 距离除以窗口中的像素数，用作误差测量。

double minEigThreshold：算法计算光流方程的 2x2 正常矩阵的最小特征值，并用该值除以窗口中的像素数；如果此值小于 minEigThreshold，则过滤掉相应的功能并且不处理其流程，因此允许删除坏点并获得性能提升。

例 7-5 实现了金字塔中 LK 光流的稀疏迭代版本。

例 7-5：LK 光流算法。

具体代码如下。

```
#include<opencv2/video/tracking.hpp>
#include<opencv2/imgproc.hpp>
#include<opencv2/videoio.hpp>
#include<opencv2/highgui.hpp>
#include<iostream>
#include<ctype.h>
usingnamespace cv;
usingnamespace std;
Point2f point;
bool addRemovePt = false;
staticvoid onMouse(intevent, intx, inty, int/*flags*/, void* /*param*/)
{
```

```
if (event == EVENT_LBUTTONDOWN)
    {
      point =Point2f((float)x, (float)y);// 添加鼠标单击点，并追踪
      addRemovePt = true;
    }
}
int main(intargc, char** argv)
{
VideoCapture cap;
TermCriteria termcrit(TermCriteria::COUNT | TermCriteria::EPS, 20, 0.03);// 迭代算法的终止条件
Size subPixWinSize(10, 10), winSize(31, 31);// 定义大小
constint MAX_COUNT = 500;
bool needToInit = false;
bool nightMode = false;
    cap.open(0);// 打开摄像头
if (!cap.isOpened())
    {
      cout <<"Could not initialize capturing...\n";
return 0;
    }
    namedWindow("LK Demo", 1);
    setMouseCallback("LK Demo", onMouse, 0);// 鼠标回调函数，添加追踪点
Mat gray, prevGray, image, frame;
vector<Point2f> points[2];
for (;;)
    {
      cap >> frame;
if (frame.empty())
break;
      frame.copyTo(image);
      cvtColor(image, gray, COLOR_BGR2GRAY);
if (nightMode)
        image =Scalar::all(0); // 将图像设置成单一灰度或颜色
if (needToInit)// 需要初始化
      {
// 自动初始化
        goodFeaturesToTrack(gray, points[1], MAX_COUNT, 0.01, 10, Mat(), 3, 3, 0, 0.04);
        // 角点检测并追踪
        cornerSubPix(gray, points[1], subPixWinSize, Size(-1, -1), termcrit);// 检测亚像素级角点
        addRemovePt = false;
      }
elseif (!points[0].empty())
      {
vector<uchar> status;
vector<float> err;
if (prevGray.empty())
          gray.copyTo(prevGray);
        calcOpticalFlowPyrLK(prevGray, gray, points[0], points[1], status, err, winSize,
          3, termcrit, 0, 0.001);
size_t i, k;
for (i = k = 0; i < points[1].size(); i++)
```

```
            {
if (addRemovePt)
                {
if (norm(point - points[1][i]) <= 5)
                    {
                        addRemovePt = false;
continue;
                    }
                }
if (!status[i])
continue;
                points[1][k++]= points[1][i];
                circle(image, points[1][i], 3, Scalar(0, 255, 0), -1, 8);
            }
            points[1].resize(k);
        }
if (addRemovePt && points[1].size() < (size_t)MAX_COUNT)
        {
vector<Point2f> tmp;
            tmp.push_back(point);
            cornerSubPix(gray, tmp, winSize, Size(-1, -1), termcrit);
            points[1].push_back(tmp[0]);
            addRemovePt = false;
        }
        needToInit = false;
        imshow("LK Demo", image);// 以下为按键检测
char c = (char)waitKey(10);
if (c == 27)
break;
switch (c)
        {
case'r':
            needToInit = true;// 需要初始化
break;
case'c':
            points[0].clear();// 清除追踪点或者焦点
            points[1].clear();
break;
case'n':
            nightMode = !nightMode;// 夜间模式切换
break;
        }
        std::swap(points[1], points[0]);
        cv::swap(prevGray, gray);
    }
return 0;
}
```

例 7-5 程序运行结果如图 7-8 所示。

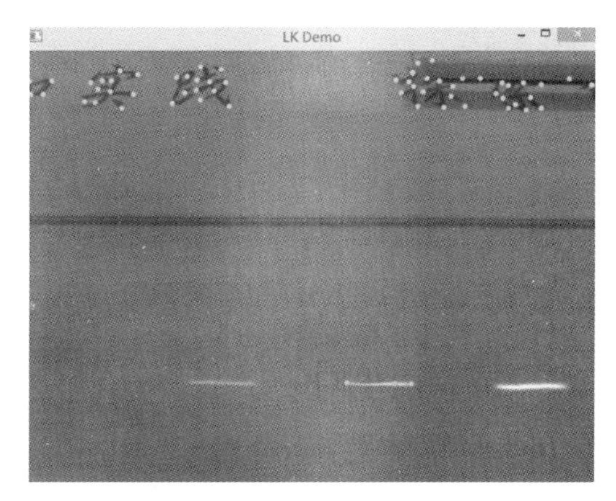

图 7-8　例 7-5 程序运行结果

程序运行时，按 C 键可以清除角点或追踪点；按 R 键可以进行初始化，自动寻找角点；按 N 键可以设置为夜间模式。

代码中使用 setMouseCallback() 函数创建了一个鼠标回调函数，每次在图像上单击鼠标的过程，都会分 3 次调用鼠标回调函数，响应顺序如下：鼠标左键按下，鼠标左键抬起，鼠标指针移动（即使原地单击，鼠标位置也没有改变）。goodFeaturesToTrack() 函数的作用为角点检测，cornerSubPix() 函数的作用为检测亚像素级角点。

在对运动场景和目标无有效认知、运动模型难以预测、目标特征无法确定的情况下，若使用 LK 光流算法构建稠密光流场，并且使用金字塔算法提高对大幅度运动的检测精度，无论是前景检测还是目标跟踪都能收到不错的效果，能有较高的检测精度。但是 KL 电流算法复杂度很高，计算量非常大，时效性极差。不过，若结合特征检测算法，针对特征点构建稀疏光流场，能够极大地提高算法的执行效率。但是由于稀疏光流场所能获得的场景运动信息过少，检测精度与准确性又难以保证。

此外，LK 光流算法理论的基础建立在同一物体亮度恒定的假设上，现实中较难完全满足，这也是该算法的一大不足之处。

· 7.1.3　视频重建的原理和过程

超分辨率重建的过程可分为 3 个步骤：首先进行预处理，如去噪、剪切；然后进行配准，估计低分辨率序列之间的运动矢量；最后进行重建，融合多帧低分辨率图像的信息。基于视频的超分辨率重建是指从许多帧连续的低分辨率图像中重建出一幅高分辨率的图像，并且这幅高分辨率的图像能够显示出单帧低分辨率图像中丢失的细节。OpenCV 内部的超分辨率重建模块有 CPU 版本和 GPU 版本两种，如果要使用 GPU 版本，需要使用源码编译支持统一计算设备架构（Compute Unified Device Architeture,CUDA）的 OpenCV，使用 GPU 处理的速度较快。

下面通过例 7-6 进行说明。这个程序需要编译和安装 opencv_contrib 模块，请见附录 2。

例 7-6：视频重建。

具体步骤如下。

（1）创建一个光流法。

（2）创建超分辨率方法并设置参数。

（3）用超分辨率方法处理输入视频。

（4）显示结果。

程序涉及的相关超分辨率类和主要函数介绍如下。

- superres::SuperResolution——超分辨率算法的基本类，这个类只能用于定义整个超分辨率算法族的公共接口。
- superres::SuperResolution::setInput()——为超分辨率算法设置输入帧。
- superres::SuperResolution::nextFrame()——处理输入帧的下一帧，并返回输出结果。
- superres::SuperResolution::collectGarbage()——清空缓存。
- superres::createSuperResolution_BTVL1()——创建双边全变分 L1 范数（Total Variation-L1,TV-L1）光流算法的超分辨率。

程序代码如下。

```
// 头文件
#include<iostream>
#include<iomanip>
#include<string>
#include<ctype.h>
#include<opencv2/core.hpp>
#include<opencv2/core/utility.hpp>
#include<opencv2/highgui.hpp>
#include<opencv2/imgproc.hpp>
#include<opencv2/superres.hpp>
#include<opencv2/superres/optical_flow.hpp>
#include<opencv2/opencv_modules.hpp>
using namespace std;
using namespace cv;
using namespace cv::superres;
// 宏定义伪函数
#define MEASURE_TIME(op) \
{\
TickMeter tm; \
tm.start(); \
op; \
tm.stop(); \
cout<< tm.getTimeSec() <<" sec"<<endl; \
}
// 计算光流量
static Ptr<cv::superres::DenseOpticalFlowExt> createOptFlow(const string& name, bool useGpu) {
	if (name == "farneback")
	{
		if (useGpu)
			return cv::superres::createOptFlow_Farneback_CUDA();
		else
			return cv::superres::createOptFlow_Farneback();
	}
	else if (name == "tvl1")
	{
```

```
                if (useGpu)
                        return cv::superres::createOptFlow_DualTVL1_CUDA();
else
                        return cv::superres::createOptFlow_DualTVL1();
        }
        else if (name == "brox")
        {
                return cv::superres::createOptFlow_Brox_CUDA();
        }
        else if (name == "pyrlk")
                return cv::superres::createOptFlow_PyrLK_CUDA();
        else
                cerr<<"Incorrect Optical Flow algorithm - "<< name <<endl;
        return Ptr<cv::superres::DenseOpticalFlowExt>();
    }
    int main(int argc, const char* argv[])
    {
        // 定义参数
        const string inputVideoName = "test.avi";// 视频存放路径
        const int scale = 2;// 尺度因子
        const int iterations = 5; // 迭代次数
        const int temporalAreaRadius = 4; // 临时搜索区域的半径
        const string optFlow = "farneback";  // 可使用的算法：farneback、tvl1、brox、pyrlk
        const bool gpu = false;// 不使用 GPU
        Ptr<SuperResolution> superRes;
        if (gpu)
                superRes = createSuperResolution_BTVL1_CUDA();
        else
                superRes =createSuperResolution_BTVL1();
                Ptr<cv::superres::DenseOpticalFlowExt> of = createOptFlow(optFlow, gpu);
    // 创建一个光流法，指定使用超分辨算法 optFlow
        if (of.empty())
                return EXIT_FAILURE;
        // 创建超分辨率方法并设置参数
        superRes->setOpticalFlow(of);
        superRes->setScale(scale);
        superRes->setIterations(iterations);
        superRes->setTemporalAreaRadius(temporalAreaRadius);
        Ptr<FrameSource> frameSource;
                if (gpu)
        {
                // 如果要使用 GPU 的话，要将视频进行 GPU 编码
                try
                {
                        frameSource = createFrameSource_Video_CUDA(inputVideoName);
                        Mat frame;
                        frameSource->nextFrame(frame);
                }
                catch (const cv::Exception&)
                {
                        frameSource.release();
```

```
                }
        }
        if (!frameSource)
        {
                frameSource = createFrameSource_Video(inputVideoName);
        }
        Mat frame;
        frameSource->nextFrame(frame);// 不使用第一帧
        superRes->setInput(frameSource);
        VideoWriter writer;
        for (int i = 0;; ++i)
        {
// 用超分辨率处理输入视频
                cout<< '[' <<setw(3) << i <<"] : "<<flush;
                Mat result, src_frame;
                frameSource->nextFrame(src_frame);
                resize(src_frame, src_frame, Size(src_frame.cols * 2, src_frame.rows * 2));
                MEASURE_TIME(superRes->nextFrame(result));
// 处理下一帧，同时利用 result 返回当前帧的处理结果
                if (result.empty())
                        break;
                imshow("src_frame", src_frame);// 显示结果
                imshow("Super Resolution", result);
                waitKey(500);
        }
        return 0;
}
```

例 7-6 程序运行结果如图 7-9 所示。

图 7-9　例 7-6 程序运行结果

注意，在 VS 编译的程序运行过程中，如果出现“无法定位程序输入点”的问题，可将 OpenCV 编译目录（如 D:\OpenCV2\install\x64\vc16）中的所有扩展名为 .dll 的文件复制到 C:\Windows\System32 目录中，即可解决此类问题。

7.2 三维重建的具体操作

三维重建（3D Reconstruction）是指对三维物体建立适合计算机表示和处理的数学模型。三维重建是在计算机环境下对三维物体进行处理、操作和分析其性质的基础，也是在计算机中建立表达客观世界的虚拟现实的关键技术。OpenCV 中通过 calib3d 模块进行三维信息重建、姿态估计、摄像机标定等。

7.2.1 calib3d 模块简介

calib3d 模块主要包括与相机校准和三维重建相关的内容，涉及基本的多视角几何算法、单个三维摄像头标定、物体姿态估计、三维相似度算法、三维信息的重建等。

7.2.2 黑白棋盘重构

创建自定义黑白棋盘标定图的过程是从图像的某一点开始，先画一个黑色方格（或者白色），画完后将起点坐标和终点坐标都向右移动方格边长的距离，然后改变其颜色再画一个方格，依次类推。画完一行后，就转战到第二行，直到全部完成。下面通过例 7-7 进行说明。

例 7-7：黑白棋盘重构。

具体步骤如下。

（1）设置参数，并进行单位转换。

（2）定义标定板。

（3）生成棋盘并显示结果。

具体代码如下。

```
// 头文件
#include<opencv2/core.hpp>
#include<opencv2/imgcodecs.hpp>
#include<opencv2/highgui.hpp>
#include<string>
#include<iostream>
using namespace std;
using namespace cv;
int main(){
	// 单位转换
	int dot_per_inch = 96;
	// DPI 为设备(或输出)分辨率，DPI 要参照计算机屏幕尺寸来计算，DPI= 像素密度(单位：像素 /
// 英寸) / 屏幕尺寸，此处使用的设备是 96DPI
	double cm_to_inch = 0.3937;//1 cm=0.3937inch
	double inch_to_cm = 2.54; //1 inch = 2.54cm
```

```
    double inch_per_dot = 1.0 / dot_per_inch;// 此处 dot_per_inch 为 96
    // 自定义标定板
    double blockSize_cm = 2.5; // 边长 2.5 厘米的正方形
    int blockNum = 8; //8×8 个方格 ,7×7 个角点
    int blockSize = (int)(blockSize_cm / inch_to_cm *dot_per_inch);
    cout << blockSize << endl;
    int imageSize = blockSize * blockNum;
    cout << imageSize << endl;
    Mat chessBoard(imageSize, imageSize, CV_8UC3, Scalar::all(0));
    unsigned char color = 0;
// 生成棋盘
    for (int i = 0; i < imageSize; i = i + blockSize){
            color = ~color;
            for (int j = 0; j < imageSize; j = j + blockSize){
                    Mat ROI = chessBoard(Rect(i, j, blockSize, blockSize));
                    ROI.setTo(Scalar::all(color));
                    color = ~color;
            }
    }
    imshow("qipan", chessBoard);// 显示结果
    imwrite("qipan.jpg", chessBoard);// 保存图像在当前项目下
    waitKey(3000);
    return 0;
}
```

例 7-7 程序运行结果如图 7-10 所示。

图 7-10　例 7-7 程序运行结果

7.2.3 单目相机标定

在 OpenCV 中可以方便地根据相机拍摄的不同位姿的标定板图像来标定相机，从而求得一系列参数，将相机下的坐标和实际的世界坐标联系起来。

单目相机标定的步骤如下：准备拍摄的标定板图像，提取图像的角点信息后，进一步提取精度更高的角点坐标；把找到的角点在图上画出来，显得更加直观；将提取到的角点坐标信息和世界坐标系中的三维点进行计算。下面通过例 7-8 进行说明。

例 7-8：单目相机标定及评价。

具体步骤如下。

（1）准备标定图像。

（2）对每一幅标定图像提取角点信息。

（3）对每一幅标定图像进一步提取亚像素角点信息。

（4）在棋盘标定图像上绘制找到的内角点。

（5）相机标定。

（6）对标定结果进行评价。

具体代码如下。

```
// 头文件
#include<opencv2/core/core.hpp>
#include<opencv2/imgproc/imgproc.hpp>
#include<opencv2/calib3d/calib3d.hpp>
#include<opencv2/highgui/highgui.hpp>
#include<iostream>
#include<fstream>
using namespace cv;
using namespace std;
void main()
{
    ifstream fin("data.txt"); // 读取所用标定板文件，需将图像名称写入 data.txt 文件
    ofstream fout("result.txt"); // 读取标定结果的文件
    cout<<" 开始提取角点 ";
    int image_count = 0; // 图像数量
    Size image_size; // 图像的尺寸
    Size board_size = Size(5, 4);   // 根据标定板每行、每列的角点数自行设置
    vector<Point2f> image_points_buf; // 缓存每幅图像上检测到的角点
    vector<vector<Point2f>> image_points_seq; // 保存角点
    string filename;// 图像的路径
    int count = -1;// 用于存储角点个数
    while (getline(fin, filename))
    {
            image_count++;
            cout<<"image_count = "<< image_count <<endl;
            Mat imageInput = imread(filename);
```

```
            if (image_count == 1)  // 获取图像的宽度和高度
            {
                image_size.width = imageInput.cols;
                image_size.height = imageInput.rows;
                cout<<"image_size.width = "<< image_size.width<<endl;
                cout<<"image_size.height = "<< image_size.height<<endl;
            }
            // 判断是否正确检测到角点
            if (0 == findChessboardCorners(imageInput, board_size, image_points_buf)) {
    // FindChessboardCorners() 函数可以用来寻找棋盘图的内角点位置
                cout<<"can not find chessboard corners\n"; // 找不到角点
                exit(1);
            }
            else
            {
                //---- 亚像素精确化 ----
                //1. 提取棋盘图内角点 - 粗角点坐标
                //2. 对粗角点坐标进行亚像素角点提取
                //3. 在棋盘标定图像上绘制找到的亚像素内角点（仅显示内角点）
                Mat view_gray;
                cvtColor(imageInput, view_gray, CV_RGB2GRAY); // 转换为灰度图像
                find4QuadCornerSubpix(view_gray, image_points_buf, Size(5, 4)); // 对提取
// 的角点进行精确化
                image_points_seq.push_back(image_points_buf); // 保存亚像素角点
                drawChessboardCorners(view_gray, board_size, image_points_buf, true);
    // 在图像上显示角点位置
    //drawChessboardCorners() 函数用于绘制被成功标定的角点，第四个参数设置为 true 时依次连接
// 各个内角点，为 false 时以圆圈表示
                imshow("Camera Calibration", view_gray);// 显示图像
                waitKey(1000);// 设置每幅图像停留的时间
            }
        }
        int total = image_points_seq.size();
        cout<<"total = "<< total <<endl;
        int CornerNum = board_size.width*board_size.height;  // 每幅图像上总的角点数，本例每幅图
// 像的总角点数是 20
        for (int i = 0; i < total; i++)
        {
            if (0 == i % CornerNum)
            {
                int i = -1;
                i = i / CornerNum;
                int j = i + 1;
                cout<<" 第 "<< j <<" 张标定板的数据 ："<<endl;// 输出图像号
            }
            if (0 == i % 3)
            {
                cout<<endl;
            }
            else
            {
```

```
                    cout.width(10);
            }
            // 输出所有的角点
            cout<<" -->"<< image_points_seq[i][0].x;
            fout <<" -->"<< image_points_seq[i][0].y;
    }
    cout<<" 角点提取完成！ \n";
    cout<<" 开始标定 ";
    // 棋盘三维信息
    Size square_size = Size(10, 10);  // 实际测量得到的标定板上每个棋盘格的大小
    vector<vector<Point3f>> object_points; // 保存标定板上角点的三维坐标
    /* 内外参数 */
    Mat cameraMatrix = Mat(3, 3, CV_32FC1, Scalar::all(0)); // 相机内参数矩阵
    vector<int> point_counts;  // 每幅图像中角点的数量
    Mat distCoeffs = Mat(1, 5, CV_32FC1, Scalar::all(0)); // 相机的 5 个畸变系数：k1、k2、p1、p2、k3
    vector<Mat> tvecsMat;  // 每幅图像的旋转向量
    vector<Mat> rvecsMat; // 每幅图像的平移向量
    // 初始化标定板上角点的三维坐标
    int i, j, t;
    for (t = 0; t < image_count; t++)
    {
            vector<Point3f> tempPointSet;
            for (i = 0; i < board_size.height; i++)
            {
                    for (j = 0; j < board_size.width; j++)
                    {
                            Point3f realPoint;
                            // 假设标定板放在世界坐标系中 z=0 的平面上
                            realPoint.x = i * square_size.width;
                            realPoint.y = j * square_size.height;
                            realPoint.z = 0;
                            tempPointSet.push_back(realPoint);
                    }
            }
            object_points.push_back(tempPointSet);
    }
    // 初始化每幅图像中的角点数量，假定每幅图像中都可以看到完整的标定板
    for (i = 0; i < image_count; i++)
    {
            point_counts.push_back(board_size.width*board_size.height);
    }
    // 开始标定
    calibrateCamera(object_points, image_points_seq, image_size, cameraMatrix, distCoeffs,
rvecsMat, tvecsMat, 0);
    //calibrateCamera() 根据校准模式的几个视图，求解摄像机的内在参数和外在参数
    cout<<" 标定完成！ \n";
    // 对标定结果进行评价
    cout<<" 开始评价标定结果 \n";
```

```
        double total_err = 0.0; // 所有图像的平均误差的总和
        double err = 0.0; // 每幅图像的平均误差
        vector<Point2f> image_points2; // 保存重新计算得到的投影点
        cout<<"\t 每幅图像的标定误差: \n";
        fout <<" 每幅图像的标定误差: \n";
        for (i = 0; i < image_count; i++)
        {
                vector<Point3f> tempPointSet = object_points[i];
                // 通过得到的摄像机内外参数，对空间的三维点进行重新投影计算，得到新的投影点
                projectPoints(tempPointSet, rvecsMat[i], tvecsMat[i], cameraMatrix, distCoeffs,
image_points2);
                // 计算新的投影点和旧的投影点之间的误差
                vector<Point2f> tempImagePoint = image_points_seq[i];
                Mat tempImagePointMat = Mat(1, tempImagePoint.size(), CV_32FC2);
                Mat image_points2Mat = Mat(1, image_points2.size(), CV_32FC2);
                for (int j = 0; j < tempImagePoint.size(); j++)
                {
                        image_points2Mat.at<Vec2f>(0, j) = Vec2f(image_points2[j].x, image_
points2[j].y);
                        tempImagePointMat.at<Vec2f>(0, j) = Vec2f(tempImagePoint[j].x,
tempImagePoint[j].y);

                }
                err = norm(image_points2Mat, tempImagePointMat, NORM_L2);
                total_err += err /= point_counts[i];
                cout<<" 第 "<< i + 1 <<" 幅图像的平均误差: "<< err <<" 像素 "<<endl;
                fout <<" 第 "<< i + 1 <<" 幅图像的平均误差: "<< err <<" 像素 "<<endl;
        }
        cout<<" 总体平均误差: "<< total_err / image_count <<" 像素 "<<endl;
        fout <<" 总体平均误差: "<< total_err / image_count <<" 像素 "<<endl;
        fout <<" 相机内参数矩阵: "<< cameraMatrix <<endl;
        fout <<" 畸变系数: \n"<< distCoeffs <<endl;
        Mat rotation_matrix = Mat(3, 3, CV_32FC1, Scalar::all(0)); // 保存每幅图像的旋转矩阵
        for (int i = 0; i < image_count; i++)
        {
                fout <<" 第 "<< i + 1 <<" 幅图像的旋转向量: "<<endl;
                fout << tvecsMat[i] <<endl;
                // 将旋转向量转换为相对应的旋转矩阵
                Rodrigues(tvecsMat[i], rotation_matrix);
                fout <<" 第 "<< i + 1 <<" 幅图像的旋转矩阵: "<<endl;
                fout << rotation_matrix <<endl;
                fout <<" 第 "<< i + 1 <<" 幅图像的平移向量: "<<endl;
                fout << rvecsMat[i] <<endl<<endl;
        }
        cout<<" 完成保存 "<<endl;
        return;
}
```

例 7-8 程序运行结果如图 7-11、图 7-12 所示。

图 7-11　例 7-8 程序运行结果（其中一张标定板）

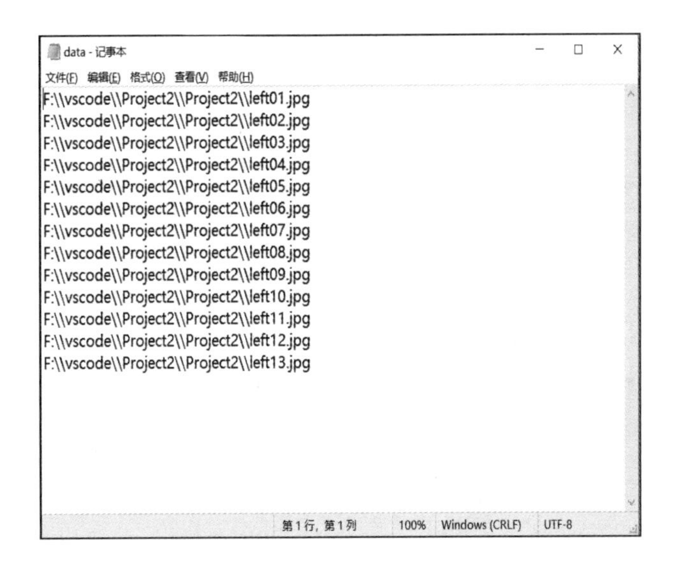

data - 记事本

文件(F) 编辑(E) 格式(O) 查看(V) 帮助(H)

```
F:\\vscode\\Project2\\Project2\\left01.jpg
F:\\vscode\\Project2\\Project2\\left02.jpg
F:\\vscode\\Project2\\Project2\\left03.jpg
F:\\vscode\\Project2\\Project2\\left04.jpg
F:\\vscode\\Project2\\Project2\\left05.jpg
F:\\vscode\\Project2\\Project2\\left06.jpg
F:\\vscode\\Project2\\Project2\\left07.jpg
F:\\vscode\\Project2\\Project2\\left08.jpg
F:\\vscode\\Project2\\Project2\\left09.jpg
F:\\vscode\\Project2\\Project2\\left10.jpg
F:\\vscode\\Project2\\Project2\\left11.jpg
F:\\vscode\\Project2\\Project2\\left12.jpg
F:\\vscode\\Project2\\Project2\\left13.jpg
```

第 1 行，第 1 列　100%　Windows (CRLF)　UTF-8

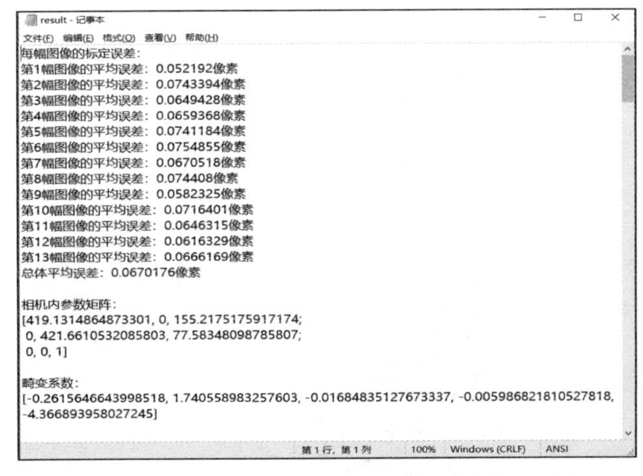

result - 记事本

文件(F) 编辑(E) 格式(O) 查看(V) 帮助(H)

```
每幅图像的标定误差:
第1幅图像的平均误差：0.052192像素
第2幅图像的平均误差：0.0743394像素
第3幅图像的平均误差：0.0649428像素
第4幅图像的平均误差：0.0659368像素
第5幅图像的平均误差：0.0741184像素
第6幅图像的平均误差：0.0754855像素
第7幅图像的平均误差：0.0670518像素
第8幅图像的平均误差：0.074408像素
第9幅图像的平均误差：0.0582325像素
第10幅图像的平均误差：0.0716401像素
第11幅图像的平均误差：0.0646315像素
第12幅图像的平均误差：0.0616329像素
第13幅图像的平均误差：0.0666169像素
总体平均误差：0.0670176像素

相机内参数矩阵:
[419.1314864873301, 0, 155.2175175917174;
 0, 421.6610532085803, 77.58348098785807;
 0, 0, 1]

畸变系数:
[-0.2615646643998518, 1.740558983257603, -0.01684835127673337, -0.005986821810527818,
-4.366893958027245]
```

第 1 行，第 1 列　100%　Windows (CRLF)　ANSI

图 7-12　例 7-8 程序运行结果（标定板路径和标定结果的文件）

7.3 小结

本章介绍了三维重建的超分辨率重建和三维重建，详细介绍了其相关原理，还介绍了黑白棋盘重构和单目相机的标定。读者通过对这一章的学习，可以更深入地了解计算机视觉在三维重建中的应用，并更加熟悉 OpenCV 的使用，为下一步进行计算机视觉领域的深入学习奠定良好的基础。

第 8 章

距离测量与角点检测

随着科学技术的迅猛发展，传统的测量方式已经不能满足人们的需求，基于计算机视觉的非接触测量方法应运而生。如今，计算机视觉与机械自动化的融合已经开始在微操作、微测量等领域崭露头角，并且可以较为有效地解决传统测量方法无法解决的难题。角点检测（Corner Detection）也称为特征点检测，是计算机视觉系统中用来获得图像特征的一种方法，广泛应用于运动检测、图像匹配、视频跟踪、三维建模和目标识别等领域。

本章主要内容和学习目标如下。

- 距离测量
- 角点检测

8.1 距离测量

传统的距离测量方法是使用测量工具直接接触被测对象的两端，但若受外界的影响，如一端位于高空中，则使用传统测量方法的难度较大。基于图像的非接触式测量方法操作简单，受外界的影响较小，被广泛应用于自动驾驶、航天等领域。在目前热门的增强现实（Augmented Reality，AR）领域，距离测量是实现遮挡关系的重要技术之一，效果如图 8-1 所示。

图 8-1　左图为未应用距离测量技术的效果，右图为应用之后的效果

图 8-1 中左图在添加一个 AR 物体后，AR 物体虽然放置于桌面，却遮挡了左边男子的部分身体；而右图应用了距离测量技术，左边男子遮挡了部分的 AR 物体，使画面看起来更加真实。实现过程如图 8-2 所示。

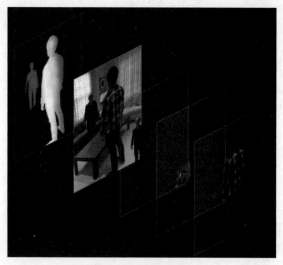

图 8-2　实现过程

通过距离测量技术，计算出两个人和 AR 物体离摄像头的距离，再通过这个距离关系渲染出相应的图像，从而实现遮挡关系。距离测量常用的方法有两种，分别为单目测距和双目测距。

· 8.1.1　单目测距

单目测距对设备的要求较低，只需要一个摄像头和一个参照物即可，其原理相对简单。以拍照为例，一位身高 1.70 米的男子站在摄像头的前方拍照，拍摄出来的图像中男子的身高恰好等于图像的高度，而当男子站于远处时，其身高为图像高度的一半。根据这些信息，即可算出男子站于远处时其与摄像头之间的距离。单目测距原理示意图如图 8-3 所示。

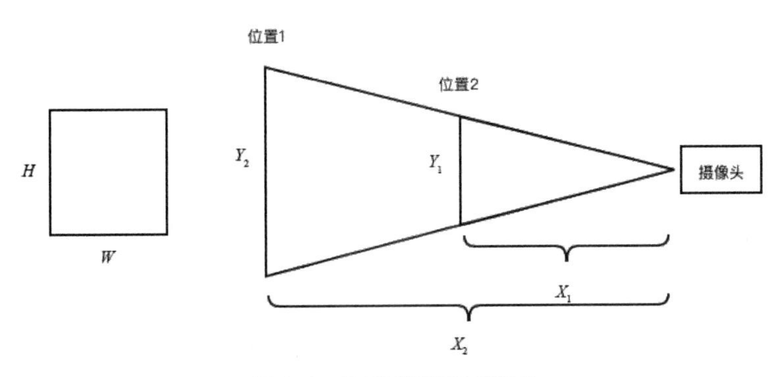

图 8-3　单目测距原理示意图

当一个长为 W、高为 H 的物体放置于位置 1 时，其与摄像头之间的距离为 X_2；当其在位置 2 时，与摄像头距离为 X_1，且放置于位置 2 时恰好满足 $H=Y_1$。此时，X_1 与 X_2 有如下等式成立：

$$Y_2 / Y_1 = X_2 / X_1 \tag{8-1}$$

将等式的左右进行变换可得到下式：

$$X_2 = Y_2 \times X_1 / Y_1 \tag{8-2}$$

以物体的高为例，只需测量处于位置 2 时 X_1 的长度，通过计算在位置 1 时物体的高与图像的高的比值求出 Y_2 的值，即可求出在位置 1 时物体与摄像头的距离 X_2。注意，选择物体的高或者物体的长均可，物体的长与高在图像中为正比关系。X_1 与 Y_1 的比值为摄像头的固定参数之一，可查询相关的手册获得，也可由位置 2 快速测量出所需数据而无须查找相关手册。

下面通过例 8-1 进行说明。以一张 A4 纸作为参考物，以 A4 纸的高度为测量标准，测量出的 X_1 为 14 厘米，Y_1 为 20 厘米。当输入一幅图像时，首先提取出 A4 纸的位置，再根据图像中 A4 纸的高度和图像的高度，计算出 A4 纸与摄像头之间的距离。

例 8-1：A4 纸测量。

具体代码如下。

```
#include<opencv.hpp>
using namespace std;
using namespace cv;
int main()
{
    // 读取测量图像
    Mat frame;
frame = imread("test.jpeg");
if (frame.empty()) {
    cout<<" 图像读取错误 "<<endl;
    return -1;
}
```

```
    // 图像预处理
    // 滤波，过滤噪点
        medianBlur(frame, frame,3);
    Mat grayImage;
    // 转换为灰度图像
    cvtColor(frame,grayImage, COLOR_BGR2GRAY);
    // 二值化处理，用于提取 A4 纸的轮廓
        threshold(grayImage, grayImage, NULL, 255, THRESH_BINARY | THRESH_OTSU);
        // 保存轮廓的信息
        vector<vector<Point>> contours;
        vector<Point> maxAreaContour;
        // 查找轮廓
        findContours(grayImage, contours, RETR_LIST, CHAIN_APPROX_NONE);
        // 找到面积最大的轮廓 , 即 A4 纸的轮廓
        double maxArea = 0;
    for (size_t i = 0; i < contours.size(); i++) {
        // 计算每一个轮廓的面积
          double area = fabs(contourArea(contours[i]));
          if (area > maxArea) {
            maxArea = area;
            maxAreaContour = contours[i];
          }
        }
        // 标记出 A4 纸
        Rect rect = boundingRect(maxAreaContour);
        rectangle(frame, Point(rect.x, rect.y), Point(rect.x + rect.width, rect.y + rect.height), Scalar(255, 0,
0), 2, 8);
        // 计算距离
        double distance = frame.size[0] / (double)rect.width * 14;
        // 在图像中添加距离信息
        string label = format("Distance: %.2fcm", distance);
        putText(frame, label, Point(5, 20),FONT_HERSHEY_SIMPLEX , 1, Scalar(0, 255, 0), 1, 8);
        imshow("Frame", frame);
        waitKey(0);
        return 0;
    }
```

程序输出距离为 12.82 厘米，实际距离为 12 厘米，结果误差在误差范围内。例 8-1 程序运行结果示意图如图 8-4 所示。

图 8-4　例 8-1 程序运行结果示意图

8.1.2 双目测距

双目测距需要使用两个摄像头，当只有一个摄像头时需要对摄像头的位置进行矫正，矫正的原理与 7.2.3 节中的摄像头测定原理类似，尚不熟悉摄像头测定原理的读者可先学习 7.2.3 节。双目测距模型如图 8-5 所示。

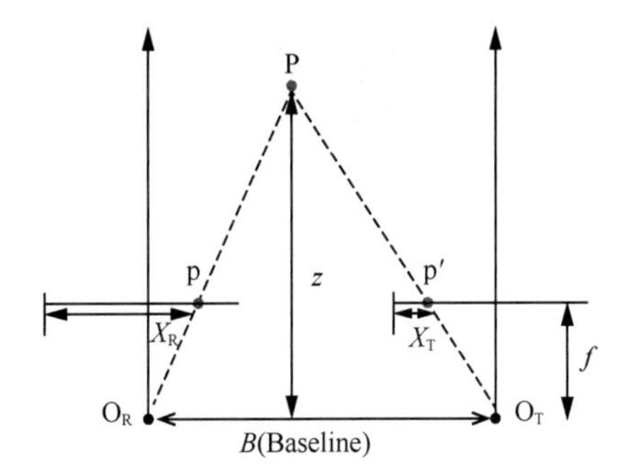

图 8-5　双目测距模型

O_R 与 O_T 为两幅图像的摄像地点，P 为待测物体，成像于两图像的 p 与 p′ 处，Z 为所求的距离，B 为两摄像地点的距离，f 为摄像头焦距。依据三角形相似定理，可得以下公式。

$$[B - (X_R - X_T)] / B = (Z - f) / Z \tag{8-3}$$

对两边进行等式变换，可得到下式。

$$Z = f \times B / (X_R - X_T) \tag{8-4}$$

由公式（8-4）可知，只需要测量出两幅图像中 $X_R - X_T$ 的距离，即可通过 f 与 B 的值计算出距离 Z。具体实现时只需要应用特征提取以及摄像头测定即可计算出结果，具体程序可参考第 4 章和第 8 章，程序的功能为计算图像中的特征点离摄像头的距离，部分代码如例 8-2 所示。

例 8-2：双目测距。

```
// 对 SURT 算法匹配得出的点进行计算
for (int i = 0 ;i < good_matches.size();i++){
// 先在图像中标记
circle(img, (int(keypoints2[i.queryIdx].pt[0]),int(keypoints2[i.queryIdx].pt[1])),10,Scaler(25,25,77));
// 计算 XR - XT
distance = sqrt((keypoints3[i.trainIdx].pt[0] - keypoints2[i.queryIdx].pt[0])**2 +
        (keypoints2[i.queryIdx].pt[1] - keypoints3[i.trainIdx].pt[1])**2);
// 去除部分匹配有误的特征点
if (distance < 50){
    // 计算实际的距离
    double Rdistance = B * f / distance;
    // 在图像上标记
    cv.putText(img,str(round(Rdistance,2))+' cm',
            (int(keypoints2[i.queryIdx].pt[0]),int(keypoints2[i.queryIdx].pt[1])),
            cv.FONT_HERSHEY_SIMPLEX,0.5,(0,0,0),2);
    }
}
```

例 8-2 程序运行结果如图 8-6 所示。使用 SURF 算法提取特征点并计算出 3 个特征点的距离，分别为 70.43cm（厘米）、67.71cm、68.39cm，符合预期的误差范围。

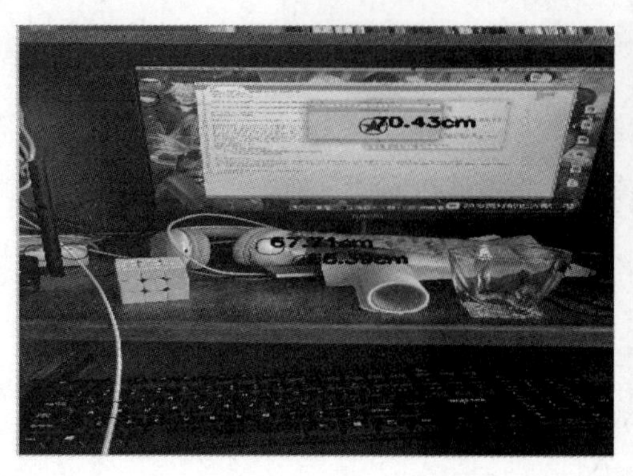

图 8-6　例 8-2 程序运行结果示意图

8.2 角点检测

平面标定法是相机标定方法中较为常用的方法，标定板角点的准确检测和精确定位是平面标定法的关键。角点通常被定义为两条边的交点，角点检测（Corner Detection）是计算机视觉系统中获取图像特征的一种方法，广泛用于运动检测、图像匹配、视频跟踪等领域。

角点是图像中亮度变化最剧烈的地方，反映了图像的本质特征，提取图像中的角点可以有效提高图像处理速度与精准度，所以对于整幅图像来说特别重要。角点检测与提取越准确，图像处理与分析的结果就越接近真实情况。同时，角点检测对真实环境下的对象识别、对象匹配都起到决定性作用。Harris 角点检测是图像处理中角点提取的经典算法之一，应用范围广泛。在经典的 SIFT 特征提取算法中，Harris 角点检测起到关键作用。通常对角点检测算法都有如下要求。

- 基于灰度图像，能够自动调整且运行稳定，并能检测出角点的数目。
- 对噪声不敏感，有一定的噪声抑制能力，有较强的角点检测能力。
- 准确性足够高，能够正确发现角点位置。
- 算法运行尽可能快，运行时间短。

Harris 角点检测基本满足上述 4 点要求，所以被广泛应用。除了 Harris 角点检测，Shi-Tomasi 角点检测和亚像素级角点检测也得到了广泛应用。在 OpenCV 中，对这 3 种算法均有 API 可以直接调用。

8.2.1 Harris 角点检测

Harris 算法源于人对角点的直觉判断，即图像在各个方向的灰度有显著的变化。其核心为利用一个可移动的“窗口”，以窗口在各个方向的移动中灰度的变化来判断是否存在角点。例如图 8-7 中的第一幅，窗口在各个方向都没有明显的变化，判断窗口内没有角点；第二幅图中，窗口在上下方向没有明显变化，而在左右方向有明显的变化，判断窗口内有边缘；第三幅图中，窗口在各个方向均有变化，判断窗口内存在角点。

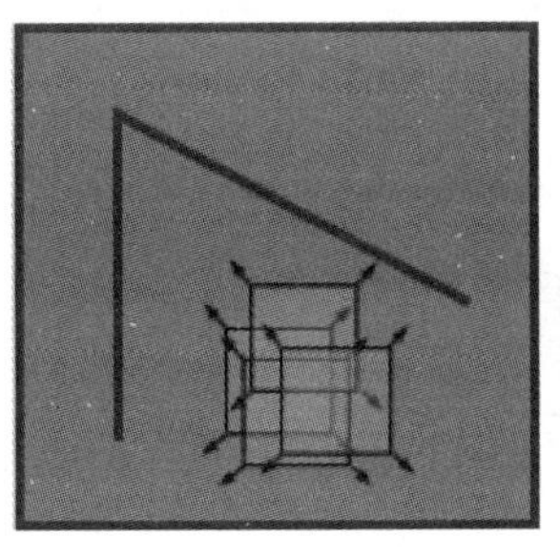
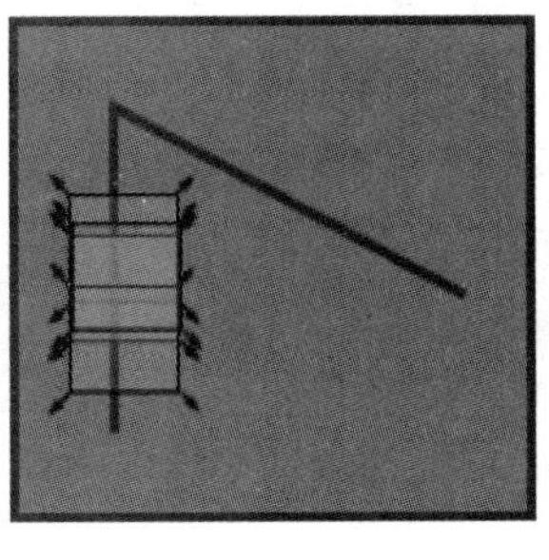
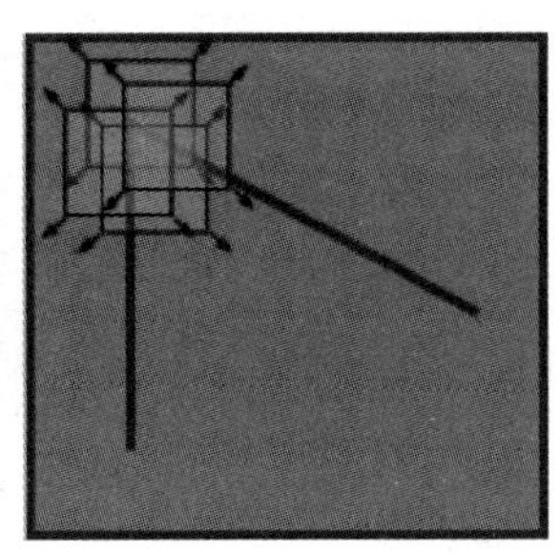

图 8-7 Harris 算法窗口

在 OpenCV 中，先对源图像使用 Sobel 算进行边缘检测，便于后续计算，再给定一个窗口 S(p)，计算窗口内的协方差矩阵，如下所示。

$$M=\begin{bmatrix}\sum_{S(p)}(dI/dx)^2 & \sum_{S(p)}dI/dxdI/dy \\ \sum_{S(p)}dI/dxdI/dy & \sum_{S(p)}(dI/dy)^2\end{bmatrix} \tag{8-5}$$

根据公式（8-5）求解出 $\boldsymbol{M}$ 的特征值，然后根据公式（8-6）计算出每个像素点的值，k 一般为 0.04。

$$dst(x,y)=\det M^{(x,y)}-k\cdot(\mathrm{tr}M^{(x,y)})^2 \tag{8-6}$$

最后对每个像素点进行阈值处理，挑选出明显的角点，这一部分需要读者具有线性代数的基础，读者可自行查阅资料。

OpenCV 中 Harris 角点检测的函数定义如下。

```
CV_EXPORTS_W void cornerHarris( InputArray src, OutputArray dst, int blockSize,
                                int ksize, double k,
                                int borderType = BORDER_DEFAULT );
```

参数解析如下。

- InputArray src：输入图像，应为 8UC1 类型，可直接传入灰度图像。
- OutputArray dst：输出的特征信息。
- int blockSize：窗口的大小。
- int ksize：内部 Sobel 算子的大小。
- double k：公式（8-6）中 k 的值。
- int borderType：边界类型，保持默认即可。

下面通过例 8-3 进行说明。

例 8-3：Harris 角点检测。

具体代码如下。

```
#include <opencv.hpp>
using namespace cv;
int main() {
    // 读取图像
    Mat src = imread("lena.png", IMREAD_GRAYSCALE);
    imshow("src", src);
    // 保存角点信息，大小与源图像一致，类型为 32FC1
```

```
    Mat corners(src.rows, src.cols, CV_32FC1);
    // 计算每个像素的特征值
    cornerHarris(src, corners, 3, 3, 0.04, BORDER_DEFAULT);
    // 归一化
    normalize(corners, corners, 0, 255, NORM_MINMAX, CV_32FC1, Mat());
    // 浮点型转整型，用于显示图像
    convertScaleAbs(corners, corners);
    imshow("before threshold", corners);
    // 阈值处理
    threshold(corners, corners, 0, 255, THRESH_OTSU | THRESH_BINARY);
    imshow("after threshold", corners);
    waitKey();
    return 0;
}
```

例 8-3 程序运行结果如图 8-8 所示，其中左图为源图像，中图为计算后的特征图，右图为经过阈值处理的图像。

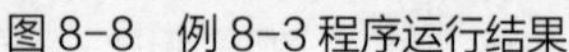

图 8-8　例 8-3 程序运行结果

· 8.2.2　Shi-Tomasi 角点检测

Shi-Tomasi 算法是 Harris 算法的改进。Harris 算法最原始的定义是将矩阵 M 的行列式值与矩阵 M 的迹相减，再将差值同预先给定的阈值进行比较。Shi-Tomasi 算法改变了阈值的判断方式，使两个特征值中较小的一个大于最小阈值，得到强角点。

OpenCV 中使用 Shi-Tomasi 算法的函数定义如下。

```
CV_EXPORTS_W void goodFeaturesToTrack( InputArray image, OutputArray corners,
                                       int maxCorners, double qualityLevel, double minDistance,
                                       InputArray mask = noArray(), int blockSize = 3,
                                       bool useHarrisDetector = false, double k = 0.04 );
```

参数解析如下。

- InputArray image：输入图像，类型需要为 8 位单通道的图像。
- OutputArray corners：输出的角点信息数组，类型为 vector<Point>。
- int maxCorners：最大允许返回的角点数。
- double qualityLevel：用于存储检测效果最好的角点的特征值，过滤比这个值低的角点。
- double minDistance：角点之间的最短距离。

- 其余参数与 Harris 算法的参数相同，保持默认即可。

下面通过例 8-4 进行说明。

例 8-4：Shi-Tomasi 算法。

具体代码如下。

```
#include<opencv.hpp>
using namespace cv;
using namespace std;
int main() {
    // 读取图像
    Mat src = imread("lena.png");
    imshow("src", src);
    Mat gray;
    cvtColor(src, gray, COLOR_BGR2GRAY);
    vector<Point> corners;// 提供初始角点的坐标位置和精确的坐标位置
    goodFeaturesToTrack(gray, corners, 200, 0.01, 10, Mat(), 3, false, 0.01);
    // 绘制角点
    for (unsigned i = 0; i < corners.size(); i++)
    {
      circle(src, corners[i], 2, Scalar(0,255,0),2);
      cout << " 角点坐标: " << corners[i] << endl;
    }
    imshow("corners", src);
    waitKey();
    return 0;
}
```

例 8-4 程序运行结果如图 8-9 所示。

图 8-9　例 8-4 程序运行结果

8.2.3　亚像素级角点检测

前面章节中所介绍的角点检测算法 Harris 和 Shi-Tomasi 返回的都是整数类型的坐标，精度不高，而实际测量中，有可能需要更高精度的数据。亚像素级角点检测可以对 Harris 与 Shi-Tomasi 算法得到的角点进行最小二乘法迭代，以得到更高精度的数据。

亚像素级角点检测示意图如图 8-10 所示。假设 q 点为高精度的角点，p_1、p_0 为 q 所在窗口内的点，左侧图中的粗箭头表示灰度的梯度方向。若 p_0 所处位置为均匀区域，则 p_0 处的梯度为 0，向量

$\overrightarrow{qp_0}$与$\overrightarrow{p_0}$ 的内积为 0。若 p_1 在边缘上，则向量 $\overrightarrow{qp_1}$ 与 p_1 处梯度的方向垂直，内积也为 0。

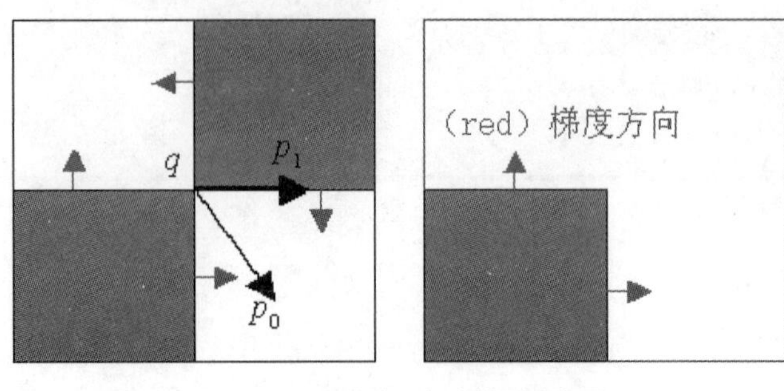

图 8-10　亚像素级角点检测示意图

由此可知，亚像素级角点检测算法的主要步骤如下。

（1）给定初始角点 q 的坐标。

（2）以 q 为中心，选取窗口内的多个点作为 p 点。

（3）设立 q 的坐标为（x、y），以向量 $\overrightarrow{qp}$ 与 p 的梯度内积为 0 建立方程组，重新计算 q 点的坐标。

（4）重复步骤（2）和（3），直到两次计算的 q 点坐标值距离小于阈值或达到迭代次数上限。

OpenCV 中使用亚像素级算法的函数定义如下。

```
CV_EXPORTS_W void cornerSubPix( InputArray image, InputOutputArray corners,
                    Size winSize, Size zeroZone,
                    TermCriteria criteria );
```

参数解析如下：

- InputArray image：源图像。
- InputOutputArray corners：初始角点数组，可由 Shi-Tomasi 算法得出，同时也是输出的亚像素级角点数组。
- Size winSize：窗口大小。
- Size zeroZone：死区大小，默认为 (-1,-1) 即可。
- TermCriteria criteria：迭代的条件。

下面通过例 8-5 进行说明。

例 8-5：亚像素级角点检测。

具体代码如下。

```
#include<opencv.hpp>
using namespace cv;
using namespace std;
int main() {
    Mat src = imread("lena.png");
    imshow("src", src);
    Mat gray;
    cvtColor(src, gray, COLOR_BGR2GRAY);
    vector<Point2f> corners;// 提供初始角点的坐标位置和精确的坐标位置
    goodFeaturesToTrack(gray, corners, 200, 0.01, 10, Mat(), 3, false, 0.01);
    // 求角点的迭代过程的终止条件，即角点位置的确定，迭代上限为 40 次，两次距离之差阈值为 0.001
    TermCriteria criteria = TermCriteria(TermCriteria::EPS + TermCriteria::MAX_ITER, 40, 0.001);
```

```
    cornerSubPix(gray, corners, Size(5, 5), Size(-1, -1), criteria);
    // 绘制角点
    for (unsigned i = 0; i < corners.size(); i++)
    {
      circle(src, corners[i], 2, Scalar(0,255,0), -1, 8, 0);
      cout << " 角点坐标: " << corners[i] << endl;
    }
    imshow("corners", src);
    waitKey();
    return 0;
}
```

例 8-5 程序运行结果如图 8-11 所示。

图 8-11　例 8-5 程序运行结果

8.3 小结

计算机视觉的四大基本任务是分类、定位、检测、分割，本章简要介绍了距离测量、Harris 角点检测、Shi-Tomasi 角点检测和亚像素级角点检测。基于图像的计算机测量技术在精度、速度、智能化等方面具有很强的适应性，具有精度高、稳定性好、支持非接触性测量等特点，在计算机视觉、宇宙遥感、超大规模集成电路的制作以及工业现场的在线测量等领域应用极为广泛。角点作为图像上的特征点，包含重要的信息，角点检测在图像融合和目标跟踪及三维重建中有重要的应用价值。

第 9 章

图像识别应用

自从 1999 年 1 月测试版本发布以来，OpenCV 已经在许多应用、产品和科研工作中大放异彩，包括在卫星和网络地图上拼接图像、图像扫描校准、医学图像降噪、目标分析、安保、工业检测系统等领域都少不了它。本章将结合前面所讲的知识，如图像灰度化、二值化处理、边缘检测、模板匹配等内容，再补充一些新知识，构建常见的智能图像识别应用。

本章主要内容和学习目标如下。

- 文字识别
- 二维码识别
- 人脸识别
- 车牌识别

9.1 文字识别

图片（或图像）文字识别是计算机视觉领域应用最广、最接地气的方向之一，从证件识别到智慧医疗，从拍照识别到无人驾驶，从车牌识别到物流分拣……利用图片文字识别可以实时高效地定位并识别图片中的文字信息，并将其转换成可编辑的文本。光学字符识别（Optical Character Recognition,OCR）技术手段具有操作系统适配性好、识别准确率高、识别引擎体量小、识别速度快等优势。它同时支持多语言识别，可识别中文简、繁体，英文以及多种欧洲语言。

· 9.1.1 OCR 简介

OCR 是指利用电子设备（例如扫描仪或数码相机）检查纸上的字符，通过检测暗、亮的模式确定其形状，然后用字符识别方法将形状识别成计算机文字的过程。OCR 的本质是利用光学设备去捕获图片（或图像）并识别文字，将人眼的能力延伸到机器上。基于 OCR 的应用非常多，例如名片识别、车牌识别、车架号码识别、PDF 文档转 Word 文档、图片转文字等。

· 9.1.2 OCR 操作基础

OCR 技术的兴起是从印刷体识别开始的，印刷体识别的成功为后来手写体的识别奠定了坚实的基础。目前，OCR 应用已经逐渐从传统领域的文字识别转向开放场景的文字识别，前者识别的是特定的印刷文本，后者识别的是开放场景下的商店招牌、标志（Logo）、交通指示牌（自动驾驶）等。这里主要讲解印刷体的识别。印刷体识别的主要流程大致分为以下几个部分：图像（或图片）预处理，图像切分，特征提取、匹配及模型训练，识别后处理等。

1. 图像预处理

输入的图像中不仅包含主体，还包含背景（噪声），有时候主体还可能是倾斜的。这些都会对识别产生干扰。为了减少图像中的无用信息，以方便后面的处理，通常在识别前会对图像进行灰度化（如果是彩色图像）、降噪、二值化等处理。经过二值化后，图像只剩下两种颜色（即黑色和白色），其中一种颜色是图像背景，另一种颜色就是要识别的文字了。

当然，如果主体倾斜的话，首先要对主体进行校正。常见的图像校正算法主要基于以下 3 类：透视变换、霍夫变换和 Radon 变换。由于前面已经讲解过霍夫变换，因此在这里利用霍夫变换检测直线，从而校正倾斜的图像。其大概的实现过程如下：通过霍夫变换检测图像中的直线（在进行霍夫变换之前进行边缘检测），随后将所检测的直线的极坐标角度 θ（单位：弧度）相加并求平均值，再进行单位转换得到角度（单位：度）之后以旋转中心为图像中心，旋转该角度，图像校正就完成了，如图 9-1 所示。

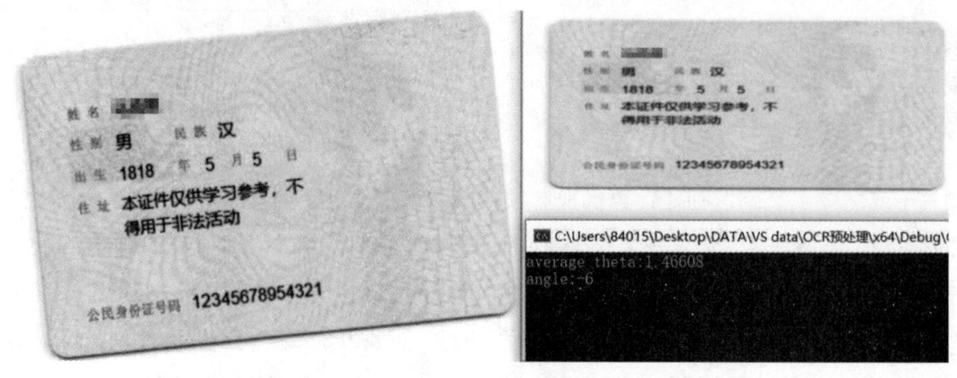

图 9-1 图像校正

2. 图像切分

图像切分大致可以分为两个主要类别，即行（列）切分和字切分。经过切分处理后，对文字进行识别处理的操作才会更方便。行（列）切分是指将字体所在行（或列）切割出来，而字切分是指在整行（整列）的基础上将文字切分成一个个独立的文字。由于印刷体文字行列间距、字间距大致相等，且几乎不存在粘连现象，所以可以采用投影法对图像进行切分。投影法又分为垂直投影与水平投影，其核心是利用二值化图像的像素分布直方图进行分析，从而找出相邻字符的分界点（即投影曲线的波谷）进行分割。这里大致讲一下使用垂直投影法进行切分的过程：首先定义一个数组来储存每一列像素中白色像素的个数；随后遍历二值化后的图像，将每一列中白色的像素（字符区域即像素等于 255 的地方）记录在数组中；之后新建一个背景为白色的投影直方图，根据数组里的灰度值和记录的所在列数画出投影图；然后对投影图进行遍历，当进入字符区域便记录下其开始列数 i，当离开字符区域的时候再次记录离开时的列数 j，取源图像的第 i 列与第 j 列便得到了其分割图，效果如图 9-2 所示。

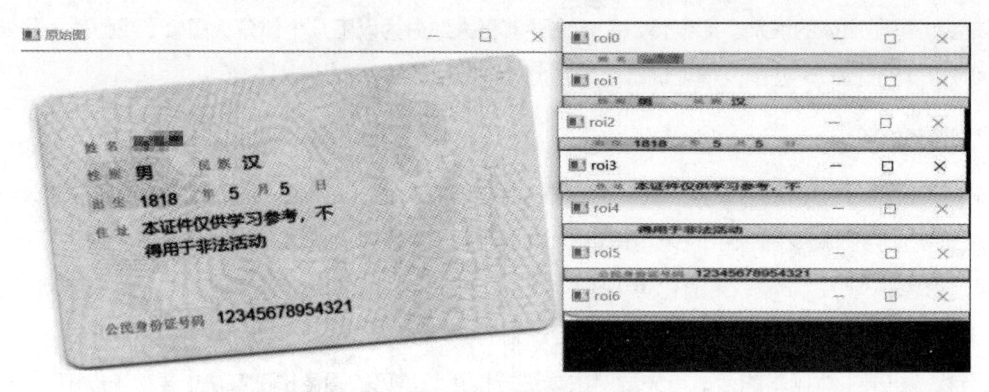

图 9-2 图像切分

3. 特征提取、匹配及模型训练

在深度学习广泛应用于图像识别领域之前，模板匹配是较为常见的一种识别方式。特征是用来识别文字的关键信息，每个不同的文字都能通过特征来和其他文字进行区分。对于数字和英文字母来说，特征提取是比较容易的，因为数字只有 10 个，英文字母（区分大小写）只有 52 个，都是小字符集。而对于汉字来说，特征提取比较困难，因为汉字结构复杂，形近字多。在确定了使用何种特征后，视情况还有可能要进行特征降维，然而基于模板匹配的识别方式识别率往往都不高。这里介绍一个识别引擎 Tesseract-ocr，它是由惠普实验室在 1985 年到 1995 年开发的，后来由谷歌公司接手开发。该引擎开源，支持多平台，支持多达 40 种语言（其中包括中文），支持训练。

· 9.1.3 示例程序

OpenCV4.4 在 opencv-contrib 模块中已经集成了部分 Tesseract 的功能，包括图像校正、字符分割等。示例程序将简要介绍如何在 OpenCV 中使用 OCR 文字识别，使用的类以及函数定义如下。

```
CV_WRAP static Ptr<OCRTesseract> create(const char* datapath=NULL,
        const char* language=NULL, const char* char_whitelist=NULL, int oem=OEM_DEFAULT, int
        psmode=PSM_AUTO);
```

create() 函数创建 OCR Tesseract 类并返回一个指针，其参数解析如下。

- const char*datapath：tessdata 的路径，存放中文包、日语包等数据，默认为英文包。
- const char*language：识别语言，默认为英语。
- const char*char_whitelist：可识别字符的集合，默认为 0—9 共 10 个数字以及 26 个字母。
- int oem：OCR 的识别引擎，保持默认即可。
- int psmode：OCR 的分页策略，保持默认即可。

run() 为识别图像中的字符的函数，其定义如下。

```
virtual void run(Mat& image, string& output_text, vector<Rect>* component_rects=NULL,
            vector<string>* component_texts=NULL, vector<float>* component_confidences=NULL,
            int component_level=0) CV_OVERRIDE;
```

其参数解析如下。

- Mat& image：输入图像，可以是 8 位的灰度图或彩色图。
- string& output_text：输出字符串。
- vector<Rect>* component_rects：返回一个矩形数组，内容为图像中找到的每一个可独立分割的句子。
- vector<string>* component_texts：参数 component_rects 内每一个矩形中所识别的字符串。

其余参数保持默认即可。

下面通过例 9-1 和例 9-2 进行说明。

例 9-1：OCR 识别。

具体代码如下。

```
#include<opencv.hpp>
#include<text.hpp>
using namespace std;
using namespace cv;
using namespace text;
int main() {
    Ptr<OCRTesseract> ocr = OCRTesseract::create();
```

```
    Mat src = imread("opencv.png");
    // 矩形数组，存放对应的分割区域
    vector<Rect> component_rects;
    // 分割区域内的字符
    vector<string> component_texts;
    // 输出
    string output;
    // 使用 run() 函数识别图像中的字符
    ocr->run(src, output, &component_rects, &component_texts);
    // 在源图像中标记出识别的字符
    for (int i = 0; i < component_rects.size(); i++) {
      rectangle(src, component_rects[i], Scalar::all(0));
      putText(src, component_texts[i],
            Point(component_rects[i].x,component_rects[i].y),
            2, 1, Scalar::all(0),2);
    }
    cout << output << endl;
    imshow("image", src);
    waitKey();
}
```

例 9-1 程序所识别的源图像如图 9-3 所示，程序运行结果如图 9-4 所示。

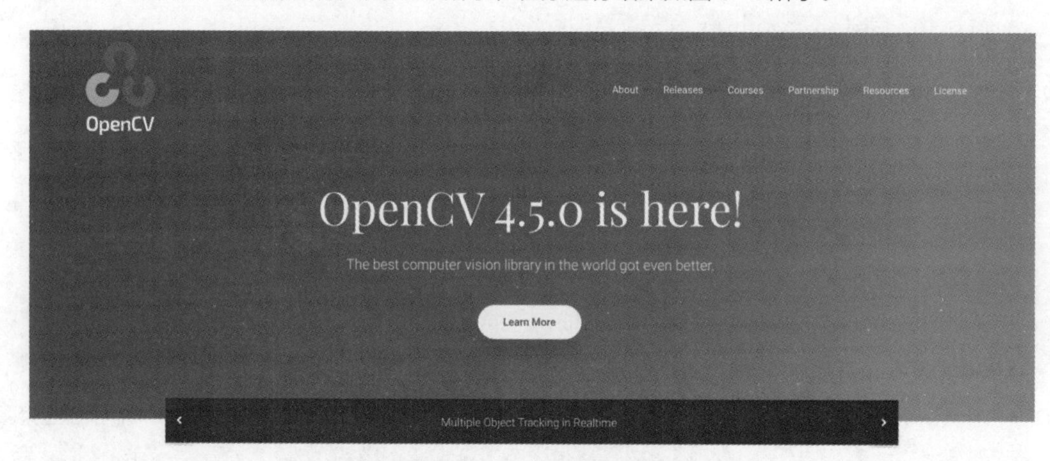

图 9-3　例 9-1 程序所识别的源图像

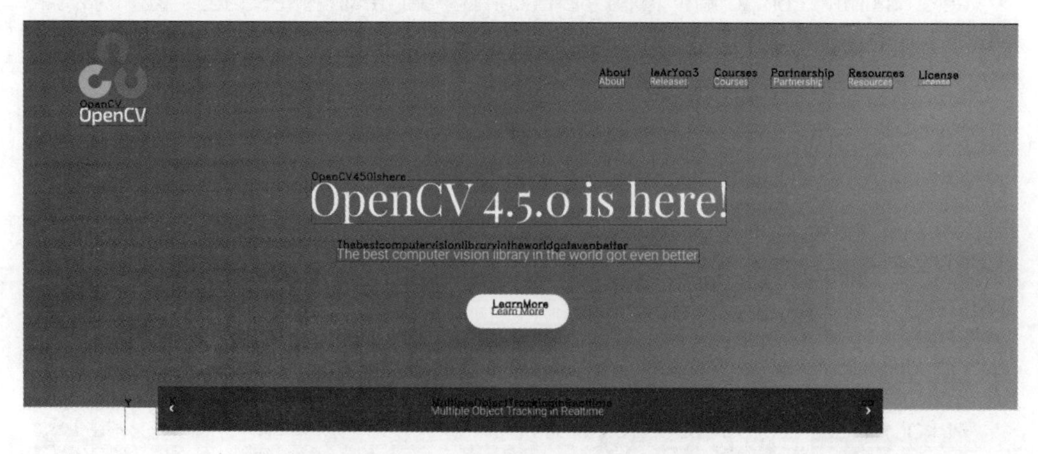

图 9-4　例 9-1 程序运行结果（识别后图像）

例 9-2：OCR 使用语言包。

具体代码如下。

```
#include<opencv.hpp>
#include<text.hpp>
using namespace cv;
using namespace text;
using namespace std;
int main() {
    const char* char_whitelist="OpenCV 我一二三四五 ";// 识别字符的范围
    Ptr<OCRTesseract> ocr = OCRTesseract::create("/Tesseract/tessdata/",
                        "chi_sim",
                        char_whitelist);
// 程序运行时要用到 chi_sim.traineddata 文件，注意修改相应目录和文件
    Mat src = imread("test.png");
    string output;
    ocr->run(src, output);
    cout << output << endl;
}
```

例 9-2 程序使用的源图像如图 9-5 所示。

OCR测试字样
一二三四五
我你他

图 9-5　例 9-2 程序使用的源图像

例 9-2 程序运行结果如图 9-6 所示。

```
Warning: Invalid resolution 0 dpi. Using 70 instead.
Estimating resolution as 878
OC
一 二 三 四 五
我
```

图 9-6　例 9-2 程序运行结果

从运行结果来看，没有在识别字符语言包范围内的字符没有被识别出来。

9.2 二维码识别

二维码是用某种特定的几何图形，按一定规律在平面（二维方向）上黑白相间分布，以记录数据符号信息的编码，通常可以分为堆叠式和矩阵式。二维码的原理可以简单概括为在矩阵相应元素位置上用“点”表示二进制 1，用“空”表示二进制 0，“点”和“空”的排列组成代码。

二维码的名称是相对于一维码来说的，二维码是一种比一维码更高级的条码格式。一维码只能在

一个方向（一般是水平方向）上表达信息，而二维码在水平和垂直方向上都可以存储信息，比“一维码”（例如条形码）存储的数据量更大。二维码可以包含数字、字符、中文文本等混合内容，有一定的容错性（在部分损坏以后亦可以被正常读取），空间利用率较高。

9.2.1 二维码编程原理

在许多种类的二维码中，常用的码制有 Data Matrix、MaxiCode、Aztec、QR Code、Vericode、PDF417、Ultracode、Code 49、Code 16K 等，现在所看到的二维码绝大多数是 QR 码（Quick Response Code，快速反应码），其解码速度极快，是近几年在移动设备上十分流行的一种编码方式，其基本结构如图 9-7 所示。

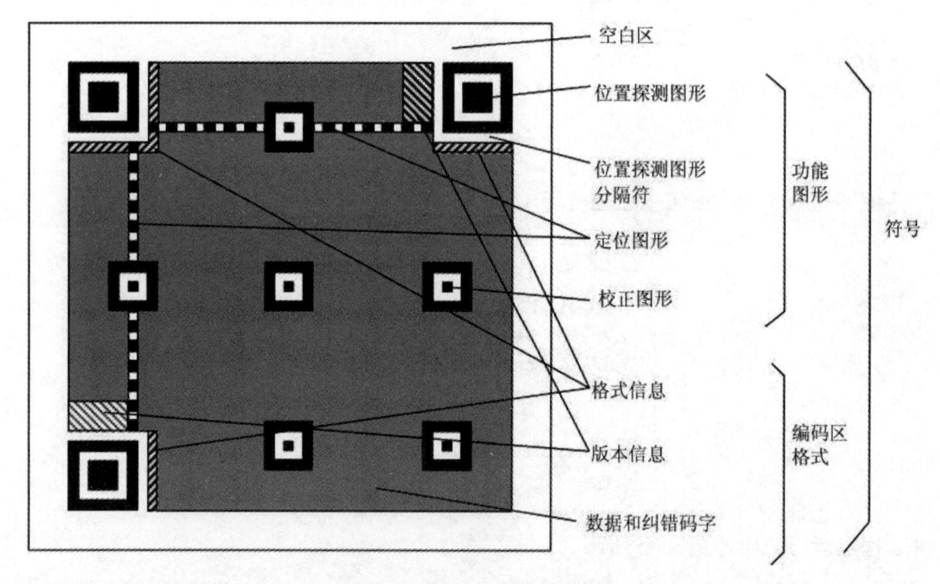

图 9-7 QR 码基本结构

图 9-7 是一个 QR 码的基本结构，其中位置探测图形、位置探测图形分隔符、定位图形：用于对二维码的定位，对每个 QR 码来说，位置都是固定存在的，只是大小规格会有所差异。校正图形：用于规格确定，校正图形的数量和位置。格式信息：表示该 QR 码的纠错级别，分为 L、M、Q、H。版本信息：QR 码的规格，QR 码符号共有 40 种规格的矩阵（一般为黑白色），从 21×21（版本 1），到 177×177（版本 40），每一版本符号比前一版本每边增加 4 个模块。数据和纠错码字：实际保存的 QR 码信息和纠错码字（用于修正 QR 码损坏带来的错误）。

下面简要介绍 QR 码的编码过程。

（1）数据分析。确定编码的字符类型，按相应的字符集转换成符号字符；选择纠错等级，在规格一定的条件下，纠错等级越高其真实数据的容量越小。

（2）数据编码。将数据字符转换为位流，每 8 位为一个码字，整体构成一个数据的码字序列，知道这个数据码字序列就知道了二维码的数据内容。

（3）纠错编码。按需要将上面的码字序列分块，并根据纠错等级和分块的码字产生纠错码字，并把纠错码字加入数据码字序列后面，形成一个新的序列，其纠错等级与错误修正容量如图 9-8 所示。

（4）构造最终数据信息。在规格确定的条件下，将上面产生的序列按次序放入分块中。

（5）构造矩阵。将探测图形、分隔符、定位图形、校正图形和码字模块放入矩阵中，随后进行掩膜，使得二维码图形中的深色和浅色（黑色和白色）区域能够按比例最优分布，最后生成格式和版本信息放入相应区域内。

纠错等级	错误修正容量
L水平	7%的字码可被修正
M水平	15%的字码可被修正
Q水平	25%的字码可被修正
H水平	30%的字码可被修正

图 9-8　纠错等级与错误修正容量

· 9.2.2　二维码识别原理

二维码图像上的污点、光照不均匀以及二维码图像倾斜等问题，往往会使二维码的识别正确率降低。在实际使用中，通常需要先定位到二维码，即特征识别，然后才对二维码进行解码，即信息识别。

二维码特征识别的思路如下。

（1）寻找二维码的 3 个角的定位角点。需要对图像进行平滑滤波、二值化，寻找轮廓，筛选轮廓中有两个子轮廓的特征，从筛选后的轮廓中找到面积最接近的 3 个，即二维码的定位角点。

（2）判断 3 个角点处于什么位置。主要用来对图像进行透视校正（相机拍到的照片）或者仿射校正（对网站上生成的图像进行缩放、拉伸、旋转等操作后得到的图像）。3 个角点围成的三角形中的最大角就是二维码左上角的点，根据这个角的两条边的角度差确定另外两个角点的左下和右上位置。

（3）根据这些特征识别二维码的范围。

二维码的信息识别有着众多的开源库，常见的几类如下。

- BoofCV (Ver. 0.33)：一种用 Java 实现的开源、实时的计算机视觉库。
- Quirc (Feb 1, 2018. SHA 307473db)：一种专门面向 QR 码的检测和解码的库，通过 C 语言实现。
- ZBar (Ver. 0.10)：一种被广泛使用的包含各种条码检测识别的专门库，支持各种平台，支持 Python、Perl、C++ 等语言。
- ZXing (Ver. 3.3.3)：一种面向 Android 开发的各种条码检测识别库，用 Java 开发，支持多种语言。
- OpenCV 中也内置了一种二维码的识别类。

· 9.2.3　示例程序

示例程序将使用 OpenCV 中内置的 QRCodeDetector 类来识别并解码二维码，detectAndDecode() 函数的功能为识别二维码并解码，然后输出解码后的字符串，其函数定义如下。

```
CV_WRAP std::string detectAndDecode(InputArray img, OutputArray points=noArray(),
                                    OutputArray straight_qrcode = noArray());
```

各参数解析如下。

- InputArray img：输入图像，可以为灰度图和彩色图。
- OutputArray points：可选值，输出识别到的二维码区域，若没有识别到二维码则返回空。
- OutputArray straight_qrcode：可选值，返回校正且二值化过后的二维码图像。

输出类型为 string 的解码后的二维码内容。

下面通过例 9-3 进行说明。

例 9-3：QR 码识别。

具体代码如下。

```
#include<opencv.hpp>
using namespace cv;
using namespace std;
int main() {
    QRCodeDetector qrd;
    Mat image = imread("qr.png");
    string output = qrd.detectAndDecode(image);
    cout << output << endl;
}
```

程序使用的二维码图像如图 9-9 所示，输出的结果为 opencv。

图 9-9　程序使用的二维码图像

9.3 人脸识别

人脸识别是基于人的脸部特征信息进行身份识别的一种生物识别技术。人脸识别主要分为人脸检测、特征提取、匹配与识别 3 个过程。

人脸检测在实际中主要用于人脸识别的预处理，即在图像中准确标定出人脸的位置和大小。一般来说，人脸检测就是用一个子窗口在待检测的图像窗口中不断地移位滑动，子窗口每到一个位置，就会计算出该区域的特征，然后用训练好的级联分类器对该特征进行筛选，一旦该特征通过了所有强分类器的筛选，则判定该区域为人脸。

这里用到了哈尔（Haar-like）特征，下一小节将详细介绍 Haar 特征。从输入图像中检测并提取人脸图像，通常采用 Haar 特征和自适应增强（Adaptive Boosting，Adaboost）算法来训练级联分类器对图像中的每一块进行分类。假如某一矩形区域通过了级联分类器，那么该矩形区域的内容就被判别为人脸图像。

特征提取即对人脸进行特征建模的过程，主要是根据人脸器官的形状描述以及它们之间的距离、特性来获得有助于人脸分类的特征数据，其特征分量通常包括特征点间的欧氏距离、曲率和角度等。如人脸由眼睛、鼻子、嘴、下巴等局部构成，这些局部和它们之间结构关系的几何描述可作为识别人脸的重要特征。

匹配与识别是指将提取的人脸图像的特征数据与数据库中存储的特征模板进行搜索匹配，通过设定一个阈值，当相似度超过这一阈值，则把匹配得到的结果输出。实际上，人脸识别就是将待识别的人脸特征与已得到的人脸特征模板进行比较，根据相似程度对人脸的身份信息进行判断。

· 9.3.1 人脸识别 Haar 特征

OpenCV 包含许多人脸检测算法，如从最开始的特征脸到如今的卷积神经网络（Convolutional Neural Networks，CNN）人脸检测，这里详细讲解 Haar 特征。

Haar 特征分为 3 类：边界特征、线性特征、中心 - 对角线特征。特征模板由对应的特征组成，如图 9-10 所示，其中第一幅图和第三幅图为边界特征，第二幅图为线性特征，最后一幅图为中心 - 对角线特征。特征模板内有白色和黑色两种矩形，并定义该模板的特征值为白色矩形像素和减去黑色矩形像素和（在 OpenCV 实现中为黑色减去白色）。

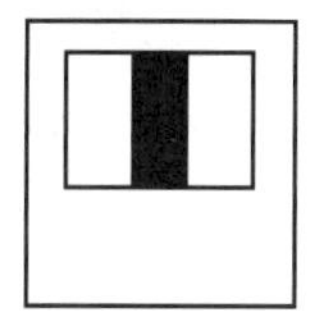
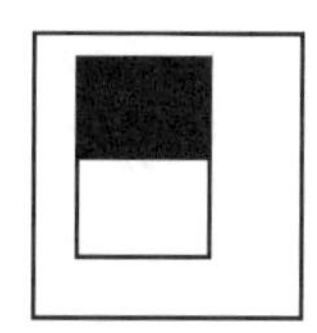
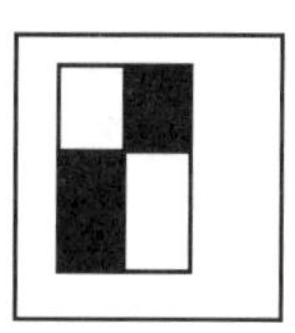

图 9-10 特征模板

Haar 特征值反映了图像的灰度变化情况。例如脸部的一些特征能由矩形特征简单描述，如眼睛要比脸颊颜色深，鼻梁两侧比鼻梁颜色深，嘴巴比周围颜色深等。但矩形特征只对一些简单的图形结构，如边缘、线段较敏感，所以只能描述特定走向（水平、垂直、对角）的结构，如图 9-11 所示。

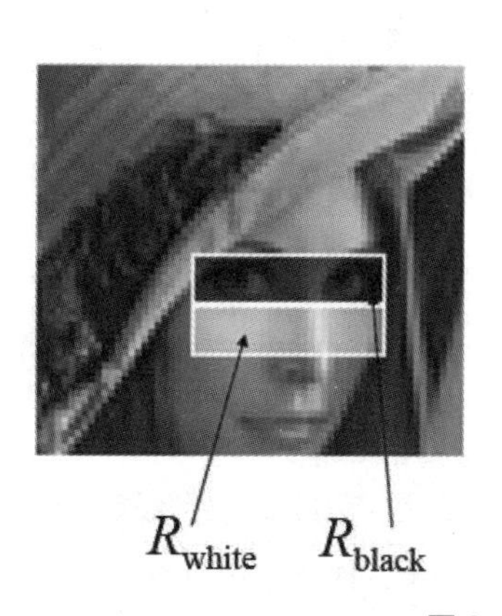

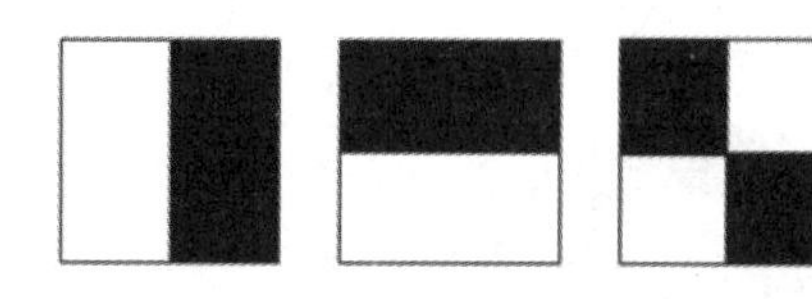

$$F_{\text{Hear}} = E(R_{\text{white}}) - E(R_{\text{black}})$$

图 9-11 Haar 特征示例

实际上，Haar 特征可以有不同的类型和很多的变换，如图 9-12 所示，以此来进行多尺度的特征检测。

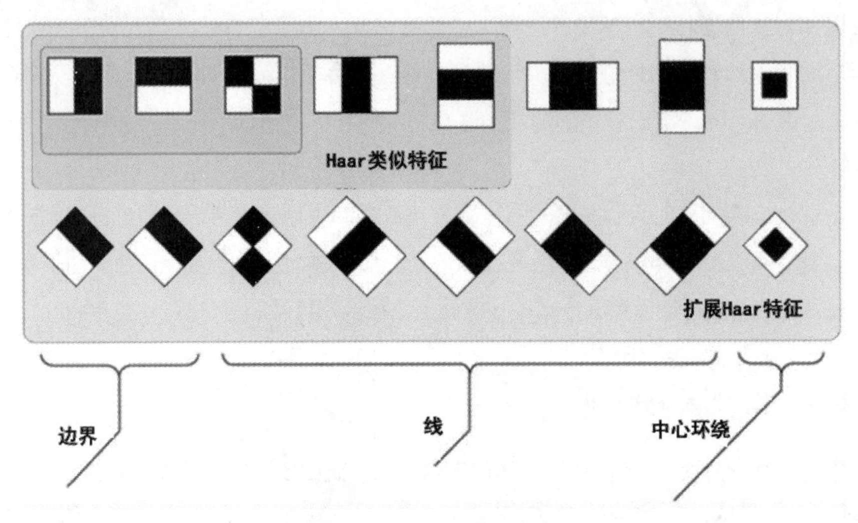

图 9-12　Haar 特征类型及变换

· 9.3.2　Cascade 分类器

在进行人脸识别时，往往会用到分类器的概念。分类器即判别某个事物是否属于某种分类的器件，有两种判别结果，是与否。分类器分为强分类器（分错率低于预设值）和弱分类器（比随机预测略好，但准确率却不太高）。将 *N* 个单类的分类器串联起来，就变成了级联分类器，如果一个事物能属于这一系列串联起来的所有分类器，则最终分类结果就是该事物属于该种分类，若有一项不符，则判定为不属于该种分类。例如人脸有很多属性，包括眉毛、嘴、鼻子等，将每个属性做成一个分类器，如果一个模型符合定义的人脸的所有属性，则认为这个模型就是一张人脸。

CascadeClassifier 为 OpenCV 用来做目标检测的级联分类器的一个类，该类中封装的目标检测机制为“滑动窗口 + 级联分类器”。

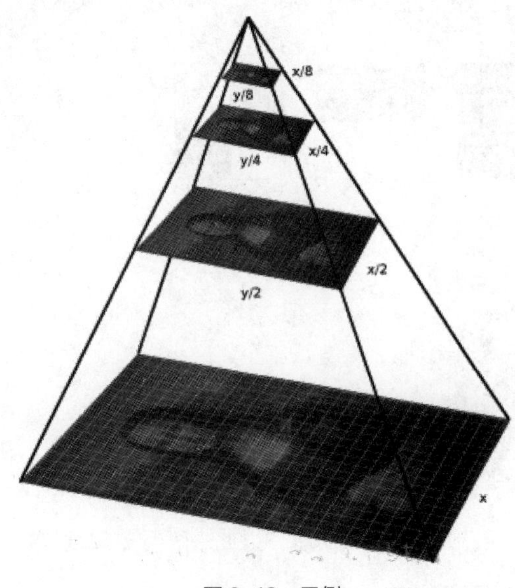

图 9-13　示例

CascadeClassifier 检测的基本原理如下：XML 文件中存放的是训练后的人脸特征池，特征 size 大小根据训练时的参数而定，检测的时候可以简单理解为就是将每个固定 size 特征（检测窗口）与输入图像的同样大小的区域比较，如果匹配就记录下这个区域的位置，然后滑动窗口，检测图像的另一个区域，重复操作。由于输入图像中特征大小不定，例如在输入图像中眼睛是 50 × 50 的区域，而训练时的是 25 × 25，那么只有当输入图像缩小到原来的一半的时候才能匹配上，所以这里还有一个逐步缩小图像（也就是制作图像金字塔）的步骤，如图 9-13 所示。

由于人脸可能出现在图像的任何位置，在检测时用固定大小的窗口对图像从上到下、从左到右进行扫描，判断窗口里的子图像是否为人脸，这称为滑动窗口技术。为了检测不同大小的人脸，还需要对图像进行放大或者缩小以构造图像金字塔，对每幅缩放后的图像都用上面的方法进行扫描。

OpenCV 的早期版本中仅支持 Haar 特征的目标检测，后来分别在 2.2 和 2.4.0（包含）版本之后开始支持局部二值模式（Local Binary Pattern，LBP）和方向梯度直方图（Histogram of Oriented Gradient，HOG）特征的目标检测。CascadeClassifier 出现并将 3 种特征统一到同一种机制和数据结构下。CascadeClassifier 在使用中只要调用两个外部函数接口，一个是 load()，另一个是 detectMultiScale()。Load() 函数用于加载人脸识别 XML 文件，detectMultiScale() 函数可以检测出图像中所有的人脸，并将人脸信息（如坐标、大小，用矩形表示）用 vector 容器保存。函数由分类器对象调用，其定义如下。

```
void detectMultiScale(
        const Mat & image,
        CV_OUT vector<Rect>& objects,
        double scaleFactor = 1.1,
        int minNeighbors = 3,
        int flags = 0,
        Size minSize = Size(),
        Size maxSize = Size()
    );
```

参数解析如下。

- const Mat & image：待检测图像，一般为灰度图像，能加快检测速度。
- CV_OUT vector<Rect>& objects：被检测物体的矩形框向量组，其中每个矩形框中都包含被检测的对象，矩形框可以部分位于源图像之外。
- double scaleFactor：表示在前后两次相继的扫描中，搜索窗口的比例系数。其默认值为 1.1，即每次搜索窗口依次扩大 10%。
- int minNeighbors：指定每个候选矩形框需要保留多少个相邻矩形框，表示构成检测目标的相邻矩形框的最小个数（默认为 3 个）。如果组成检测目标的小矩形框的个数少于 minNeighbors - 1 就会被排除。如果 minNeighbors 为 0，则函数不做任何操作就返回所有的被检候选矩形框，这种设定值一般用在用户自定义检测结果的组合程序中。
- int flags：可以取的值有 CASCADE_DO_CANNY_PRUNING=1，利用 Canny 边缘检测来排除一些边缘很少或者很多的图像区域；CASCADE_SCALE_IMAGE=2，正常比例检测；CASCADE_FIND_BIGGEST_OBJECT=4，只检测最大的物体；CASCADE_DO_ROUGH_SEARCH = 8，粗略检测。
- Size minSize：表示最小可能的对象大小，小于该值的对象被忽略。minSize 和 maxSize 用来限制得到的目标区域的范围。
- Size maxSize：最大可能的对象大小，大于这个值的对象会被忽略。

在 OpenCV 中使用 Haar 分类器的操作如下，其中 haarcascade_frontalface_alt.xml 为 OpenCV 提供的模型文件，可在 OpenCV 源码 opencv/data/haarcascades/ 中找到，也可在本

书配套代码中找到。下面通过例 9-4 对加载人脸检测文件、读取摄像头数据并进行人脸检测和标记的程序进行说明。

例 9-4：Haar 人脸检测。

具体代码如下。

```
#include<opencv.hpp>
using namespace std;
using namespace cv;
int main () {
    CascadeClassifier classifier;
    classifier.load("haarcascade_frontalface_alt.xml");// 读取人脸检测模型
    VideoCapture cap(0);
    Mat frame;
    vector<Rect> rects;
    while(true) {
      cap >> frame;
      if (frame.empty()) {
        continue;
      }
      rects.clear();
      // 检测人脸
      classifier.detectMultiScale(frame, rects);
      // 标记检测出的人脸
      for (auto r : rects) {
        rectangle(frame, r, Scalar::all(0));
      }
      imshow("Face", frame);
      if (waitKey(30) == ‹q›) {
        break;
      }
    }
}
```

例 9-4 程序运行结果如图 9-14 所示（真人图像，进行了模糊化处理）。

图 9-14　例 9-4 程序运行结果

· 9.3.3　Eigen Faces 人脸识别算法

OpenCV 自带了 3 种人脸识别算法，分别是 Eigen Faces（特征脸）、Fisher Face（线性判别分析）、LBP Histograms（LBP 直方图）。本小节讲解 Eigen Faces 人脸识别算法，对其他算法感兴趣的读者可自行查阅相关资料。

Eigen Faces 是基于主成分分析（Principal Component Analysis，PCA）的人脸识别和描

述技术。PCA 的思想是将 n 维特征映射到 m 维上（$m<n$）。m 维是全新的正交特征，称为主成分，m 维的特征是重新构造出来的，不是简单地从 n 维特征中减去 m 维特征（$n-m$）得到的。PCA 的核心思想就是将数据沿最大方向投影，使数据更易于区分。

在人脸识别过程中，一般把图像看作向量进行处理，把图像的每个像素定为一维，对于一幅 92 像素 ×112 像素的普通图像来说，它可被抽象为一个 92×112=10304 维的高维向量，如此庞大的维数对于后续图像的计算来说相当困难。因此有必要在尽可能不丢失重要信息的前提下减少图像维数，PCA 就是减少图像维数的一种方法。图像在经过 PCA 变换之后，可以保留任意数量的对图像特征贡献较大的维数分量（可以选择降维到 30 维、90 维或者其他），当然，最后保留的维数越多，图像丢失的信息就越少，但计算也越复杂。

Eigen Faces 人脸识别算法就是将 PCA 方法应用到人脸识别中，将人脸图像看作原始数据集，使用 PCA 方法对其进行处理和降维，得到“主成分”——特征脸，然后每张人脸都可以用特征脸的组合进行表示。其过程如下。

（1）将训练集中的 N 张人脸拉成一列，得到 reshape(1,1)，然后组合在一起形成一个大矩阵 $\boldsymbol{A}$。若人脸图像大小为 $m \times m$，则矩阵 $\boldsymbol{A}$ 的维度是 $m \times m \times N$。

（2）将 N 张人脸在对应的维度求平均，得到一张“平均脸”。

（3）将矩阵 $\boldsymbol{A}$ 中的 N 幅图像都减去“平均脸”，得到新矩阵 $\boldsymbol{B}$。

（4）计算矩阵 $\boldsymbol{B}$ 的协方差矩阵。

（5）计算协方差矩阵的特征值和特征向量（得到特征脸）。

（6）将训练集图像和测试集图像都投影到特征向量空间中，再使用聚类算法（最近邻或 k 近邻等）得到离测试集中的每幅图像最近的图像，然后进行分类（识别过程）。

FaceRecognizer 是 OpenCV 中一个用于人脸训练和识别的类，该类包含了前面所提及的 3 种人脸识别算法，其训练和预测分别对应 train() 函数和 predict() 函数，还有对应的数据保存与加载函数 save() 和 load()。下面先介绍训练的过程，其函数定义如下。

```
void FaceRecognizer::train(InputArrayOfArrays src, InputArray labels) = 0
```

train() 函数的两个参数很简单，其参数解析如下。

- InputArray Of Arrays src：训练的图像，类型为 vector<Mat>。
- InputArray labels：图像所对应的标签，类型为 vector<int>。

训练的图像组 vector<Mat> 和标签组 vector<int> 相对应，只需保证同一张人脸的标签相同即可，不需要保证图像按标签顺序输入。对于预测和分类，有两种调用方法，其函数定义如下。

```
int FaceRecognizer::predict(InputArray src) const = 0
void FaceRecognizer::predict(InputArray src, int& label, double& confidence) const = 0
```

对于第二个函数，其中的参数分别为测试图像、返回的标签值以及测试样本和标签样本的相似性。第三个参数是对于预测类别的相关置信度。返回的标签值为 -1，说明测试样本在训练集中无对应或距离较远。

const 后缀表示 predict() 函数不会影响模型内部状态，所以这个方法可以安全地被不同线程调用。

9.3.4 示例程序

使用 OpenCV 中的人脸识别功能需要先安装 opencv_contrib 模块，请参考本书附录 3。示例程序中使用了两位作者的人脸信息进行识别，共分为两个部分，分别为人脸训练和人脸检测。例 9-5 为人脸训练和保存模型部分的示例。

例 9-5：人脸训练和保存模型。

具体代码如下。

```
#include<opencv.hpp>
#include<face/facerec.hpp>
using namespace cv;
using namespace std;
using namespace face;
// 保存人脸信息的数据集合以及对应的标签
vector<Mat> images;
vector<int> labels;
// 标签所对应的人名
string personName[] = {"gxr", "hml"};
int main() {
// 创建人脸识别类
    Ptr<FaceRecognizer> rec = EigenrFaceRecognizer::create();
    // 读取人脸数据，注意更改训练人脸的保存目录，以灰度图的方式保存至 .tmp 文件中，同时记录
// 其标签
    for(int i = 1; i <= 10; i++) {
      Mat tmp = imread("gxr_" + to_string(i) + ".jpg", IMREAD_GRAYSCALE);
      resize(tmp, tmp, Size(100,100));
      images.push_back(tmp);//push 到 images 中
      labels.push_back(1);
}
// 读取第二位作者的人脸信息
    for (int i = 1; i <= 10; i++) {
      Mat tmp = imread("hml_" + to_string(i) + ".jpg", IMREAD_GRAYSCALE);
      resize(tmp, tmp, Size(100,100));
      images.push_back(tmp); //push 到 images 中
      labels.push_back(2);
}
// 调用 train( ) 函数自动训练模型
rec->train(images, labels);
// 保存训练好的模型
rec->write("FaceDetectionModel.xml");
return 0;
  }
```

例 9-6 为使用例 9-5 训练的模型进行识别的过程。

例 9-6：使用训练的模型进行人脸识别。

具体代码如下。

```
#include <opencv.hpp>
#include <face/facerec.hpp>
using namespace cv;
```

```
using namespace std;
using namespace face;
// 标签所对应的人名
string personName[] = {"gxr", "hml"};
int main() {
    // 创建 EigenFaceRecognizer 类
    Ptr<FaceRecognizer> rec = EigenFaceRecognizer::create();
    // 读取已训练的模型
    rec->read("FaceDetectionModel.xml");
    // 输入测试图像
    Mat test = imread("test.jpg", IMREAD_GRAYSCALE);
    // 输入图像的大小需要与训练的大小相符合
    resize(test, test, Size(100, 100));
    // 调用 predict( ) 函数进行识别
    int lab = rec->predict(test);
    // 打印结果
    cout << personName[lab - 1] << endl;
    return 0;
}
```

为方便读者深入理解人脸识别过程，下面对人脸识别的完整项目使用 Qt 框架进行可视化显示，代码可参考本书配套代码，具体操作如下。

例 9-7：人脸识别。

首先创建 Qt 工程项目。打开 Qt Creator，依次选择“New”→“Application”→“Qt Widgets Application”选项，单击“Choose...”按钮，如图 9-15 所示。进入图 9-16 所示界面后，输入项目名称“5-4-3”，默认选择“qmake”作为编译器，然后单击“Continue”按钮，Qt 基类默认为 QMainWindow，继续单击“Continue”按钮，项目创建后其目录结构如图 9-17 所示。

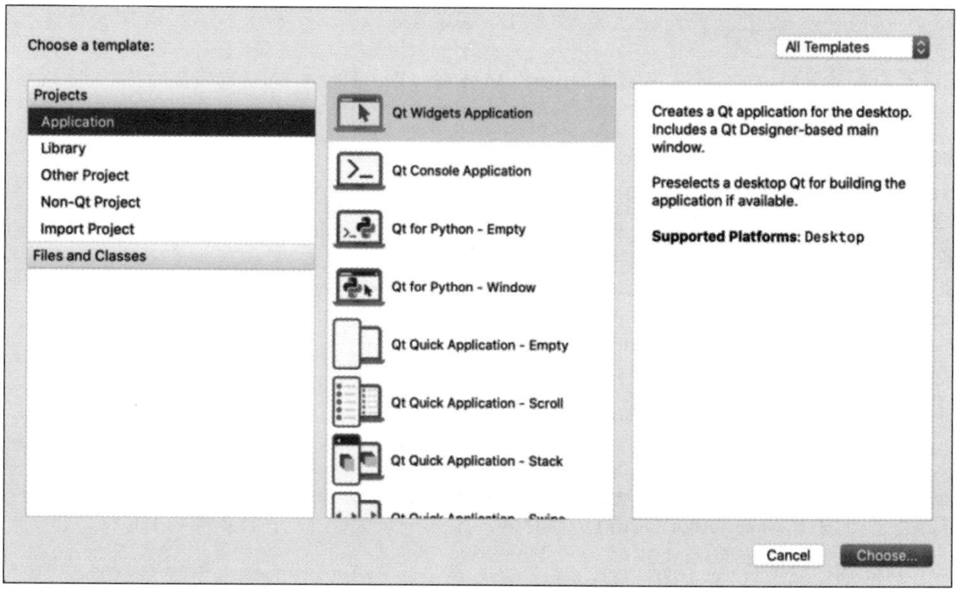

图 9-15　新建工程

Location
Build System
Details
Translation
Kits
Summary

Project Location

This wizard generates a Qt Widgets Application project. The application derives by default from QApplication and includes an empty widget.

Name: 5-4-3

Create in: /Users/ronghost Choose...

Use as default project location

Cancel Continue

图 9-16　新建过程

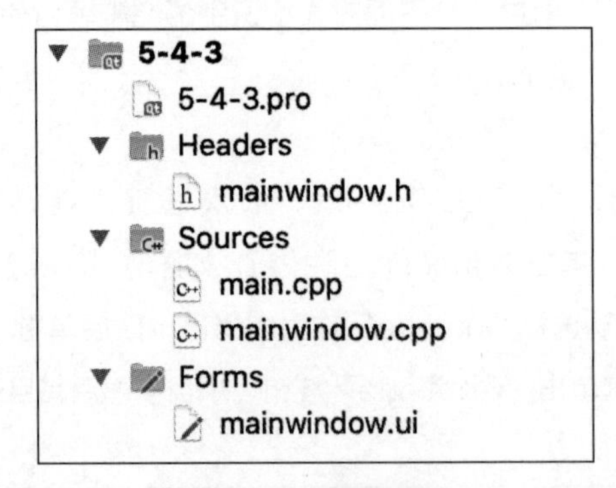

图 9-17　目录结构

在该项目配置文件 .pro 文件中配置 OpenCV 环境，加入如下代码。

```
# 导入头文件
INCLUDEPATH+=D:/OpenCV/opencv/build/include
INCLUDEPATH+=D:/opencv/opencv/build/include/opencv2
# 导入库文件
win32:CONFIG(debug, debug|release): {
LIBS+=-LD:/OpenCV/opencv/build/x64/vc14/lib\
-lopencv_world440d
}
else{
LIBS+=-LD:/OpenCV/opencv/build/x64/vc14/lib\
-lopencv_world440
}
```

对界面进行设计，打开 mainwindow.ui 文件，添加一个大小为 520 像素 ×340 像素的 QLabel，默认命名为 label，如图 9-18 所示。

在项目 5-4-3 上右击，在弹出的快捷菜单中选择“Add New”选项添加 C++ 新类“facerecognizer”，保持默认设置创建即可，如图 9-19、图 9-20 和图 9-21 所示。

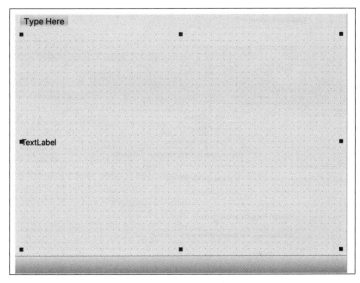

图 9-18　界面设计

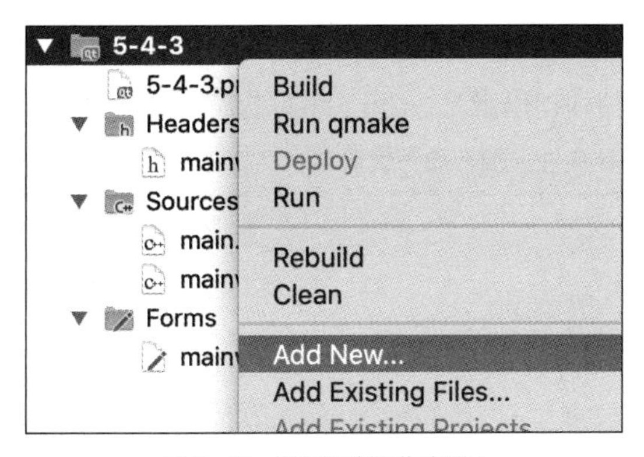

图 9-19　增加新类操作步骤 1

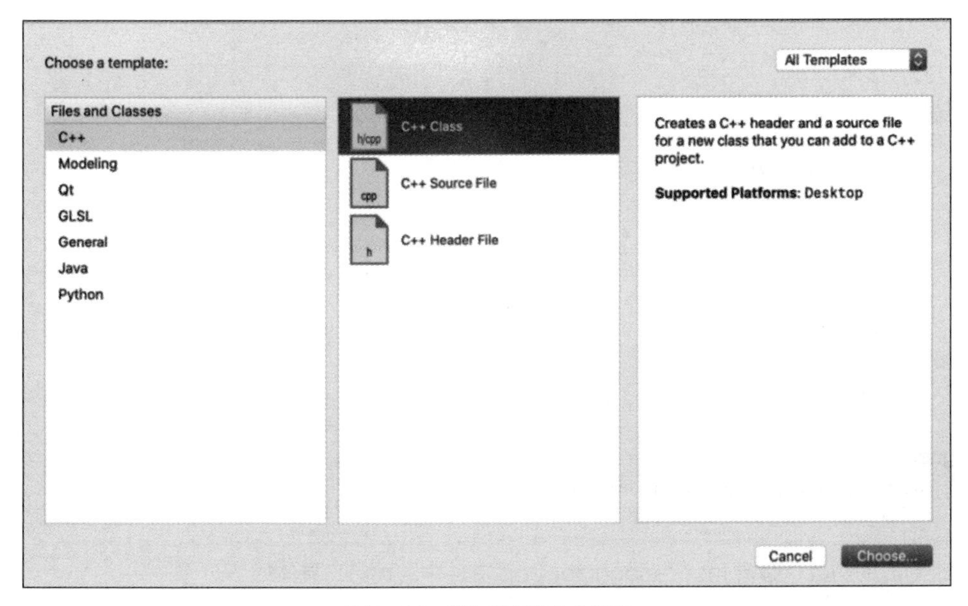

图 9-20　增加新类操作步骤 2

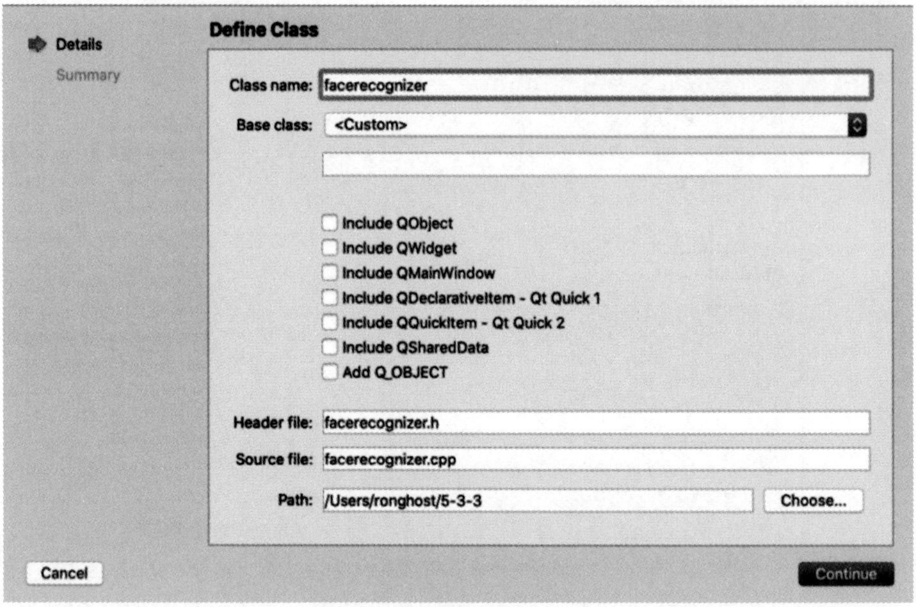

图 9-21　增加新类操作步骤 3

由于从摄像头读取数据并识别人脸是一个十分耗时的操作，下面将人脸识别模块用线程的方式运行，更改 facerecognizer.h 文件，加入如下代码。

```
#include<QObject>
#include<QImage>
#include<face.hpp>
#include<face/facerec.hpp>
#include<opencv.hpp>
using namespace std;
using namespace cv;
using namespace face;
class facerecognizer : public QObject
{
    Q_OBJECT
private:
    VideoCapture cap;
    vector<Mat> faces;
    vector<Rect> rects;
    int lab;
    Ptr<EigenFaceRecognizer> rec;
    CascadeClassifier classifier;
    Mat frame;
public:
    facerecognizer();
    void recognize();
signals:
    void recognizeDone(QImage image);
};
```

实现对应的函数，编辑 facerecognizer.cpp 文件中的代码，具体如下。

```
#include "facerecognizer.h"
string personName[] = {"gxr", "hml"};//gxr 和 hml 分别为两个作者名字的缩写
facerecognizer::facerecognizer()
{
    cap.open(0);// 开启摄像头
    rec = EigenFaceRecognizer::create();// 创建人脸识别类
    rec->read("FaceDetectionModel.xml");// 读取人脸识别模型
    classifier.load("haarcascade_frontalface_alt.xml");// 读取人脸检测模型
}
void facerecognizer::recognize()
{
    cap >> frame;// 读取摄像头数据
    if (frame.empty()) {
      return;
    }
    rects.clear();
    faces.clear();
    classifier.detectMultiScale(frame, rects);// 检测人脸
    for (auto &r : rects) {// 适当扩大检测框，以便于观察
      r.x -= 20;
      r.x = r.x < 0? 0 : r.x;
      r.y -= 80;
      r.y = r.y < 0? 0 : r.y;
      r.width += 40;
      r.width = r.width + r.x > frame.cols ? frame.cols - r.x : r.width;
      r.height += 160;
      r.height = r.height + r.y > frame.rows ? frame.rows - r.y : r.height;
      rectangle(frame, r, Scalar::all(0), 8);
      faces.push_back(frame(r));
    }
    for (int i = 0; i < faces.size(); i++) {
      auto f = faces[i];
      resize(f,f, Size(100,100));
      cvtColor(f, f, COLOR_BGR2GRAY);
      lab = rec->predict(f);// 识别人脸信息
      if (lab != -1) {// 输出人脸信息
            putText(frame, "Person:" + personName[lab - 1], Point(rects[i].x, rects[i].y - 10), 1, 2,
Scalar::all(0), 2);
      } else {
        continue;
      }
    }
    resize(frame, frame, Size(521, 341));
    cvtColor(frame, frame, COLOR_BGR2RGB);
    QImage img((const uchar*)frame.data,// 转换为 QImage 至主线程显示
          frame.cols, frame.rows,
          frame.cols * frame.channels(),
          QImage::Format_RGB888);
    emit recognizeDone(img);// 通知主线程绘图
}
```

mainwindow.h 文件中需用到 facerecognizer 类，因此编辑 mainwindow.h 文件中的代码如下。

```
#include<QMainWindow>
#include<QTimer>
#include<QThread>
#include "facerecognizer.h"
QT_BEGIN_NAMESPACE
namespace Ui { class MainWindow; }
QT_END_NAMESPACE
class MainWindow : public QMainWindow
{
    Q_OBJECT
public:
    MainWindow(QWidget *parent = nullptr);
    ~MainWindow();
    QThread* thread;// 线程类，用于运行人脸识别模块
    QTimer * timer;// 定时器，定时从摄像头读取数据并识别
    facerecognizer * rec;
    void closeEvent(QCloseEvent *event);
private:
    Ui::MainWindow *ui;
};
```

需在 mainwindow.cpp 文件中实现 mainwindow 类，编辑该文件中的代码如下。

```
#include "mainwindow.h"
#include "ui_mainwindow.h"
MainWindow::MainWindow(QWidget *parent)
    : QMainWindow(parent)
    , ui(new Ui::MainWindow)
{
    ui->setupUi(this);
    thread = new QThread();// 新建线程用于执行人脸识别模块
    rec = new facerecognizer();
    rec->moveToThread(thread);// 将人脸识别模块转由线程运行
    timer = new QTimer;
    timer->start(300);// 启动定时器
    thread->start();// 开启线程
    connect(timer, &QTimer::timeout, rec, &facerecognizer::recognize); // 定时调用人脸识别模块
    connect(rec, &facerecognizer::recognizeDone,[=](QImage image)
    {// 接收人脸识别过后的图像并显示
      ui->label->setPixmap(QPixmap::fromImage(image));// 在 QLabel 中显示图像
    });
}
MainWindow::~MainWindow()
{
    delete ui;
}
void MainWindow::closeEvent(QCloseEvent *event) {// 关闭窗口事件
    timer->stop();// 停止计时器
    disconnect(timer, &QTimer::timeout, rec, &facerecognizer::recognize);// 解除信号与槽的关联
    thread->quit();// 退出线程
    thread->wait();// 等待执行完成
    delete timer;
    delete thread;
    delete rec;
}
```

例 9-7 程序运行结果如图 9-22 所示（真人图像，进行了模糊化处理）。

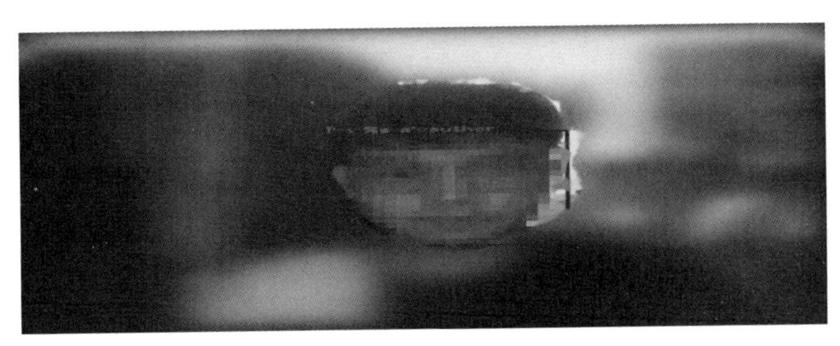

图 9-22　例 9-7 程序运行结果

9.4 车牌识别

车牌识别是指能够检测到受监控路面的车辆并自动提取车辆牌照信息（含汉字字符、英文字母、阿拉伯数字及号牌颜色）进行处理的技术。一个典型的车辆牌照识别系统一般包括 4 个部分：车辆图像获取，车牌定位，车牌字符分割，车牌字符识别。车辆图像获取本书不做介绍，感兴趣的读者可自行查阅相关资料。

9.4.1　灰度二值化处理

车牌识别的第一步为图像预处理。为了方便计算，系统通常将获取的图像进行灰度化处理。将彩色图像转换为灰度图像的过程就称为图像的灰度化处理。彩色图像中 R、G、B 3 个分量的值决定了具体的像素点。一个像素点可以有上千万种颜色。而灰度图像是一种彩色图像，其特点在于 R、G、B 3 个分量的值是一样的。灰度图中每个像素点的变化区间是 [0，255]。为方便计算，在实际工程处理中会先将各种格式的图像转换为灰度图像。在保留图像轮廓和特征的基础上，灰度图仍然能够反映整幅图像的轮廓和纹理。

随后进行图像的二值化，即将图像上像素点的灰度值设置为 0 或 255。因为后续的车牌定位和字符分割都是基于车牌区域的二值化结果进行的，故图像二值化是车牌识别中非常关键的一步。OTSU 算法是按图像的灰度特性将图像分成两个部分，使得两个部分之间的灰度值差异最大，每个部分之间的灰度差异最小，即分割前景与背景部分区域。两个事物之间的方差越大，则它们的关联性越低。在图像中需计算前景与背景间的类间方差，方差越大，则我们认为两部分的关联性越低，即可区分前景与背景区域，所以 OTSU 算法用于寻找使背景与前景方差最大的阈值。因计算简单，不受图像亮度和对比度的影响，错分概率低，在这里使用 OTSU 算法选取阈值，之后进行图像的二值化。通常在二值化前，会对图像进行滤波处理，以去除毛刺。

9.4.2　车牌定位

车牌定位的算法有许多种，如基于边缘定位，基于颜色定位，基于车牌几何特征定位，基于频谱分析定位等，在这里采用基于边缘定位。

车牌定位的目的是为下一步字符的分割做准备，就是要进一步去掉车牌冗余的部分。在一幅经过适当二值化处理的含有车牌的图像中，车牌区域具有以下 3 个基本特征。

- 在一个不大的区域内密集包含了多个字符。
- 车牌字符与车牌底色形成强烈对比。
- 车牌区域大小相对固定，区域长度和宽度成固定比例。

我国的汽车牌照一般由 7 个字符和 1 个点组成，车牌字符的高度和宽度是固定的，分别为 90 毫米和 45 毫米，7 个字符之间的距离也是固定的 12 毫米，点分割符的直径是 10 毫米。当然字符间的差异可能会引起字符间的距离变化。目前，我国的车牌大部分可分为蓝底白字和黄底黑字，特殊用车采用白底黑字或黑底白字，有时辅以红色字体等。

根据以上特征，车牌区域所在行相邻像素之间 0 到 255 和 255 到 0 的变化会很频繁，因此可以通过查看白点和黑点交换的次数去查看每行或每列是否为含有车牌信息的行或列，这可以作为寻找车牌区域的一个依据。比较跳变次数与设定的阈值，就可以确定出车牌的水平区域。由于车牌一般悬挂在车辆下部，所以采用从上到下、从左到右的方式对图像进行扫描。车牌的字符部分由 7 个字符数与 2 个竖直边框组成，则车牌区域内任一行的跳变次数至少为（7+2）×2 ＝ 18 次。从图像的底部开始向顶部进行扫描时，则记录下大于跳变阈值的行数，同时对所记录的行数进行判断，当满足连续行数的跳变次数值相同即可判定对应行为车牌的起始行。对于列数，其阈值由车牌的上下边线决定，其跳变次数至少大于 2 次。效果如图 9-23 所示（图中删除了一个字符图像和对应识别出的字符）。

图 9-23　车牌定位

· 9.4.3　字符识别

当定位到车牌之后，若车牌是倾斜的，首先要对车牌进行矫正。车牌校正后，需要对车牌进行字符分割。字符分割的任务是把多列或多行字符图像中的每个字符从整个图像中切割出来成为单个字符。车牌字符的正确分割对字符的识别很关键。传统的字符分割算法可以归纳为以下两类：方向投影法与连通域分割法。方向投影法的精髓是对车牌图像进行逐列扫描，统计车牌字符的每列像素点数，并得到投影图，根据车牌字符像素点的统计特点（投影图中的波峰或者波谷），把车牌分割成单个独立的字符。将字符分割出来之后，按照传统方法对字符进行模板识别，这里用 OCR 算法进行车牌识别。连通域分割法是先找到一个未访问过的前景像素点，然后不断地遍历与之相邻的且未经遍历的前景像素点，直到无法再找到这样的像素点，则一个连通域遍历结束。

· 9.4.4　示例程序

本小节将使用前面章节中所学的内容，如阈值分割、轮廓提取、数学形态学操作、级联分类器等，并结合深度神经网络（Deep Neural Network,DNN）模块，以及 Qt 5.9 开发工具，介绍一个相对完整的车牌识别项目。目前车牌识别的技术在 Github 平台上已开源，读者可通过项目 HyperLPR 了解详情。本项目分为两部分，分别为 OpenCV 进行车牌识别的部分和 Qt 开发的界面部分，下面先简要介绍车牌识别部分。车牌识别的大体流程如图 9-24 所示（图中删除了一个字符图像和对应识别出的字符）。

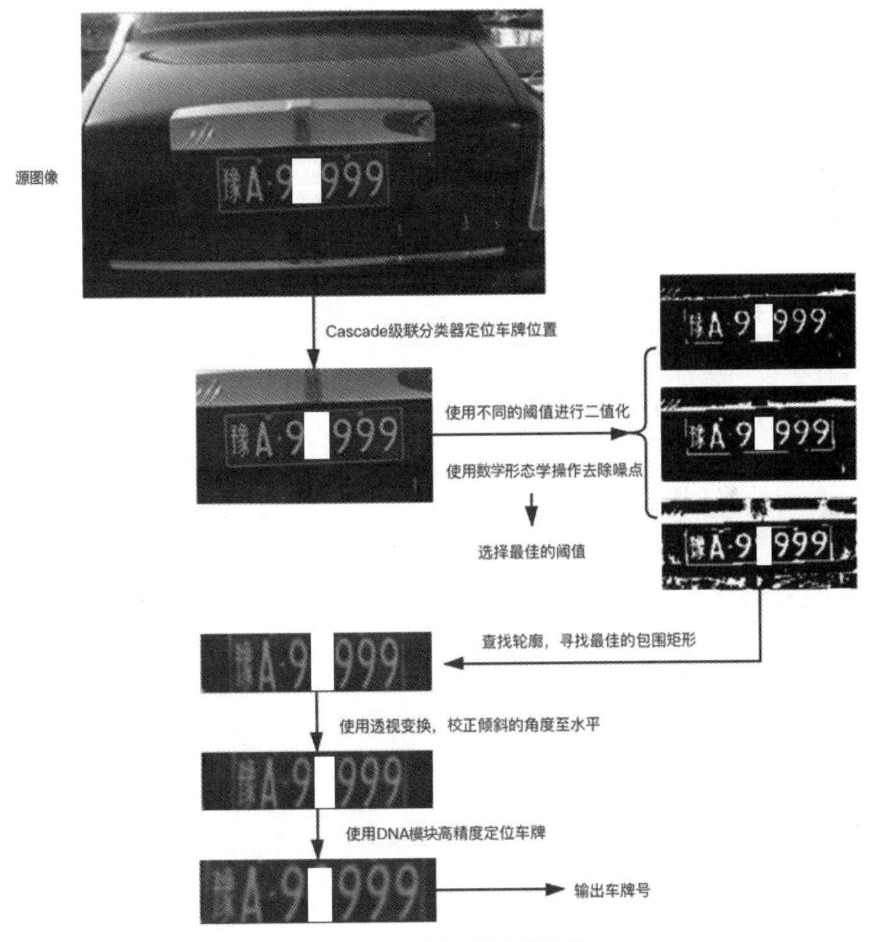

图 9-24　车牌识别的大体流程

车牌识别项目中使用到的主要类介绍如下。

- PlateInfo：车牌的相关信息，如 Mat、坐标信息。
- PlateDetection：车牌级联分类器，定位车牌。
- FineMapping：车牌精准定位类，提取更准确的位置信息。
- SegmentationFreeRecognizer：车牌中文信息识别类。

主体识别流程的代码如下。

```
std::vector<PlateInfo> PipelinePR::RunPiplineAsImage(cv::Mat plateImage,
                                                    int method) {
    // 最终的结果数组
    std::vector<PlateInfo> results;
    // 处理过程中的缓存数组
    std::vector<pr::PlateInfo> plates;
    //Cascade 级联分类器找出车牌的大致位置，为精准定位减少计算量
    plateDetection->plateDetectionRough(plateImage, plates, 36, 700);
    // 遍历识别出的所有车牌
    for (pr::PlateInfo plateinfo : plates) {
        cv::Mat image_finemapping = plateinfo.getPlateImage();
        // 使用阈值分割和轮廓提取等操作进一步定位车牌
        image_finemapping = fineMapping->FineMappingVertical(image_finemapping);
        // 提取角点并进行透视变换，将可能出现的不规则四边形变换成矩形
        image_finemapping = pr::fastdeskew(image_finemapping, 5);
        // 使用 DNN 模块调用 DNN 进一步定位车牌
        image_finemapping = fineMapping->FineMappingHorizon(
                                image_finemapping, 4, HorizontalPadding + 3);
        cv::resize(image_finemapping, image_finemapping,
                   cv::Size(136 + HorizontalPadding, 36));
      // 保存车牌定位后的结果
      plateinfo.setPlateImage(image_finemapping);
      // 字符分割，提取车牌的中文信息
      std::pair<std::string, float> res =
      segmentationFreeRecognizer->SegmentationFreeForSinglePlate(
                                                            plateinfo.getPlateImage(),
pr::CH_PLATE_CODE);
      plateinfo.confidence = res.second;
      plateinfo.setPlateName(res.first);
      results.push_back(plateinfo);
    }
    return results;
}
```

其中，FineMappingVertical() 函数的主要操作如下。

```
// 将车牌的局部图像转换为二值图像 binary_adaptive
cv::adaptiveThreshold(proposal, binary_adaptive, 255,
                      cv::ADAPTIVE_THRESH_MEAN_C, cv::THRESH_BINARY,
                      windows_size, k);
cv::Mat draw;
binary_adaptive.copyTo(draw);
// 在二值图像中查找轮廓
cv::findContours(binary_adaptive, contours, cv::RETR_EXTERNAL,
                 cv::CHAIN_APPROX_SIMPLE);
// 对查找出的每一个轮廓进行判断
for (auto contour : contours) {
    // 使用一个矩形包围该轮廓
    cv::Rect bdbox = cv::boundingRect(contour);
    // 计算该矩形的长宽比例、面积
    float lwRatio = bdbox.height / static_cast<float>(bdbox.width);
```

```
        int bdboxArea = bdbox.width * bdbox.height;
        // 与实际的车牌比例进行对比，去除比例不合理的车牌信息
        if ((lwRatio > 0.7 && bdbox.width * bdbox.height > 120 &&
            bdboxArea < 300) ||
          (lwRatio > 3.0 && bdboxArea < 100 && bdboxArea > 10)) {
          cv::Point p1(bdbox.x, bdbox.y);
          cv::Point p2(bdbox.x + bdbox.width, bdbox.y + bdbox.height);
          line_upper.push_back(p1);
          line_lower.push_back(p2);
          contours_nums += 1;
        }
    }
```

FineMappingHorizon() 函数调用 DNN 模块的具体操作如下。

```
    // 设置 DNN 输入图像
        cv::Mat inputBlob = cv::dnn::blobFromImage(
                        FinedVertical, 1 / 255.0, cv::Size(66, 16), cv::Scalar(0, 0, 0), false);
        net.setInput(inputBlob, "data");
        // 使用 DNN 模块获取车牌的位置信息
        cv::Mat prob = net.forward();
        int front = static_cast<int>(prob.at<float>(0, 0) * FinedVertical.cols);
        int back = static_cast<int>(prob.at<float>(0, 1) * FinedVertical.cols);
        // 适当放大车牌区域，更方便人眼观察
        front -= leftPadding;
        if (front < 0)
          front = 0;
        back += rightPadding;
        if (back > FinedVertical.cols - 1)
          back = FinedVertical.cols - 1;
        // 裁剪车牌区域并返回
        cv::Mat cropped = FinedVertical.colRange(front, back).clone();
        return cropped;
```

识别中文信息的代码如下。

```
    cv::Mat inputBlob =
        cv::dnn::blobFromImage(Image, 1 / 255.0, cv::Size(40, 160));
      net.setInput(inputBlob, "data");
      cv::Mat char_prob_mat = net.forward();
      return decodeResults(char_prob_mat, mapping_table, 0.00);
```

获取字符的信息后查表并输出结果，表的定义如下。

```
    const std::vector<std::string> CH_PLATE_CODE{
        " 京 ", " 沪 ", " 津 ", " 渝 ", " 冀 ", " 晋 ", " 蒙 ", " 辽 ", " 吉 ", " 黑 ", " 苏 ", " 浙 ",
        " 皖 ", " 闽 ", " 赣 ", " 鲁 ", " 豫 ", " 鄂 ", " 湘 ", " 粤 ", " 桂 ", " 琼 ", " 川 ", " 贵 ",
        " 云 ", " 藏 ", " 陕 ", " 甘 ", " 青 ", " 宁 ", " 新 ", "0", "1", "2", "3", "4",
        "5", "6", "7", "8", "9", "A", "B", "C", "D", "E", "F", "G",
        "H", "J", "K", "L", "M", "N", "P", "Q", "R", "S", "T", "U",
        "V", "W", "X", "Y", "Z", " 港 ", " 学 ", " 使 ", " 警 ", " 澳 ", " 挂 ", " 军 ",
        " 北 ", " 南 ", " 广 ", " 沈 ", " 兰 ", " 成 ", " 济 ", " 海 ", " 民 ", " 航 ", “ 空 "};
```

车牌识别部分简要介绍到此，Qt 项目开发过程如例 9-8 所示。

例 9-8：Qt 项目开发过程。

首先创建 Qt 工程项目 5-5。打开 Qt Creator，依次选择“New”→“Application”→“Qt Widgets Application”，单击“Choose...”按钮，如图 9-25 所示。输入项目名称“5-5”，如图 9-26 所示。默认选择“qmake”作为编译器，然后单击“Continue”按钮，Qt 基类默认为 QMainWindow 即可，继续单击“Continue”按钮完成创建。项目创建后其目录结构如图 9-27 所示。

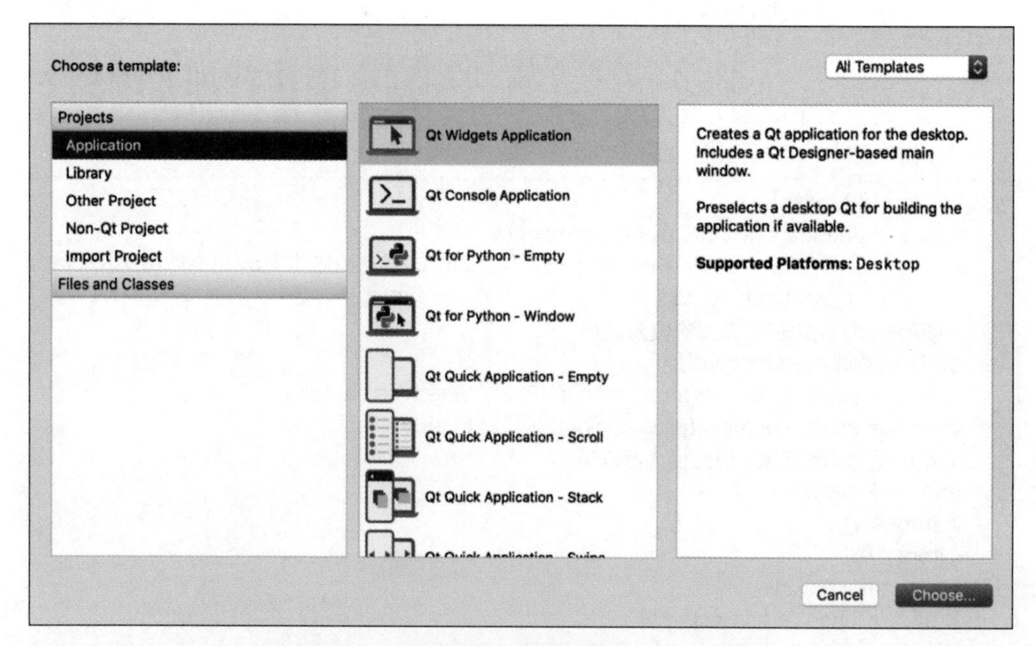

图 9-25　创建新的项目

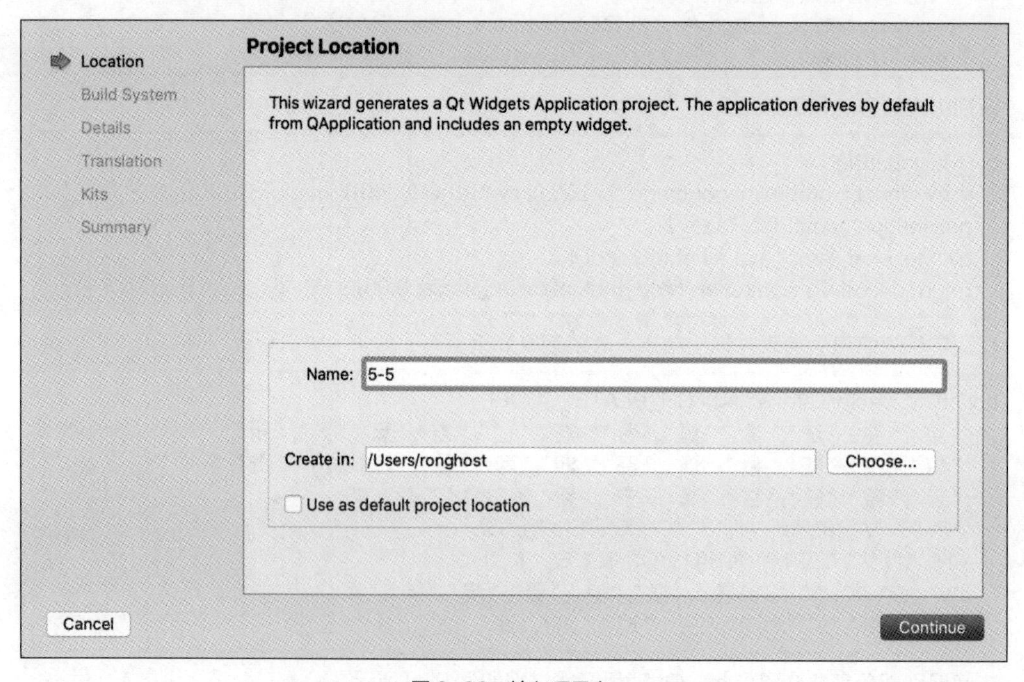

图 9-26　输入项目名

在文件夹中打开该项目，将车牌识别部分的代码文件复制至同一目录下，如图 9-28 所示。

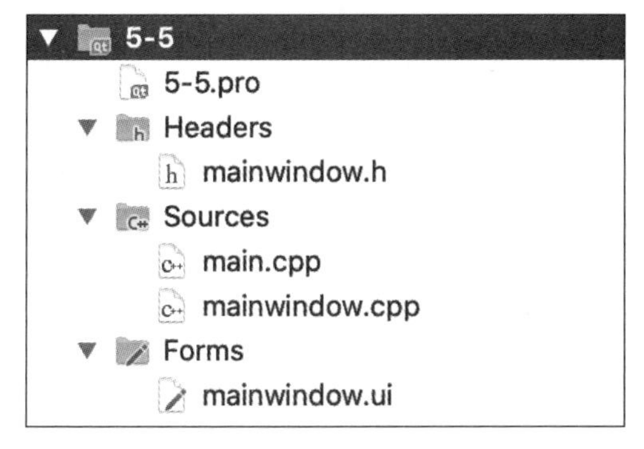

图 9-27　目录结构

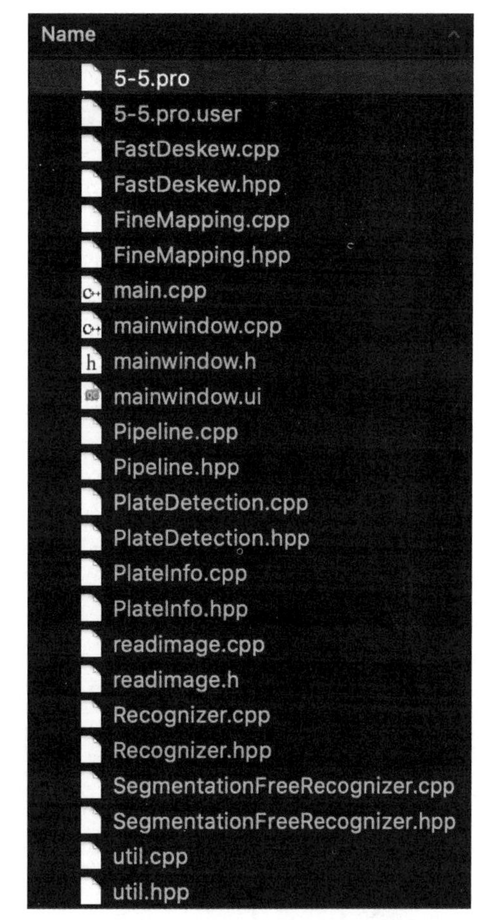

图 9-28　添加文件后的项目目录结构

在 Qt Creator 中打开 .pro 配置文件，添加 OpenCV 的环境设置代码如下。

```
# 导入头文件
INCLUDEPATH+=D:/OpenCV/opencv/build/include
INCLUDEPATH+=D:/opencv/opencv/build/include/opencv2
# 导入库文件
win32:CONFIG(debug,debug|release):{
LIBS+=-LD:/OpenCV/opencv/build/x64/vc14/lib\
-lopencv_world440d
}
else{
LIBS+=-LD:/OpenCV/opencv/build/x64/vc14/lib\
-lopencv_world440
}
```

添加车牌识别的代码文件，在 SOURCES 和 HEADERS 里添加车牌识别的文件名，如图 9-29 所示。

单击“Build”菜单，选择“run qmake”命令，运行 QMake。运行后目录结构更新为如图 9-30 所示。

```
SOURCES += \
    main.cpp \
    mainwindow.cpp \
    readimage.cpp \
    FastDeskew.cpp \
    FineMapping.cpp \
    Pipeline.cpp \
    PlateDetection.cpp \
    PlateInfo.cpp \
    Recognizer.cpp \
    SegmentationFreeRecognizer.cpp \
    util.cpp

HEADERS += \
    mainwindow.h \
    readimage.h \
    FastDeskew.hpp \
    FineMapping.hpp \
    Pipeline.hpp \
    PlateDetection.hpp \
    PlateInfo.hpp \
    Recognizer.hpp \
    SegmentationFreeRecognizer.hpp \
    util.hpp
```

图 9-29　添加车牌识别的代码文件

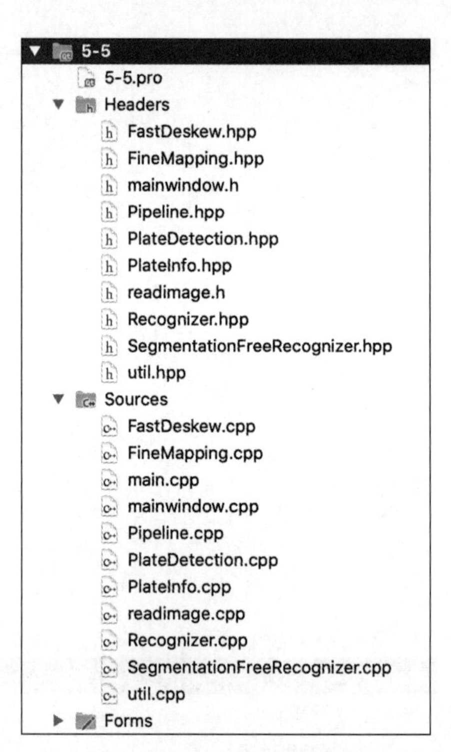

图 9-30　更新后的目录结构

用户界面设计如图 9-31 所示。

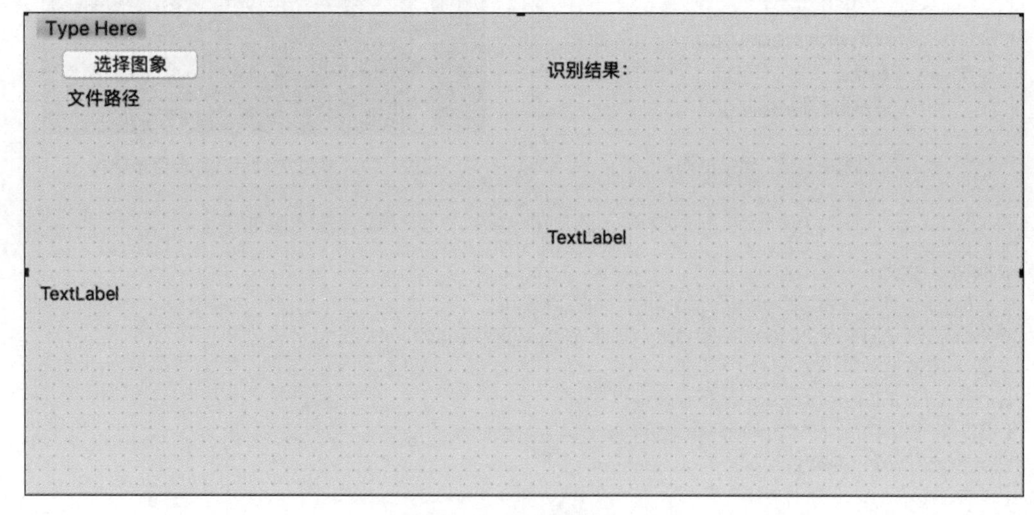

图 9-31　用户界面设计

其中，左下方的 QLabel 为显示图像的标签，对象名为 label；右下方的 QLabel 为显示结果的标签，对象名为 result。

新建一个类名为 readimage 的 C++ 类，操作过程参考例 9-7。在 readimage.h 文件中加入如下车牌识别代码。

```
#include "Pipeline.hpp"
#include<iostream>
#include<QObject>
```

```
#include<QImage>
using namespace cv;
using namespace std;
class ReadImage : public QObject
{
    Q_OBJECT
public:
    ReadImage(QObject *parent = 0);
    Mat frame;
    pr::PipelinePR prc;
    vector<string> output;
public slots:
    void detectText(QString fileName);
signals:
    void DecodeSuccess(QImage img, vector<string> output);
    void DecodeError();
};
```

编辑 readimage.cpp 文件中的代码，具体如下。

```
#include "readimage.h"
#include<QDebug>
std::string path = "/";
ReadImage::ReadImage(QObject *parent): QObject(parent),
    prc(   path+"model/cascade.xml",// 这些文件在代码目录中已提供，请注意更改目录
           path+"model/HorizontalFinemapping.prototxt",
           path+"model/HorizontalFinemapping.caffemodel",
           path+"model/SegmentationFree-Inception.prototxt",
           path+"model/SegmentationFree-Inception.caffemodel"
          )
{
}
// 检测文字
void ReadImage::detectText(QString fileName) {
    if (fileName.isEmpty() || fileName.isNull()) {
        emit DecodeError();
        return;
    }
    frame = imread(fileName.toStdString());
    if (frame.empty()){
        emit DecodeError();
        return;
    }
    std::vector<pr::PlateInfo> res = prc.RunPiplineAsImage(frame,pr::SEGMENTATION_FREE_
METHOD);
    // 使用端到端模型进行识别，识别结果将会保存在 res 里面
    output.clear();
    for(auto st:res) {
        if(st.confidence>0.9) {
            output.push_back(st.getPlateName());
            std::cout << st.getPlateName() << " " << st.confidence << std::endl;
            // 输出识别结果 、识别置信度
```

```
                cv::Rect region = st.getPlateRect();
                // 获取车牌位置
    cv::rectangle(frame,cv::Point(region.x,region.y),cv::Point(region.x+region.width,region.y+region.heig
ht),cv::Scalar(255,255,0),2);
                // 画出车牌位置
            }
        }
        Mat tmp = frame.clone();
        int cols = tmp.cols;
        int rows = tmp.rows;
        if ((761.0 / cols) * rows <= 481) {
            resize(tmp, tmp, Size(761, (761.0 / cols) * rows));
        }
        else {
            resize(tmp, tmp, Size((481.0 / rows) * cols, 481));
        }
        cvtColor(tmp, tmp, COLOR_BGR2RGB);
        QImage img1((const uchar*)tmp.data,
                tmp.cols, tmp.rows,
                tmp.cols * tmp.channels(),
                QImage::Format_RGB888);
        emit DecodeSuccess(img1, output);// 通知主线程绘图
}
```

在 mainwindow.h 中引用 readimage 类，编辑该文件的代码，具体如下。

```
#include<QMainWindow>
#include<QThread>
#include<QTimer>
#include<QDebug>
#include<QFileDialog>
#include "readimage.h"
QT_BEGIN_NAMESPACE
namespace Ui { class MainWindow; }
QT_END_NAMESPACE
class MainWindow : public QMainWindow
{
    Q_OBJECT
public:
    MainWindow(QWidget *parent = nullptr);
    ~MainWindow();
    ReadImage * readImage;
    QThread * thread;
    bool flag;
    void closeEvent(QCloseEvent *event);
signals:
    void detect(QString fileName);
private slots:
    void on_pushButton_clicked();
private:
    Ui::MainWindow *ui;
};
```

最后在 mainwindow.cpp 文件中完成界面的操作，编辑其代码，具体如下。

```
#include "mainwindow.h"
#include "ui_mainwindow.h"
MainWindow::MainWindow(QWidget *parent)
    : QMainWindow(parent)
    , ui(new Ui::MainWindow)
{
    ui->setupUi(this);
    readImage = new ReadImage();
    thread = new QThread(this);
    readImage->moveToThread(thread);
    thread->start();
    flag = true;// 当识别模块还在工作时直接返回
    connect(this, &MainWindow::detect,readImage, &ReadImage::detectText);
    connect(readImage, &ReadImage::DecodeSuccess, [&](QImage img, vector<string> output) mutable{
      ui->label->setPixmap(QPixmap::fromImage(img));
      ui->result->setText(" ");
      for (auto o:output) {
          ui->result->setText(ui->result->text() + "\n" + QString(o.c_str()));
      }
      if (output.empty()) {
          ui->result->setText("None");
      }
      flag = true;
    });
    connect(readImage, &ReadImage::DecodeError, [&]() mutable {
        ui->result->setText("None");
        flag = true;
    });
    emit detect("muti.png");// 初始化界面的识别样例
}
MainWindow::~MainWindow()
{
    delete ui;
}
void MainWindow::closeEvent(QCloseEvent *event) {
    disconnect(this, &MainWindow::detect,readImage, &ReadImage::detectText);
    thread->quit();
    thread->wait();
    delete readImage;
}
void MainWindow::on_pushButton_clicked()
{
    if (flag){
      flag = false;
      QString fileName = QFileDialog::getOpenFileName(this, tr("Choose file"),"/",tr("Image file(*png
*jpg *jpeg)"));
      if (fileName.isEmpty()) {
        flag = true;
        return;
      }
```

```
        ui->label_3->setText(" 图像: " + fileName);
        ui->label_3->adjustSize();
        emit detect(fileName);
    }
}
```

例 9-8 程序运行结果如图 9-32 所示。

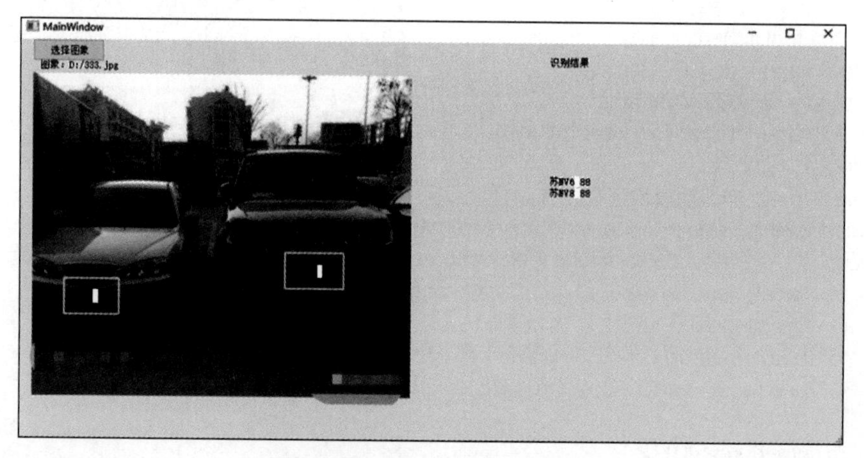

图 9-32　例 9-8 程序运行结果

9.5 小结

本章简要介绍了 OpenCV 在文字、二维码、人脸、车牌识别等 4 个方面的原理与应用。这些应用前期的图像预处理操作基本相似，都是经过灰度化、二值化处理来减少计算量和去噪等，如果图像倾斜还要用到图像校正。本章内容较多、较难，且用到了第三方 opencv_contrib 模块，希望读者能反复学习、多操作、多动手实践并查阅相关资料，熟练掌握相关知识。

第10章

基于深度学习的图像应用

前面的章节讲解了 OpenCV 的各个功能模块，包括核心模块（如 Mat、计算像素值等）、图像处理模块（如降噪、数学形态学操作、边缘检测等）并结合这些基本模块，补充相应知识，讲解了人脸识别、二维码识别、视频目标跟踪等综合项目。本章将介绍 OpenCV 在深度学习领域的应用。

深度学习是目前人工智能方中最前沿的方向之一，与 OpenCV 技术相结合，可以构建出丰富的应用，如图像描述、多物体识别、人体骨骼提取、图片（或图像）分类等。本章将简要介绍深度学习的基本原理，以及深度学习结合 OpenCV 所构建的智能应用。

本章主要内容和学习目标如下。

- 深度学习基本原理
- 深度神经网络模块
- 人体姿态识别
- YOLO 物体识别
- 图片分类

10.1 深度学习基本原理

深度学习是计算机领域目前非常火热的研究方向之一，主要可以应用于看图说话、自然语言处理等。如输入一幅图像，计算机自动生成描述这幅图像的语言；又如语音自动翻译并执行命令等。

而神经网络是深度学习的基础，学习神经网络不但可以让我们深入了解深度学习的核心过程，同时也可以加深对 OpenCV 中的图像处理核心模块的理解。本章有较多的概念，希望读者能掌握核心的原理，对其他的部分掌握其使用方法即可。

· 10.1.1 神经网络

计算机神经网络的出现主要是受到生物学的启示。神经元是脑组织的基本单元，人脑是由非常多的神经元相互连接而形成的巨大系统，通过这个系统，人类获得了强大的学习能力。

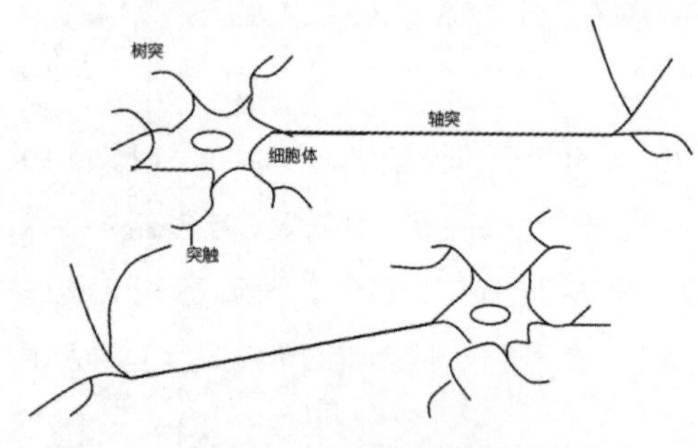

图 10-1 神经元示意图

每个神经元由树突、细胞体、轴突、突触等部分组成，如图 10-1 所示。

树突相当于细胞的输入端，接收四面八方传来的神经冲动，而细胞体对这些输入信号进行处理，再通过轴突传出神经冲动，把细胞体的输出信息传向其他神经元。一个神经元的轴突与另一个神经元的细胞体或树突的接触点称为突触，它用来处理抑制性信号与兴奋性信号。细胞膜内外有电位差，只有膜电位的变化超出一定阈值时，才产生突变上升的脉冲，该脉冲沿轴突传递给其他神经元。基于此可以定义一个简单的人工神经元模型，称为 MP（McCulloch-Pitts）模型，它是 1943 年由美国心理学家沃伦·麦卡洛克（Warren McCulloch）和数学家沃尔特·皮茨（Walter Pitts）等提出的利用神经元网络对信息进行处理的数学模型，其示意图如图 10-2 所示。

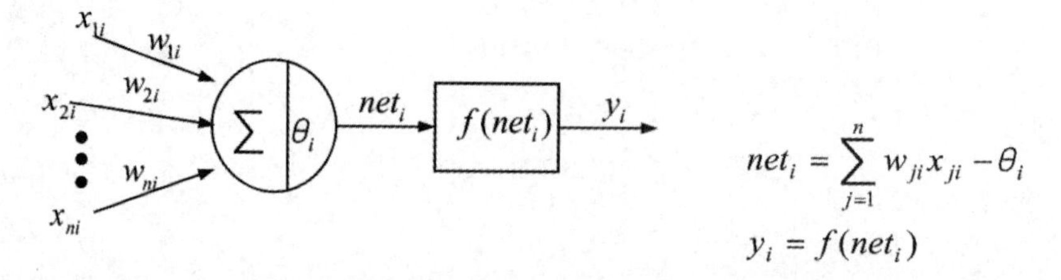

图 10-2 MP 模型示意图

与生物神经元一样，x_{ji} 表示一个神经元的 n 个输入，w 为连接强度，θ 表示神经元的阈值，y_i 为神经元的输出。将多个神经元按照一定的层次结构组合，加上生物神经元之间的反馈机制，多层前馈型网络的结构如图 10-3 中的左图所示，输入信号和误差的传播如图 10-3 中的右图所示。

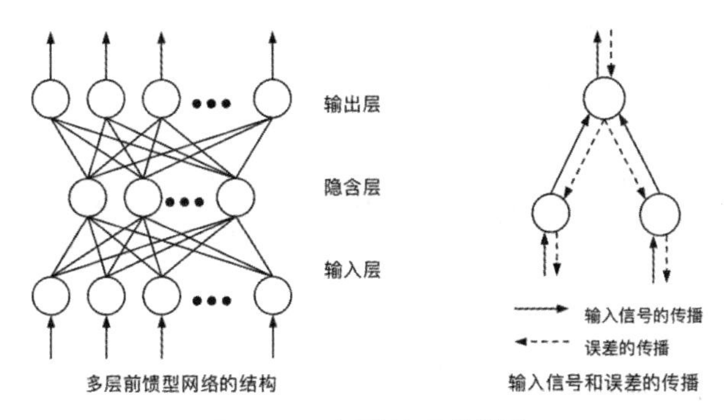

图 10-3 多层神经网络模型

多层前馈型网络的计算通常为输入神经元的线性组合，而误差传播通常使用 BP（Back Propagation）算法。BP 算法的主要过程为选定一组初始权重 w，通过层与层之间的节点值和权重进行计算，得出输出层节点实际输出与期望输出的误差，反向调整和更新层与层节点之间权重 w，不断重复这一步骤，直至最终误差达到可接受范围或者迭代次数已经达到。这一部分的具体实现需要读者具有高等数学基础，感兴趣的读者可自行查阅资料。

人工神经网络最主要的部分就是结构和层与层之间的权重计算。初始权重可由程序员定义或随机初始化，而权重修正则通过计算机迭代训练而来。一般的人工神经网络结构如图 10-4 所示。

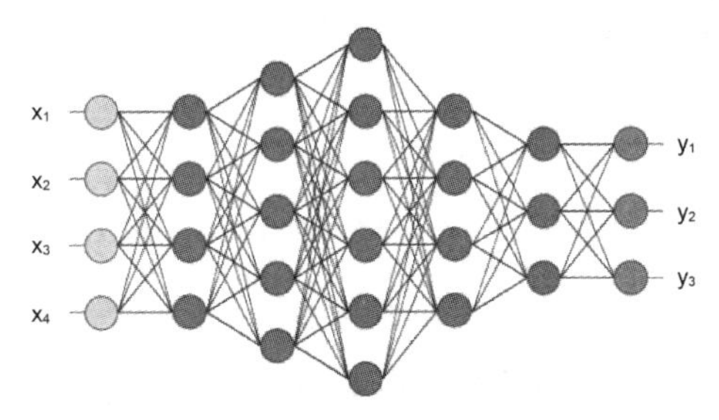

图 10-4 一般的人工神经网络结构

· 10.1.2 卷积神经网络

传统的神经网络使用加和乘两个基本的数学运算来搭建网络结构，而卷积神经网络（Convolutional Neural Network，CNN）使用了更多的运算操作来拓展神经网络的结构，如第 2 章介绍的滤波操作，第 3 章介绍的数学形态学操作，以及第 4 章介绍的特征提取操作等。本小节主要介绍卷积层、池化层，尚未完全掌握第 2 至 4 章原理的读者可再学习第 2 至 4 章。

卷积层为卷积神经网络的核心。卷积神经网络的参数都是由一些可学习的滤波器集合构成的。如第 1 章对 Mat 图像的每一个像素进行重新计算就运用了一个 3×3 的矩阵，也称为卷积核；第 2 章的滤波操作和第 4 章的特征提取也运用了类似的卷积核。经过这些计算，图像的特征也更为清晰。

卷积层通常由多个过滤器过滤后的图像叠加而成。如输入层维度为 100×100×3（RGB 通道），经过一个过滤器后维度变为 100×100×1；如将 10 次过滤结果叠加，可得到最终维度为 100×100×10。

池化层一般用于减轻计算压力。一般将输入数据分块，提取每一块的最大值作为新层的值，如

图 10-5 所示，输入数据被分为 2×2 的数据块，然后取最大值。

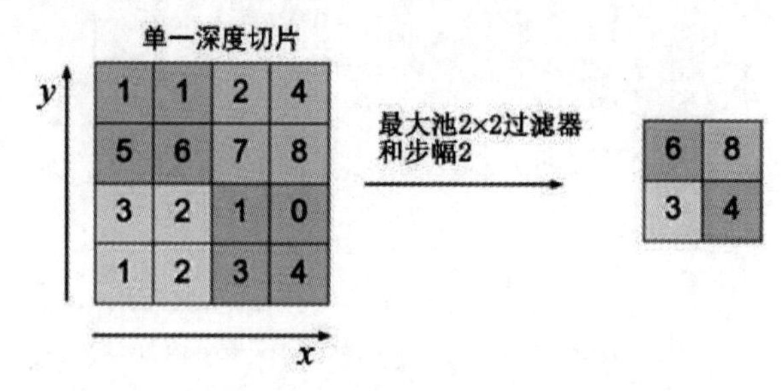

图 10-5　池化操作示意图

最终结合神经网络与卷积层、池化层等，可构建出一个简单的卷积神经网络，如图 10-6 所示。

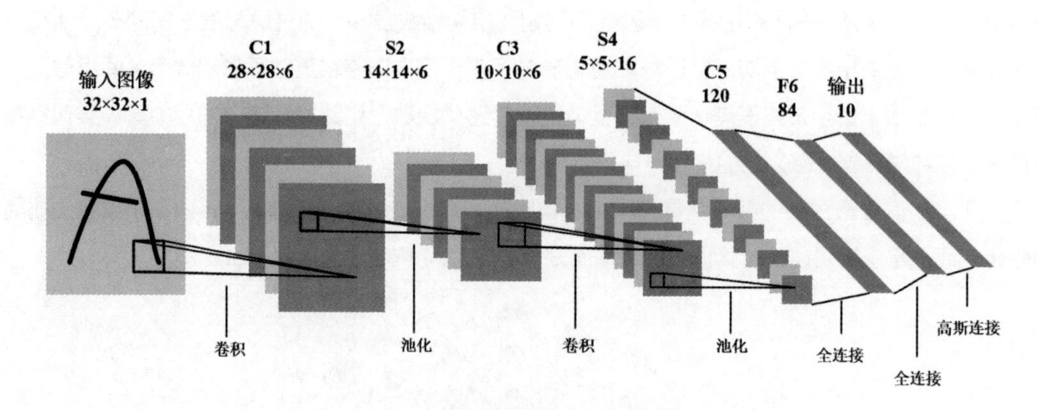

图 10-6　卷积神经网络结构示意图

将源图像先经由卷积操作，再通过 6 个过滤器并叠加得出 28×28×6 的卷积层（Convolution）；将卷积层再通过池化操作，得到 14×14×6 的池化层。重复这些操作，最终池化层维度为 5×5×16，一共含有 400 个特征数据。再将其转化为 400 个输入单元，输入神经网络中，最终经由神经网络得出结果。

目前已有许多优秀的卷积神经网络，如 VGG-16、ResNet 等，这些结构都是比较合理、简洁的。运用这些结构来训练和检测，相比其他的网络结构会更快。有兴趣的读者可以自行学习相关的内容。

· 10.1.3　循环神经网络

卷积神经网络只能单独处理数据，例如输入数据为一个视频，卷积神经网络只能读取每一帧，为每一帧输出结果，而各帧之间没有联系。这对于视频而言可能会出现前后不一致的问题，循环神经网络的出现就是为了处理这种输入数据之间存在联系的情况。

循环神经网络（Recurrent Neural Network，RNN）也是一种神经网络，但区别在于其引入了时间的概念，将当前时刻输入的数据与前一时刻获得的结果同时作为当前时刻的输入数据。以图像为例，在 $T-1$ 时刻检测到的图像信息，会与 T 时刻检测到的图像信息一起作为输入数据输入 $T+1$ 时刻的神经网络中进行处理。循环神经网络原理图如图 10-7 所示。

循环神经网络主要用于处理序列数据，如视频、文本描述等，在自然语言处理、语言识别等领域也有极多用途，感兴趣的读者可自行查阅相关资料。

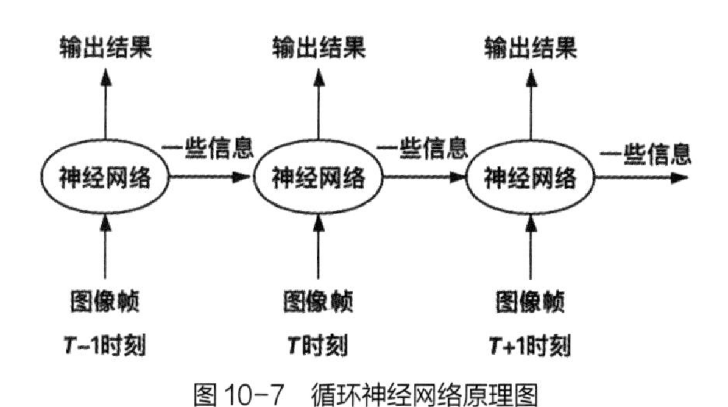

图 10-7　循环神经网络原理图

10.2 深度神经网络模块

深度学习是目前快速发展的一个领域。OpenCV 作为计算机视觉领域的集大成者，从 OpenCV 3.3 版本开始，就将深度神经网络（DNN）模块从扩展模块移到了 OpenCV 正式发布的模块中，可供用户导入预训练模型，用户也可以输入数据集来训练自己的模型，甚至可以定义新类型的层来构建出新的神经网络。

· 10.2.1　主流框架模型简介

目前从开发者角度来看有多个深度学习的框架，如 TensorFlow、Keras、Caffe 等，使用这些框架可以快速高效地搭建出神经网络的结构，如 CNN、RNN 等。训练模型所使用的算法均内置在框架中，可以高效地训练出神经网络模型供用户使用。这些框架间的异同点如下。

- 对于 TensorFlow，用户可以自定义层的大小、使用的卷积核以及损失函数等，较为自由。其隶属于谷歌公司，拥有强大的团队和完整的生态，支持所有语言，但是过于庞大，如在 Python 中，TensorFlow 将所有代码均封装进 tf 模块中，而且无法使用默认的 Python 库。TensorFlow 代码接近 100 万行，开发者想修改框架需要耗费大量的精力。TensorFlow 训练得出的模型文件为 .pb 文件。
- Keras 专为开发者进行快速开发而设计，直接提供卷积层、池化层等可用接口，无须提供参数。Keras 通过调用少量的 API 即可构建出模型，如卷积层、池化层等均可调用 API 自动生成，无须程序员手动输入。但是对于高性能以及自定义层的构建 Keras 有所欠缺，对嵌入式产品来说不太理想。Keras 训练出的模型文件为 .hdf5 文件。
- Caffe 使用 C++ 语言编写内核，对 OpenCV 有天然的亲和力，但是需要程序员对深度学习的底层原理有较深了解。它每一层的各个参数均由程序员指定，开发较烦琐。Caffe 优化性能较好，对项目来说几乎是最理想的框架。Caffe 训练得出的文件为 .prototxt 描述文件与 .caffemodel 权重文件。

OpenCV 支持 Caffe、TensorFlow、Darknet 等框架所训练出来的模型，但是对 Keras 等框架尚不支持。

· 10.2.2 模型操作

OpenCV 中使用 Net 类来存储神经网络模型，通过 Net 类还可以创建并操作神经网络。Net 派生出的 ClassificationModel 类用于读取与分类相关的神经网络，SegmentationModel 类用于读取分割图像的神经网络等。

DNN 模块同时提供以下类方法用于读取相应框架的模型。

- readNetFromCaffe( ) 读取 Caffe 的模型。
- readNetFromDarknet( ) 读取 Darknet 的模型。
- readNetFromTensorFlow( ) 读取 TensorFlow 的模型。

通过这些方法可以很便利地读取相应的模型文件，而输入数据至神经网络中同样有相应的类方法。

- blobFromImage( ) 将单幅图像转换为神经网络的输入格式。
- blobFromImages( ) 将一系列图像转换为神经网络的输入格式。

输入数据后通过 Net 的成员函数 forward( ) 计算并返回 Mat 格式的数据，通过这个 Mat 矩阵即可获取神经网络的数据以供进一步使用。

· 10.2.3 硬件加速

OpenCV 中可使用 Halide 在软硬件层面上实现对算法的底层加速，Halide 的调度策略可由程序员自定义，例如指定硬件缓冲区的大小，可以根据不同的硬件调整参数提高性能。

Halide 需要使用 LLVM（Low Level Virtual Machine, 低级虚拟机）编译器以及 Halide 编程语言，LLVM 编译器可从官网下载，Halide 的代码可从 Github 官网下载，同时本书的电子资源中也提供了副本。在源码文件夹中执行如下命令。

```
mkdir build && cd build
cmake.exe -DLLVM_DIR=\\path-to-llvm-install\\lib\\cmake\\llvm -DLLVM_VERSION=40 -DWITH_TESTS=OFF -DWITH_APPS=OFF -DWITH_TUTORIALS=OFF -DCMAKE_BUILD_TYPE=Release -G "Visual Studio 14 Win64" ..
MSBuild.exe /m:4 /t:Build /p:Configuration=Release .\\ALL_BUILD.vcxproj
```

同时，在 OpenCV 项目使用神经网络的代码前添加如下代码。

```
net.setPreferableBackend(DNN_BACKEND_HALIDE);
```

编译 OpenCV 项目时添加如下参数。

- WITH_HALIDE：开启 Halide。
- HALIDE_ROOT_DIR：指定 Halide 路径。

同时，在使用 NVIDIA 显卡的情况下，还可以使用 OpenCV 内置的 CUDA（Compute Unified Device Architecture，统一计算设备架构）来加速图像的运算。在前面的章节中，对 Mat 对象的计算通常使用 CPU 来进行，而在使用显卡的环境下，可以通过使用 cv::cuda::GpuMat 来存储 Mat 对象，通过自定义的迭代器来遍历、计算图像的每一个像素值。示例代码如下。

```
    template<typename T>
    thrust::permutation_iterator<thrust::device_ptr<T>, thrust::transform_iterator<step_functor<T>,
thrust::counting_iterator<int>>> GpuMatBeginItr(cv::cuda::GpuMat mat, int channel = 0)
    {
    if (channel == -1)
    {
            mat = mat.reshape(1);
            channel = 0;
    }
    CV_Assert(mat.depth() == cv::DataType<T>::depth);
    CV_Assert(channel < mat.channels());
    return thrust::make_permutation_iterator(thrust::device_pointer_cast(mat.ptr<T>(0) + channel),
    thrust::make_transform_iterator(thrust::make_counting_iterator(0), step_functor<T>(mat.cols, mat.
step / sizeof(T),    mat.channels())));
    }
```

10.3 人体姿态识别

在人工智能领域，人体姿态识别在健身、动作识别等方面有很好的应用前景，人体姿态识别的更深层次应用——人体行为识别，则更能带来无限的可能，如老人安全监控、智能机器人等。本节结合OpenCV中的DNN模块和Caffe训练的模型简要介绍人体姿态识别，其效果示意图如图10-8所示。

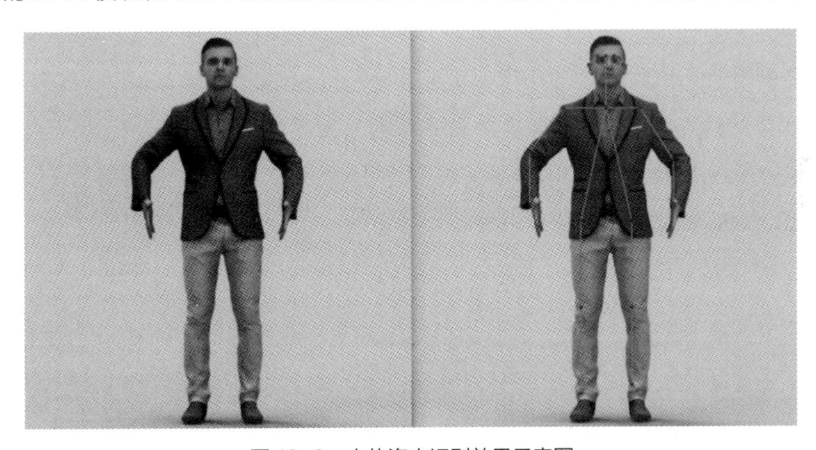

图10-8 人体姿态识别效果示意图

· 10.3.1 原理简介

人体姿态识别的原理较为简单：首先将输入图像经由卷积神经网络提取出特征；然后分别输入CNN网络Part Confidence Maps关节点置信图（PCM，表示像素在关节点的高斯响应，离关节点越近的像素，响应值越大）和Part Affinity Fields关节亲和场（PAF，表示骨架位置和骨架上像素的方向，某骨架预测出来的PAF与真实的PAF越接近，则两关节点连接更亲密）来提取出预测的人体关键点，如头部、肩膀，以及关键点的关联肢体；最后根据关键点和肢体的最佳匹配来识别出人体的姿态。整个算法的神经网络模块如图10-9所示。

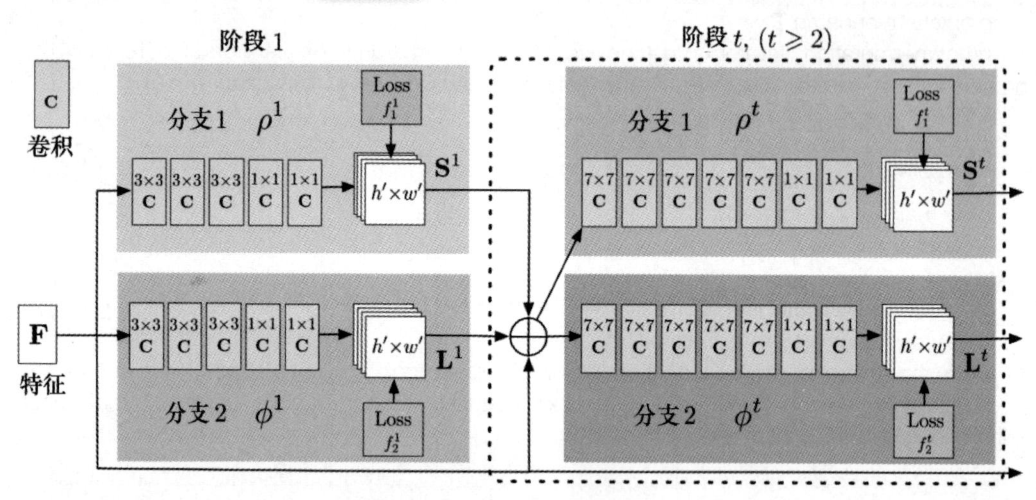

图 10-9 算法神经网络模块

整个流程如下：首先将输入图像经过卷积神经网络提取出特征 F，将特征分为两种，分别输入分支 1 和分支 2 得出关键点信息 S、相关肢体信息 L；在 L 的帮助下把 S 中得到的关键点连接成一个肢体，如左小臂（关键点左肩，相关肢体信息左手肘）、左大腿（关键点左胯，相关肢体信息左膝盖）等；把这一阶段重复多次后，把每一个肢体都检测出来，最终拼接得出人的姿态骨架。

· 10.3.2 人体姿态识别示例程序

示例程序将使用 OpenCV 和一个已经训练完成的 Caffe 模型，具体文件已在配套资料中给出。

该 Caffe 模型的输入层图像大小要求为 368 像素 ×368 像素，输出层返回 17 个部位对应的点的映射信息。具体操作为先导入 Caffe 模型文件，调用 forward() 函数计算神经网络输出的结果，最后根据结果绘图。下面通过例 10-1 进行说明。

例 10-1：人体姿态识别。

具体代码如下。

```
    // 导入相应的模块
    #include<opencv2/dnn.hpp>
    #include<opencv2/imgproc.hpp>
    #include<opencv2/highgui.hpp>
    using namespace cv;
    using namespace cv::dnn;
    #include <iostream>
    using namespace std;
    // 以数字代表人体关键点，如 1 代表头部，2 代表脖子，3 代表左肩
    // 定义人体肢体部位的配对，如（左胯，左腿膝盖）=> 左大腿；（左手肘，左肩）=> 左手大臂等 . 以
// 数字表示
    const int POSE_PAIRS[17][2] = {
        {1,2}, {1,5}, {2,3},
        {3,4}, {5,6}, {6,7},
        {1,8}, {8,9}, {9,10},
        {1,11}, {11,12}, {12,13},
```

```
    {1,0}, {0,14},
    {14,16}, {0,15}, {15,17}
};
int main(int argc, char **argv)
{
        // 已训练的模型的路径
        String modelTxt = "pose.prototxt";// 存储神经网络结构
String modelBin = "pose.caffemodel";// 存储节点之间权重
// 待识别人体图像路径
        String imageFile = "a.jpg";
        // 模型的参数，输入层的维度为 368×368
        int W_in =368;
        int H_in = 368;
        // 图像预处理系数，在 blobFromImage( ) 中使用
        float scale  = 0.003922;
        int npairs, nparts;
        npairs = 17;// 表示相连接的部位有 17 对，如 ( 左手小臂，左手大臂 ) 和 ( 左手大臂，左肩 ) 等
        nparts = 18;// 人体部位个数，如头部、左手、右手等
        // 导入 Caffe 模型
         Net net = readNet(modelBin, modelTxt);
Mat img = imread(imageFile);
if (img.empty()) {
          cout<<" 图像加载路径有误 "<<endl;
          return -1;
        }
// 将图像转换为模型的输入格式
Mat inputBlob = blobFromImage(img, scale, Size(W_in, H_in), Scalar(0, 0, 0), false, false);
if (inputBlob.empty()) {
          cout<<" 格式转换失败 "<<endl;
          return -1;
        }
        // 为模型设置输入数据
        net.setInput(inputBlob);
        // 调用 forward( ) 函数得出神经网络的运算结果
Mat result = net.forward();
if (result.empty()) {
        cout<<" 调用神经网络有误 "<<endl;
        return -1;
    }
    // 算法中使用 46×46 的空间映射各部位的位置
    int H = 46;
    int W = 46;
    // 检测出的结果低于 0.1 则视为未检测出相应的部位
    float thresh = 0.1;
    // 保留身体各部位的信息
    vector<Point> points(18);
    for (int n=0; n<nparts; n++)
    {
        // 将 result 中的结果用 result.ptr(0,n) 提取出来
        Mat heatMap(H, W, CV_32F, result.ptr(0,n));
        // 部位的点坐标
```

```
        Point p(-1,-1),pm;
        double conf;
        // 寻找映射空间中代表部位的点
        minMaxLoc(heatMap, 0, &conf, 0, &pm);
        // 小于阈值视为未检测出相应的部位
        if (conf > thresh)
          p = pm;
        // 将点添加进 points 保存，-1 表示未找到
        points[n] = p;
    }
    // 映射空间大小与实际图像大小的比例
    float SX = float(img.cols) / W;
    float SY = float(img.rows) / H;
    for (int n=0; n<npairs; n++)
    {
        // 枚举所有部位的点对
        Point2f a = points[POSE_PAIRS[n][0]];
        Point2f b = points[POSE_PAIRS[n][1]];
        // 没有检测出相应的部位，-1 表示未找到
        if (a.x<=0 || a.y<=0 || b.x<=0 || b.y<=0)
          continue;
        // 将映射空间的点转换尺度并绘图
        a.x*=SX; a.y*=SY;
        b.x*=SX; b.y*=SY;
        line(img, a, b, Scalar(0,200,0), 2);
        circle(img, a, 3, Scalar(0,0,200), -1);
        circle(img, b, 3, Scalar(0,0,200), -1);
    }
    imshow("OpenPose", img);
    waitKey();
    return 0;
}
```

例 10-1 程序运行结果如图 10-10 所示。

图 10-10　例 10-1 程序运行结果

在 OpenCV 中训练神经网络的模型较为复杂，需要设置每一层的各个参数、维度，开发较为不便。例 10-1 直接使用了 Caffe 训练出的模型，通过读取 Caffe 模型即可快速地使用神经网络。附录 4 中给出了通过 Python 语言训练 Caffe 模型的具体过程及全部代码。

10.4 YOLO 物体识别

YOLO（You Only Look Once）算法是一种目前十分流行的能够快速识别图像中物体种类的算法，是计算机视觉领域比较热门的技术。YOLO 算法支持识别多种类别，如人、椅子、眼镜、狗、自行车等。图 10-11 为官方提供的效果示意图。

图 10-11 YOLO 官方提供的效果示意图

· 10.4.1 原理简介

在一幅图像中检测多个类别物体的原始方法为滑动窗口法，本书前面已经介绍过了。滑动窗口法采用穷举的方法将源图像不断地分割成一小部分并输入神经网络获取结果。这种方法虽然逻辑简单，但是无法确定物体的大小，只能穷举所有的可能，因此速度十分缓慢。而 YOLO 算法则解决了这一问题。YOLO 算法通过卷积神经网络提取特征，将源图像分割为 13×13、26×26、52×52 这 3 种尺寸的小块来代替原始的像素，同时对不同的尺寸（13×13、26×26、52×52）使用不同的框来穷举图像，很好地解决了计算量过大的问题。由于使用不同的尺寸，同一物体可能会被标记多次，YOLO 算法为解决这一问题使用了非极大值抑制（Non-Maximum Suppression，NMS）算法来去重，其指导思想是搜索局部极大值，抑制非极大值元素，即依次选出最大的候选值。经典 NMS 算法的具体实现步骤如下。

（1）设定目标框的置信度阈值，常用的交并比阈值在 0.5 左右。

（2）根据置信度降序排列候选框列表。

（3）选取置信度最高的框 A 添加到输出列表，并将其从候选框列表中删除。

（4）计算 A 与候选框列表中的所有框的 IoU 值，删除大于阈值的候选框。

（5）重复上述过程，直到候选框列表为空，返回输出列表。

其中，IoU（Intersection over Union）为交并比，IoU 值相当于两个区域交叉的部分除以两个区域的并集得出的结果。不同 IoU 值的效果如图 10-12 所示。

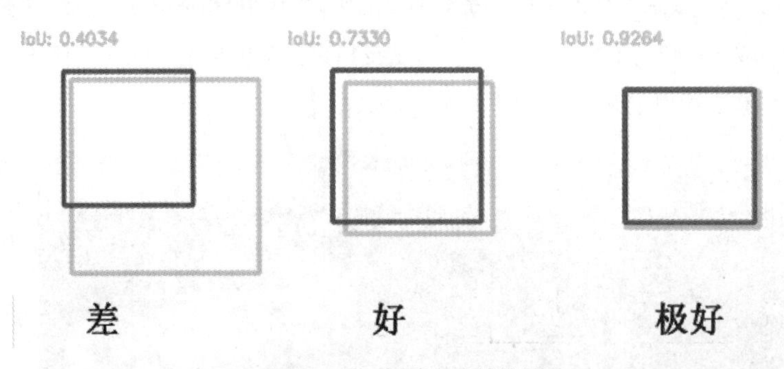

图 10-12　不同 IoU 值的效果

下面通过一个具体的例子来说明经典 NMS 算法的处理过程。图 10-13 中的左图是包含一个检测目标的实例图片。其中的矩形框代表采用目标检测算法后生成的大量带置信度的边界框，矩形框左下角的浮点数代表该边界框的置信度，当将 NMS 的阈值设为 0.2 时，最终的效果如图 10-13 中的右图所示。

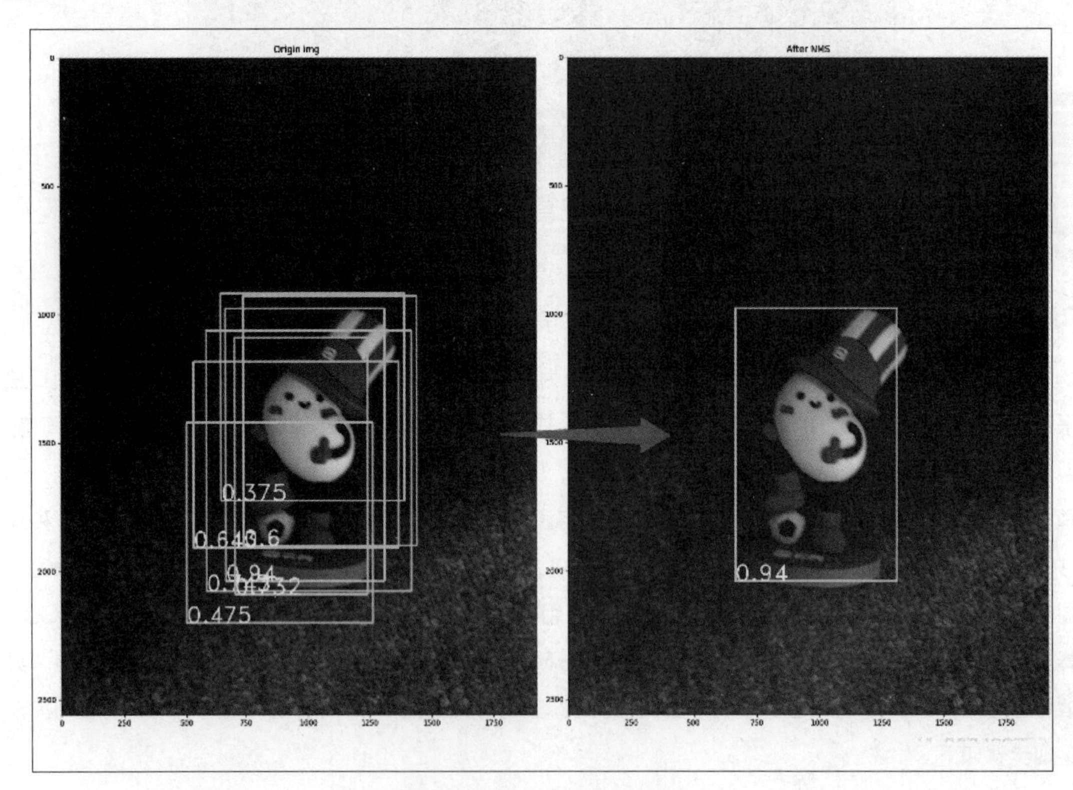

图 10-13　NMS 算法示意图

YOLO 算法的神经网络结构如图 10-14 所示。

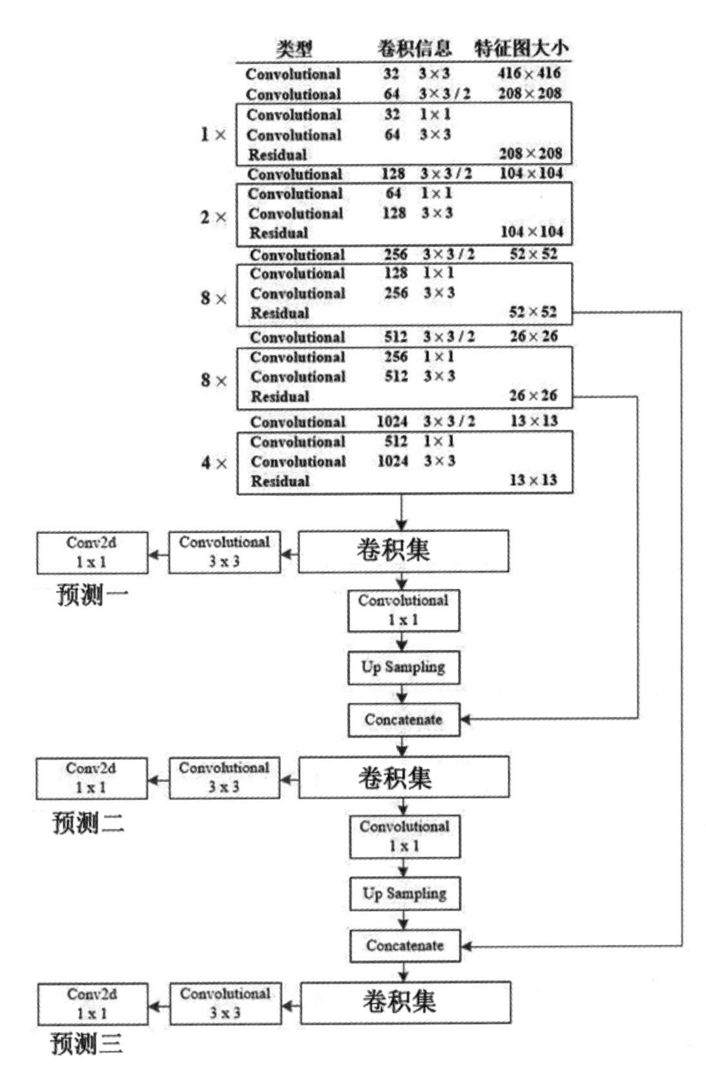

图 10-14　YOLO 算法的神经网络结构

该结构首先使用卷积神经网络多次提取特征。当图像特征的维度为 52×52、26×26、13×13 时，分别输入卷积神经网络进行识别并分别输出结果。在 OpenCV 中使用 YOLO 算法时，需要对卷积神经网络的 3 个输出层分别接收对应的返回结果。

· 10.4.2　YOLO 算法示例程序

本小节使用 YOLO 官方提供的已训练的 Darknet 模型文件。该模型文件的输入数据为 416×416×3 的图像，输出为 13×13、26×26、52×52 3 种尺寸的混合结果。程序的主逻辑很简单，主要为导入模型文件、设置输入数据、提取神经网络的运算结果并绘图。下面通过例 10-2 进行说明。

例 10-2：YOLO 算法示例。

具体代码如下。

```
#include<fstream>
#include<sstream>
#include<iostream>
#include<opencv2/dnn.hpp>
#include<opencv2/imgproc.hpp>
#include<opencv2/highgui.hpp>
using namespace cv;
using namespace dnn;
float confThreshold, nmsThreshold;
std::vector<std::string> classes;
// 处理神经网络返回结果
void postprocess(Mat& frame, const std::vector<Mat>& out, Net& net, int backend);
// 绘图
void drawPred(int classId, float conf, int left, int top, int right, int bottom, Mat& frame);
int main(int argc, char** argv)
{
    // 一个物体是否为某一类的概率，若低于 confThreshold 的值则不输出
    confThreshold = 0.4;
    // 去重参数
    nmsThreshold = 0.5;
    // 将图像转换为神经网络输入数据的参数
    float scale = 0.00392;
    Scalar mean(0,0,0);
    int inpWidth = 416;
    int inpHeight = 416;
    // 模型文件路径
    std::string modelPath = "yolov3.weights";
    std::string configPath = "yolov3.cfg";
    //80 个类的名称文件
    std::string file = "yolov3class.txt";
    // 读取类名文件
    std::ifstream ifs(file.c_str());
    if (!ifs.is_open()) {
      std::cout<<" 类名文件打开异常 ";
      return -1;
     }
    std::string line;
    while (std::getline(ifs, line))
    {
      classes.push_back(line);
    }
    // 读取模型
    Net net = readNet(modelPath, configPath);
     // 由于 YOLO 的输出为 13×13、26×26、52×52 这 3 种尺寸的混合结果，在 OpenCV 中需要指
// 定输出层
    std::vector<String> outNames = net.getUnconnectedOutLayersNames();
    Mat frame;
    VideoCapture cap;
    cap.open(0);
    for(;;){
      Mat blob;
      cap>>frame;
```

```
        if (frame.empty()) {
            std::cout<<" 摄像头读取图像出错 "<<std::endl;
            continue;
        }
        // 设置输入数据
        blobFromImage(frame, blob, 1.0, Size(inpWidth, inpHeight), Scalar(), true, false, CV_8U);
        net.setInput(blob, " ", scale, mean);
        // 读取输出结果
        std::vector<Mat> outs;
        net.forward(outs, outNames);
        // 处理结果并绘图
        postprocess(frame, outs, net, 0);
        imshow("YOLO", frame);
        if (waitKey(1) == 27)
            break;
    }
    return 0;
}
```

其中，postprocess() 函数为处理返回结果。该函数首先提取神经网络返回的结果，然后将类名与位置信息存放于一个 vector 类型的 frame 对象中，再经由 NMS 算法去重，最后绘图，具体代码如下。

```
void postprocess(Mat& frame, const std::vector<Mat>& outs, Net& net, int backend)
{
    std::vector<int> classIds;
    std::vector<float> confidences;
    std::vector<Rect> boxes;
    // 提取结果 , 输出 13×13、26×26、52×52 这 3 种尺寸
    for (size_t i = 0; i < outs.size(); ++i)
    {
      // 神经网络输出一个维度为 N × C 的矩阵
      // N 为检测出的物体个数
      // C 为类的种类个数和物体的位置信息，[center_x, center_y, width, height]
      float* data = (float*)outs[i].data;
      // 对当前尺寸输出结果进行处理
      for (int j = 0; j < outs[i].rows; ++j, data += outs[i].cols)
      {
        // 物体是否为某一种类的概率
        Mat scores = outs[i].row(j).colRange(5, outs[i].cols);
        Point classIdPoint;
        double confidence;
        minMaxLoc(scores, 0, &confidence, 0, &classIdPoint);
        // 若概率低于 confThreshold 的值则不输出
        if (confidence > confThreshold)
        {
          int centerX = (int)(data[0] * frame.cols);
          int centerY = (int)(data[1] * frame.rows);
          int width = (int)(data[2] * frame.cols);
          int height = (int)(data[3] * frame.rows);
          int left = centerX - width / 2;
          int top = centerY - height / 2;
          // 先将结果保存至一个 vector 容器中，后续再进行绘图
```

```
            classIds.push_back(classIdPoint.x);
            confidences.push_back((float)confidence);
            boxes.push_back(Rect(left, top, width, height));
          }
        }
      }

      //NMS 算法去重
      std::map<int, std::vector<size_t> > class2indices;
      for (size_t i = 0; i < classIds.size(); i++)
      {
        if (confidences[i] >= confThreshold)
        {
          class2indices[classIds[i]].push_back(i);
        }
      }
      std::vector<Rect> nmsBoxes;
      std::vector<float> nmsConfidences;
      std::vector<int> nmsClassIds;
       for (std::map<int, std::vector<size_t> >::iterator it = class2indices.begin(); it != class2indices.
end(); ++it)
      {
        std::vector<Rect> localBoxes;
        std::vector<float> localConfidences;
        std::vector<size_t> classIndices = it->second;
        for (size_t i = 0; i < classIndices.size(); i++)
        {
          localBoxes.push_back(boxes[classIndices[i]]);
          localConfidences.push_back(confidences[classIndices[i]]);
        }
        std::vector<int> nmsIndices;
        NMSBoxes(localBoxes, localConfidences, confThreshold, nmsThreshold, nmsIndices);
        for (size_t i = 0; i < nmsIndices.size(); i++)
        {
          size_t idx = nmsIndices[i];
          nmsBoxes.push_back(localBoxes[idx]);
          nmsConfidences.push_back(localConfidences[idx]);
          nmsClassIds.push_back(it->first);
        }
      }
      boxes = nmsBoxes;
      classIds = nmsClassIds;
      confidences = nmsConfidences;
      // 画出矩形框分类
      for (size_t idx = 0; idx < boxes.size(); ++idx)
      {
        Rect box = boxes[idx];
        drawPred(classIds[idx], confidences[idx], box.x, box.y,
            box.x + box.width, box.y + box.height, frame);
      }
    }
    void drawPred(int classId, float conf, int left, int top, int right, int bottom, Mat& frame)
```

```
    {
        rectangle(frame, Point(left, top), Point(right, bottom), Scalar(0, 255, 0));
        std::string label = format("%.2f", conf);
        // 输出框为类名 + 置信度
        label = classes[classId] + ": " + label;
        int baseLine;
        Size labelSize = getTextSize(label, FONT_HERSHEY_SIMPLEX, 0.5, 1, &baseLine);
        top = max(top, labelSize.height);
        // 绘制识别出的物体
        rectangle(frame, Point(left, top - labelSize.height),
                  Point(left + labelSize.width, top + baseLine), Scalar::all(255), FILLED);
        putText(frame, label, Point(left, top), FONT_HERSHEY_SIMPLEX, 0.5, Scalar());
    }
```

例 10-2 程序运行结果如图 10-15 所示。

图 10-15　例 10-2 程序运行结果

10.5 图片分类

GoogLeNet 是克里斯蒂安 · 塞盖迪（Christian Szegedy）于 2014 年提出的一种全新的深度学习模型，该模型获得了 ImageNet 2014 挑战赛的冠军。该模型虽然有 22 层，但大小却比 AlexNet 和 VGG（Visual Geometry Group）都小很多，而且性能优越。本节主要介绍基于 GoogLeNet 模型的图片分类，该模型采用 100 万张已标记的图片进行训练，实现了 1000 个分类。GoogLeNet 模型的核心亮点就是 Inception，网络的最大特点是用全局平均池化取代全连接层，减少了模型计算量，使得模型训练速度更快，并且减轻了过拟合现象。Inception 目前已经有 V2、V3、V4 版本，主要用于解决深层网络的如下问题。

- 参数太多，容易过拟合，训练数据集有限。
- 网络越大，计算复杂度越高，难以应用。

- 网络越深，梯度往后越容易消失，难以优化模型。

本节程序需要以下 3 个文件，可在本书配套资源中获取，具体描述如下。

- bvlc_googlenet.prototxt：模型文本（描述）文件。
- bvlc_googlenet.caffemodel：模型二进制文件。
- synset_words.txt：标签文本文件，存放 1000 个类别名称。

下面通过例 10-3 进行说明。首先读入一张猕猴（Macaque）的图片，然后载入上述 3 个 Caffe 模型文件，最后在图片上输出分类结果 macaque。

例 10-3：图片分类。

具体代码如下。

```
//use opencv_dnn module for image classification by using GoogLeNet trained network
#include<opencv2/opencv.hpp>
#include<opencv2/dnn.hpp>
#include<iostream>
#include<fstream> // std::ifstream
using namespace cv;
using namespace cv::dnn;
using namespace std;
String modelTxt = "bvlc_googlenet.prototxt";// 模型文本（描述）文件
String modelBin = "bvlc_googlenet.caffemodel";// 模型二进制文件
String labelFile = "synset_words.txt";// 标签文本文件
vector<String> readClasslabels();
int main(int argc, char** argv) {
Mat testImage = imread("monkey.jpg");
if (testImage.empty()) {
    printf("could not load image...\n");
    return -1;
}
Net net = dnn::readNetFromCaffe(modelTxt, modelBin);// 读取 Caffe 模型
if (net.empty())
{
    std::cerr << "Can't load network by using the following files: " << std::endl;
    std::cerr << "prototxt:   " << modelTxt << std::endl;
    std::cerr << "caffemodel: " << modelBin << std::endl;
    return -1;
}
// 读取分类数据
vector<String> labels = readClasslabels();
// 由 bvlc_googlenet.prototxt 可知网络输入层大小为 224×224
Mat inputBlob = blobFromImage(testImage, 1, Size(224, 224), Scalar(104, 117, 123));
//mean: Scalar(104, 117, 123) 表示向值
// 支持 1000 个图片分类检测
Mat prob;
// 循环 10 次以上
for (int i = 0; i < 10; i++)
{
    // 设置第一层数据层进行输入
    net.setInput(inputBlob, "data");
    // 分类预测，设置最后一层进行结果输出
```

```
        prob = net.forward("prob");
    }
    // 读取分类索引，最大与最小值
    Mat probMat = prob.reshape(1, 1); // 转换成一行多列的分类结果
    Point classNumber;// 最大可能性的分类号
    double classProb;// 最大可能性的概率值
    minMaxLoc(probMat, NULL, &classProb, NULL, &classNumber); // 可能性最大的一个
    int classIdx = classNumber.x; // 分类索引号
    printf("\n current image classification : %s, possible : %.2f \n", labels.at(classIdx).c_str(), classProb);
    putText(testImage, labels.at(classIdx), Point(20, 20), FONT_HERSHEY_SIMPLEX, 0.75, Scalar(0,
0, 255), 2, 8);
    imshow("Image Category", testImage);
    waitKey(0);
    return 0;
    }
    /* 读取图片的 1000 个分类标记文本数据 */
    vector<String> readClasslabels() {
    std::vector<String> classNames;
    std::ifstream fp(labelFile);// 文件输入 / 输出流
    if (!fp.is_open())
    {
        std::cerr << "File with classes labels not found: " << labelFile << std::endl;
        exit(-1);
    }
    std::string name;
    while (!fp.eof())
    {
        std::getline(fp, name);
        if (name.length())
            classNames.push_back(name.substr(name.find(' ') + 1));
    }
    fp.close();
    return classNames;
    }
```

例 10-3 程序运行结果如图 10-16 所示。

图 10-16　例 10-3 程序运行结果

更多已经训练好的 Caffe 模型可以在 Model Zoo 官网下载，其中有部分模型因结构太旧，需要根据新版本的 Caffe 进行修改。

10.6 小结

本章简要介绍了神经网络的基本原理，神经网络的两个应用代表——卷积神经网络和循环神经网络；简要介绍了 OpenCV 中的深度学习模块 DNN，包括导入模型、使用模型等操作；对硬件加速方面简要提及；最后通过 3 个示例程序（人体姿态识别、YOLO 算法物体识别和图片分类）说明了深度学习模块在实际开发中的应用流程。本章内容较多，希望读者能反复阅读，理解深度学习模块的核心部分，并掌握深度学习模块的使用方法。

在机器学习大热的背景之下，计算机视觉与自然语言处理（Natural Language Process，NLP）、语音识别（Speech Recognition）并列为机器学习的三大热点方向。读者需要注意的是，计算机视觉的技术理论和实际应用发展得都很快，我们需要保持终身学习的态度和务实的作风，才能跟上时代的潮流。

附录1

OpenCV 编程常见问题

1. Q：在编程环境方面，QT 和 VS 有何区别？

A：Qt 是一款基于 C++ 的跨平台开发框架；VS 的全称是 Microsoft Visual Studio，它是微软公司的开发工具包系列产品。

2. Q：如何解决以下错误？

OpenCV Error: Assertion failed (size.width>0 && size.height>0) in unknown function, file C:\ src\window.cpp, line 261 请按任意键继续 ...

A：出现这种错误提示，一般是由于打开文件的路径不对，解决方法是检查 cv::imread() 函数括号中的路径是否准确，包括绝对路径、相对路径、路径名称。

3. Q：无法打开文件 opencv_world410d.lib，或者无法打开文件 opencv2\opencv.hpp。

A：在项目属性页链接器中输入 opencv_world410d.lib 这个文件名，还要附加库目录，即 OpenCV 库目录，并检查 OpenCV 的配置。

4. Q：VS 下配置好 x64 的 OpenCV，在 x64 的 Debug 模式下能用，但 Release 模式下不能用。

A：Debug 模式和 Release 模式都要进行配置或者编译生成，Release 模式下的库文件名的最后一个字母不带 d, Debug 模式下的则带 d，例如 opencv_world440d.lib 和 opencv_world440.lib。

5. Q：imshow() 显示灰屏如何解决？

A：增加 waitKey(0); 语句，括号里面的参数单位为毫秒。

6. Q：Mat 类不识别。

A：Mat 类型对应的头文件是 highgui.h，在编译的时候仅加上 #include “highgui.h” 这条语句还不够，得告诉系统作用域，解决办法是在程序的最开始加上 using namespace cv; 语句，或者把 Mat 改为 cv::Mat。

7. Q：cvtColor() 中断。

A：这是因为读取图像时出了问题，导致 cvtColor() 转换灰度图时程序中断报错，解决方法是将图像复制到项目目录下，再把 imread() 参数直接写为读取文件名。

8. Q：如何解决以下错误？

OpenCV Error: Assertion failed <dims <=2 && data && <unsigned >i0 < <unsigned>size. p[0] && <unsigned >< i1

A：经过调试，发现发生这种错误的原因在于访问构造矩阵时越界了，例如以下情况。

```
cv::Mat mat1 = cv::Mat::zeros(480,640,CV_8UC1);
mat1.at<uchar>(481,643)
```

构造的 mat1 为 640 × 480，却访问了 643 × 481，那肯定会出错。解决方法是在每次访问前添加如下语句。

```
if(i>=0 && i<mat1.cols && j>=0 && j< mat1.rows)
mat1.at<uchar>(j,i);
```

这样就可以保证访问的元素在矩阵范围内了。

9. Q：如何解决以下错误？

OpenCV Error: Bad flage <parameter or structure field> <unrecongnized or unsupported

arry typr>

A：发生这种错误的原因在于构造的矩阵的行或者列为 0，而又要求显示该图像，例如以下情况。

```
cv::Mat mat2 =  cv::Mat::zeros(480,0,CV_8UC1);
cv::imshow("mat", mat2);
cv::waitKey(0);
```

这样就会在 imshow() 里报错。构造矩阵的时候肯定不会把行和列设置成 0，但有可能在将其他实参传入的时候，这个参数本身就为 0，这时就会报错。

10. Q：如何解决以下错误?

Sizes of input arguments do not match

```
cv::add(src, whitestar, temp);
```

A：add() 图像叠加函数要求参数 1 与参数 2 的尺寸、通道数量一致。

附录2

OpenCV 4.4 源码及 opencv_contrib 模块编译

OpenCV 将很多算法放到了 opencv_contrib 模块中，因此需要将 opencv_contrib 模块编译到 OpenCV 中。以下简单介绍在 Windows 操作系统下编译该模块过程。

下载 opencv-4.4.0 源码——选择 Source code（zip）下载 [约 88.6 兆字节（MB）]，如附图 2-1 所示。

Assets 12

opencv-4.4.0-android-sdk.zip	229 MB
opencv-4.4.0-dldt-2020.3-vc16-avx2-debug.7z	179 MB
opencv-4.4.0-dldt-2020.3-vc16-avx2.7z	151 MB
opencv-4.4.0-dldt-2020.3-vc16-avx2.zip	230 MB
opencv-4.4.0-dldt-2020.4-vc16-avx2-debug.7z	184 MB
opencv-4.4.0-dldt-2020.4-vc16-avx2.7z	155 MB
opencv-4.4.0-dldt-2020.4-vc16-avx2.zip	236 MB
opencv-4.4.0-docs.zip	80.9 MB
opencv-4.4.0-ios-framework.zip	179 MB
opencv-4.4.0-vc14_vc15.exe	203 MB
Source code (zip)	
Source code (tar.gz)	

附图 2-1　下载 opencv-4.4.0 源码

下载 opencv_contrib-4.4.0 源码，如附图 2-2 所示。

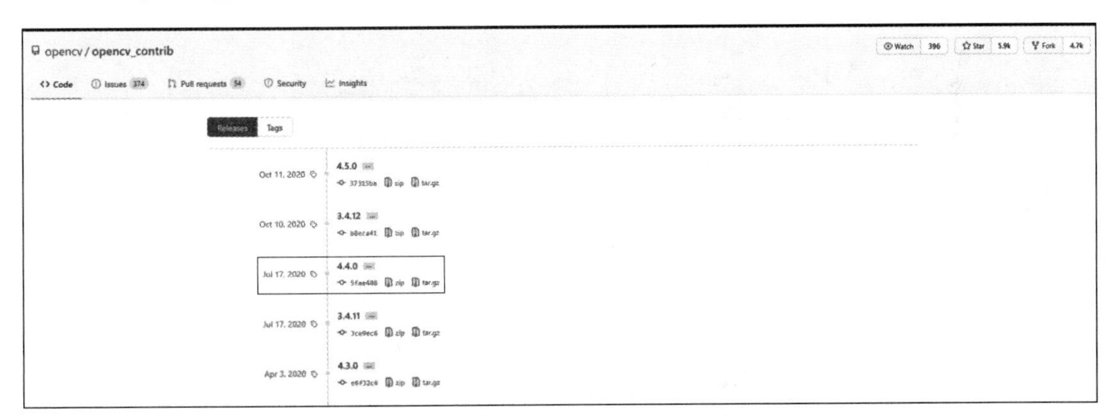

附图 2-2　下载 opencv_contrib-4.4.0 源码

注意，opencv_contrib 需要与 OpenCV 匹配，在页面中找到对应版本的 opencv_contrib（即 opencv_contrib-4.4.0），下载后（约 59.1MB），解压代码到本地目录下。

安装 CMake，CMake 是一个跨平台的编译工具。根据使用的操作系统选择相应的版本进行下载和安装，本书选择 cmake-3.18.4-win64-x64.msi（约 25.2MB）下载，如附图 2-3 所示。

在出现的“Install Options”对话框中，选择“Add CMake to the system PATH for all users”单选按钮，然后单击“Next”按钮进入下一步，如附图 2-4 所示，最终完成创建。

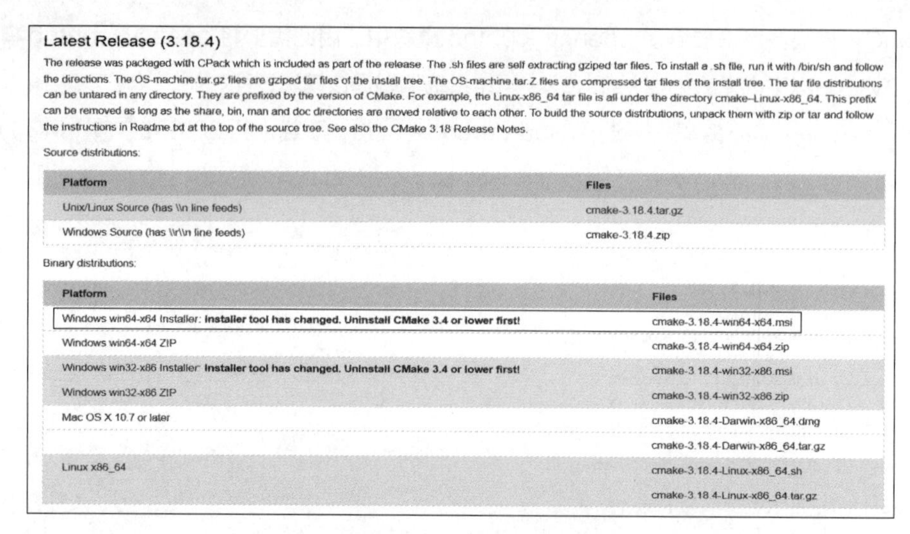

Latest Release (3.18.4)

The release was packaged with CPack which is included as part of the release. The .sh files are self extracting gziped tar files. To install a .sh file, run it with /bin/sh and follow the directions. The OS-machine.tar.gz files are gziped tar files of the install tree. The OS-machine.tar.Z files are compressed tar files of the install tree. The tar file distributions can be untared in any directory. They are prefixed by the version of CMake. For example, the Linux-x86_64 tar file is all under the directory cmake–Linux-x86_64. This prefix can be removed as long as the share, bin, man and doc directories are moved relative to each other. To build the source distributions, unpack them with zip or tar and follow the instructions in Readme.txt at the top of the source tree. See also the CMake 3.18 Release Notes.

Source distributions:

Platform	Files
Unix/Linux Source (has \n line feeds)	cmake-3.18.4.tar.gz
Windows Source (has \r\n line feeds)	cmake-3.18.4.zip

Binary distributions:

Platform	Files
Windows win64-x64 Installer: **Installer tool has changed. Uninstall CMake 3.4 or lower first!**	cmake-3.18.4-win64-x64.msi
Windows win64-x64 ZIP	cmake-3.18.4-win64-x64.zip
Windows win32-x86 Installer: **Installer tool has changed. Uninstall CMake 3.4 or lower first!**	cmake-3.18.4-win32-x86.msi
Windows win32-x86 ZIP	cmake-3.18.4-win32-x86.zip
Mac OS X 10.7 or later	cmake-3.18.4-Darwin-x86_64.dmg
	cmake-3.18.4-Darwin-x86_64.tar.gz
Linux x86_64	cmake-3.18.4-Linux-x86_64.sh
	cmake-3.18.4-Linux-x86_64.tar.gz

附图 2-3　下载 CMake

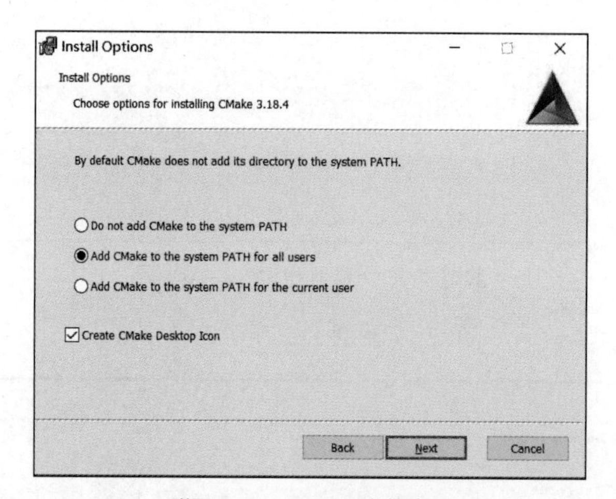

附图 2-4　CMake 安装选项

使用 CMake 生成 OpenCV 源码，双击下载文件 bin 目录下的 cmake_gui.exe 文件，运行 CMake，如附图 2-5 所示。

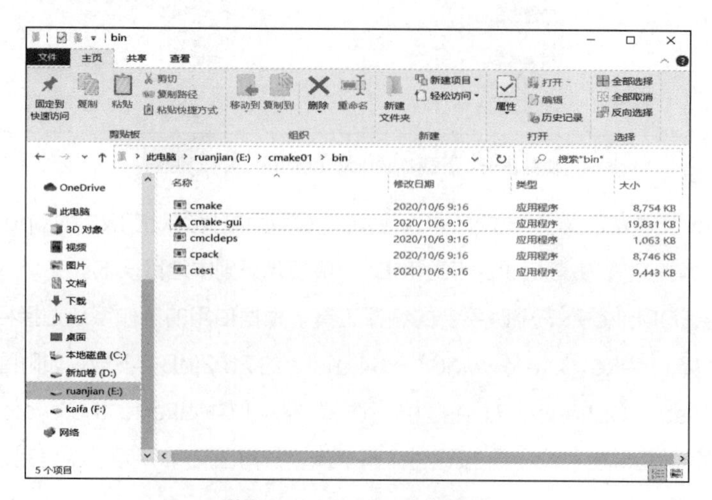

附图 2-5　CMake 存储路径

在 CMake 运行界面的“where is the source code”文本框中输入 OpenCV 地址 /sources 地址，在“where to build the binaries”文本框中输入保存编译结果的地址，如附图 2-6 所示。注意，全部路径最好不要有中文。

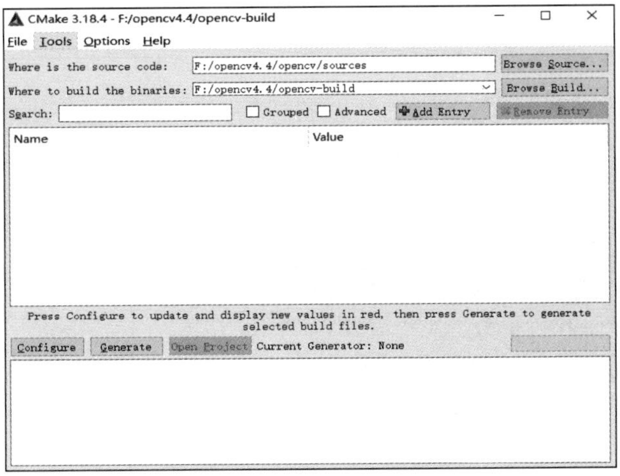

附图 2-6　CMake 运行界面

单击“Configure”按钮，选择编译器，本文选择 VS 2019，单击“Finish”按钮进行配置，如附图 2-7 所示。

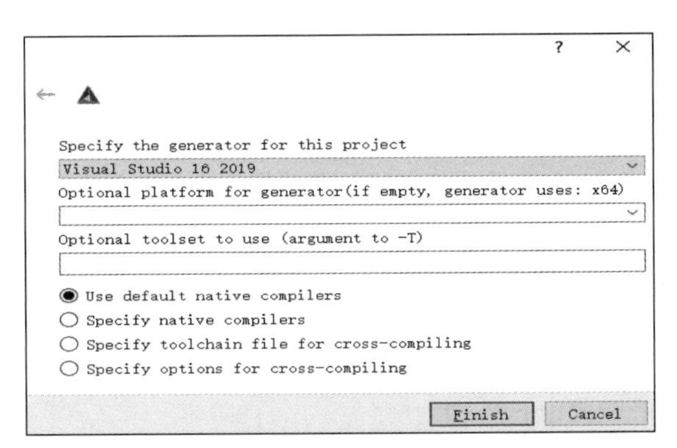

附图 2-7　选择编译器

在完成第一次编译后，会出现附图 2-8 所示的画面。

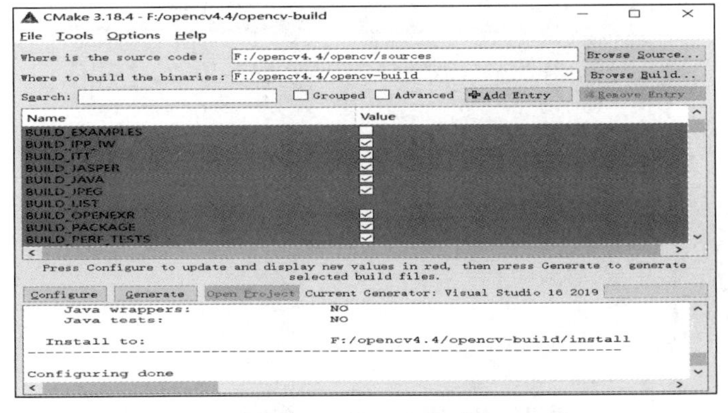

附图 2-8　第一次编译结果

之后需要做两项改动。

第一项是勾选“BUILD_opencv_world”复选框，如附图 2-9 所示。常规条件下编译 OpenCV 源码会生成很多库，如果在使用 CMake 生成 VS 解决方案时勾选了“BUILD_opencv_world”复选框，则可以只生成一个库文件，即 opencv_world440d.lib 或 opencv_world440.lib。

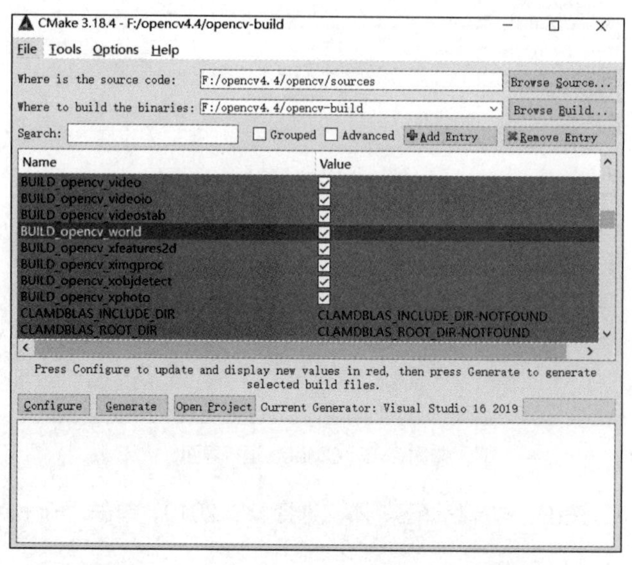

附图 2-9　勾选 BUILD_opencv_world 复选框

第二项是在“OPENCV_EXTRA_MODULES_PATH”选项中选择 opencv_contrib 解压目录下的 modules 文件夹所在的路径，这样就把 opencv_contrib 模块编译进去了，如附图 2-10 所示。可以勾选“OPENCV_ENABLE_NONFREE”（第三方库路径上面）复选框，SURF 特征提取算法需要用到。如果需要 Qt 开发工具，就把“WITH_QT”复选框勾选。单击“Configure”按钮，CMake 会报错，这时需指定 Qt5_DIR 路径，其实为 CMake 编译器的路径，实验中指定的为 D:/Qt/5.9.9/msvc2017_64/lib/cmake/Qt5，再次单击“Configure”按钮。

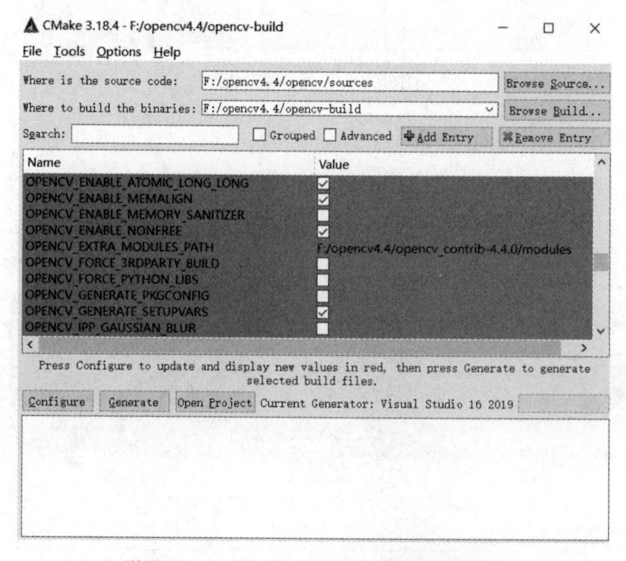

附图 2-10　输入 modules 文件夹的路径

单击“Configure”按钮进行配置，反复配置几次，直到界面全白，就可以按“Generate”按钮，完成后左下角会显示“Configuring done”“Generating done”。完成之后如果在输出文件夹中能找到 OpenCV.sln 文件，则表明编译成功完成，如附图 2-11 和附图 2-12 所示。

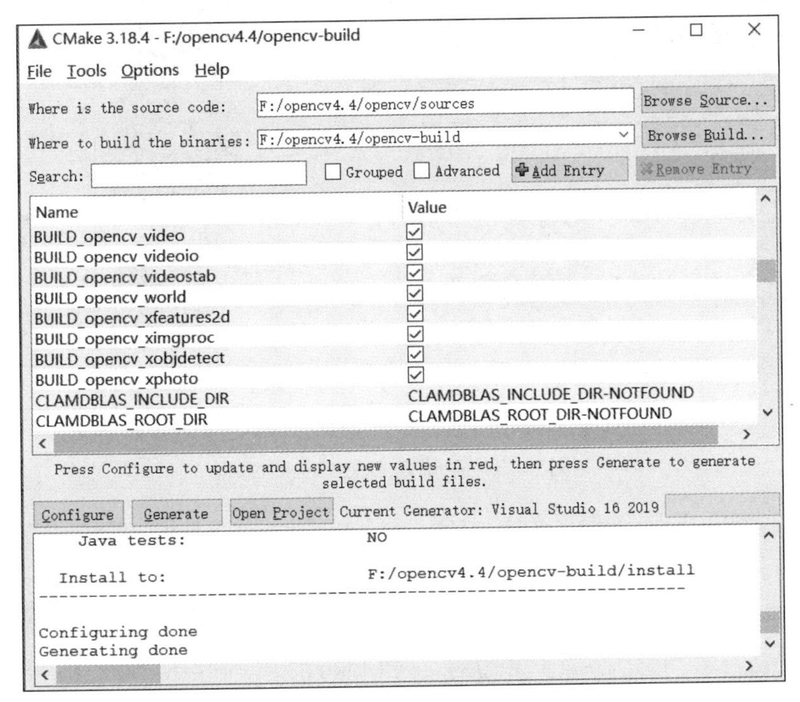

附图 2-11　静态编译完成

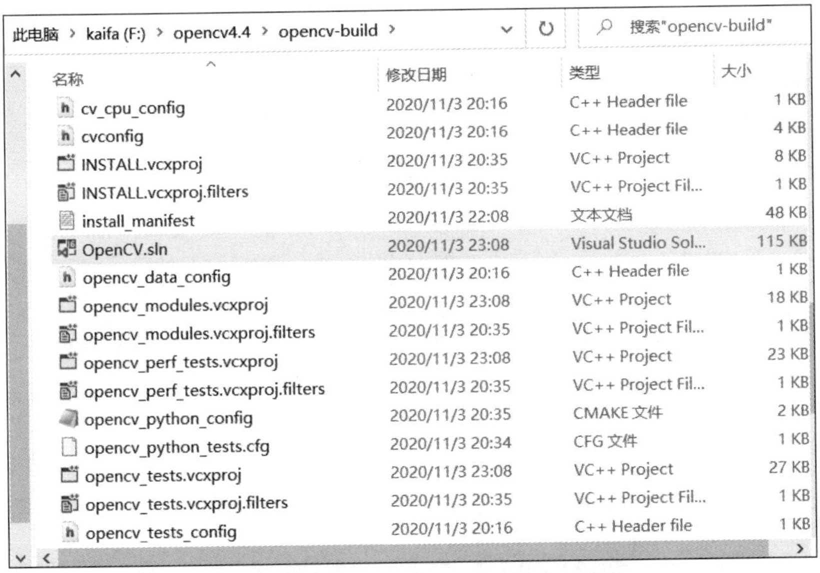

此电脑 › kaifa (F:) › opencv4.4 › opencv-build ›　　搜索"opencv-build"

名称	修改日期	类型	大小
cv_cpu_config	2020/11/3 20:16	C++ Header file	1 KB
cvconfig	2020/11/3 20:16	C++ Header file	4 KB
INSTALL.vcxproj	2020/11/3 20:35	VC++ Project	8 KB
INSTALL.vcxproj.filters	2020/11/3 20:35	VC++ Project Fil...	1 KB
install_manifest	2020/11/3 22:08	文本文档	48 KB
OpenCV.sln	2020/11/3 23:08	Visual Studio Sol...	115 KB
opencv_data_config	2020/11/3 20:16	C++ Header file	1 KB
opencv_modules.vcxproj	2020/11/3 23:08	VC++ Project	18 KB
opencv_modules.vcxproj.filters	2020/11/3 20:35	VC++ Project Fil...	1 KB
opencv_perf_tests.vcxproj	2020/11/3 23:08	VC++ Project	23 KB
opencv_perf_tests.vcxproj.filters	2020/11/3 20:35	VC++ Project Fil...	1 KB
opencv_python_config	2020/11/3 20:35	CMAKE 文件	2 KB
opencv_python_tests.cfg	2020/11/3 20:34	CFG 文件	1 KB
opencv_tests.vcxproj	2020/11/3 23:08	VC++ Project	27 KB
opencv_tests.vcxproj.filters	2020/11/3 20:35	VC++ Project Fil...	1 KB
opencv_tests_config	2020/11/3 20:16	C++ Header file	1 KB

附图 2-12　opencv.sln 文件

下面用 VS 2019 编译 OpenCV 源码。编译完成后在 CMake 界面单击“Open Project”按钮，此时 VS 2019 也会自动打开 OpenCV 项目方案（也可在“where to build the binaries”文本框中设置的路径下找到 OpenCV.sln 文件并打开），OpenCV.sln 项目加载完后如附图 2-13 所示。

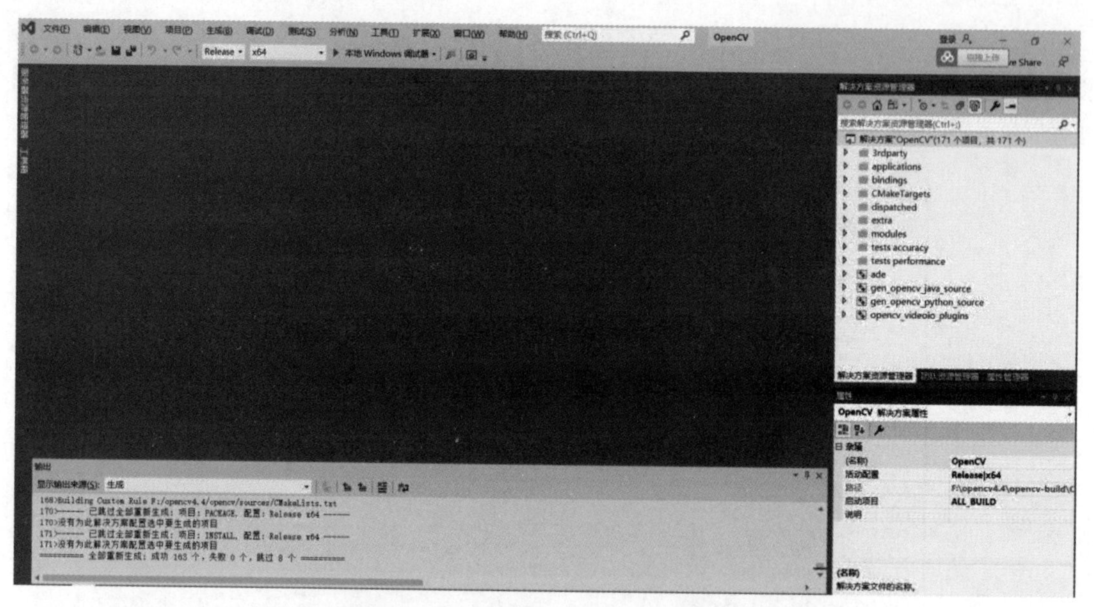

附图 2-13　重新加载 OpenCV.sln 项目

在 VS 右侧的解决方案资源管理器中，选择“CMakeTargets”选项，然后在“输出”窗口中选择“生成”选项。单击“CMakeTargets”选项将其展开，找到下方的“All_BUILD”项目后右击生成，等待一会后，即可编译完成。进一步右击生成 INSTALL 项目。此处需要分别编译 Release 版本（模式）和 Debug 版本（模式），这步完成后，在 CMake 的“where to build the binaries”文本框中设置的路径下会多一个 install 文件夹，其中就是需要的配置文件。编译时间较长，请读者耐心等待。install 文件夹中的内容如附图 2-14 所示。

ifa (F:) › opencv4.4 › opencv-build › install　　搜索"install"

名称	修改日期	类型	大小
bin	2020/11/3 21:00	文件夹	
etc	2020/11/3 20:59	文件夹	
include	2020/11/3 20:59	文件夹	
x64	2020/11/3 20:59	文件夹	
LICENSE	2020/6/7 14:36	文件	3 KB
OpenCVConfig	2020/11/3 20:16	CMAKE 文件	7 KB
OpenCVConfig-version	2020/11/3 20:16	CMAKE 文件	1 KB
setup_vars_opencv4	2020/11/3 20:16	Windows 命令脚本	1 KB

附图 2-14　install 文件夹中的内容

添加环境变量。打开计算机的“系统属性”对话框，在“高级”选项卡中单击“环境变量”按钮，在 Path 中增加 CMake 选择的 OpenCV 的编译路径，如附图 2-15 所示。“where to build the binaries”文本框中设置的路径为 \install\x64\vc16\bin。

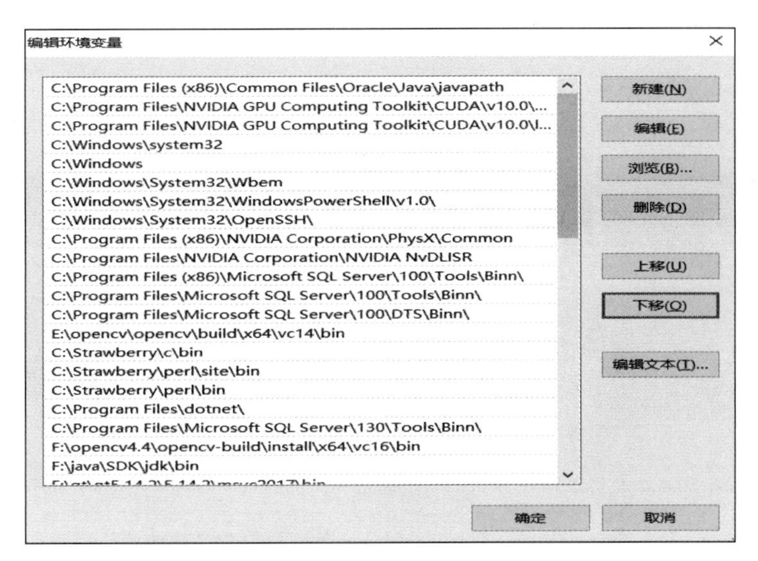

附图 2-15 增加 CMake 选择的 Opencv 的编译路径

在 VS 2019 中配置新建的工程。打开 VS 2019 新建一个空项目，然后找到属性管理器，先将其设为 Debug 模式。

之后需要在“Projectl 属性页”中设置 3 个方面的内容。

（1）选择“VC++ 目录”选项，在“常规”列表中单击“包含目录”，在打开的“包含目录”对话框中添加如下两项，如附图 2-16 所示。

- <where to build the binaries 中设置的路径 >\install\include。
- <where to build the binaries 中设置的路径 >\install\include\opencv2。

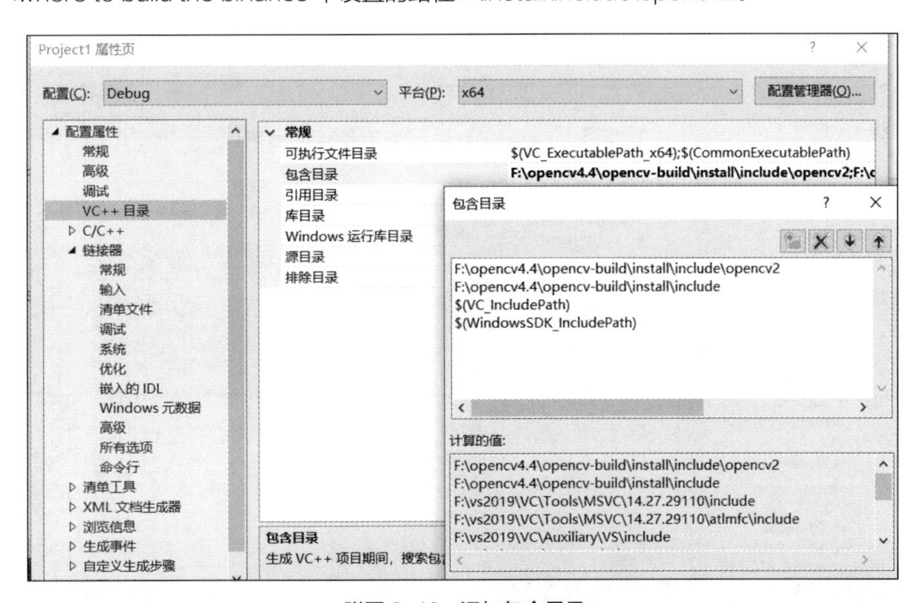

附图 2-16 添加包含目录

（2）选择“VC++ 目录”选项，在“常规”列表中单击“库目录”，在打开的“库目录”对话框中添加以下目录，如附图 2-17 所示。

- <where to build the binaries 中设置的路径 > \install\x64\vc16\lib。

- <where to build the binaries 中设置的路径 > \lib\Release。
- <where to build the binaries 中设置的路径 > \lib\Debug。

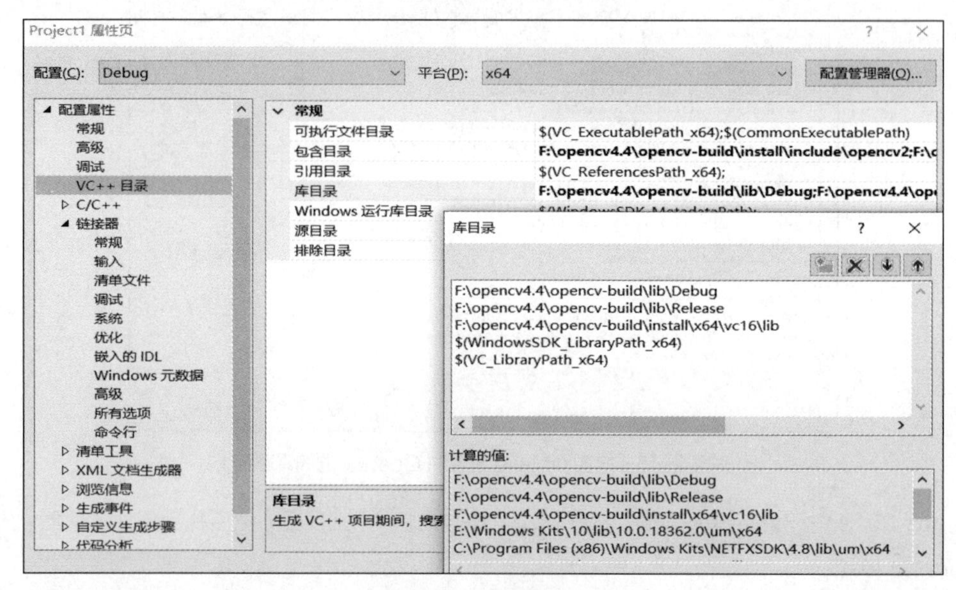

附图 2-17　添加库目录

（3）选择“链接器”下的“输入”选项，在右侧列表中单击“附加依赖项”，在打开的对话框中添加相应目录。

用户可根据项目需求添加相应的库，注意添加的库与编译选项要一致。其中 Debug 模式添加的库如附图 2-18 所示，文件名最后有一个字母 d，例如 opencv_world440d.lib。

附图 2-18　Debug 模式下添加的库（附加依赖项）

将属性管理器设为 Release 模式后还需再进行一次设置，包含目录和库目录的设置与 Debug 模式下的设置一致。添加的库如附图 2-19 所示，注意文件名最后没有字母 d，例如 opencv_world440.lib。

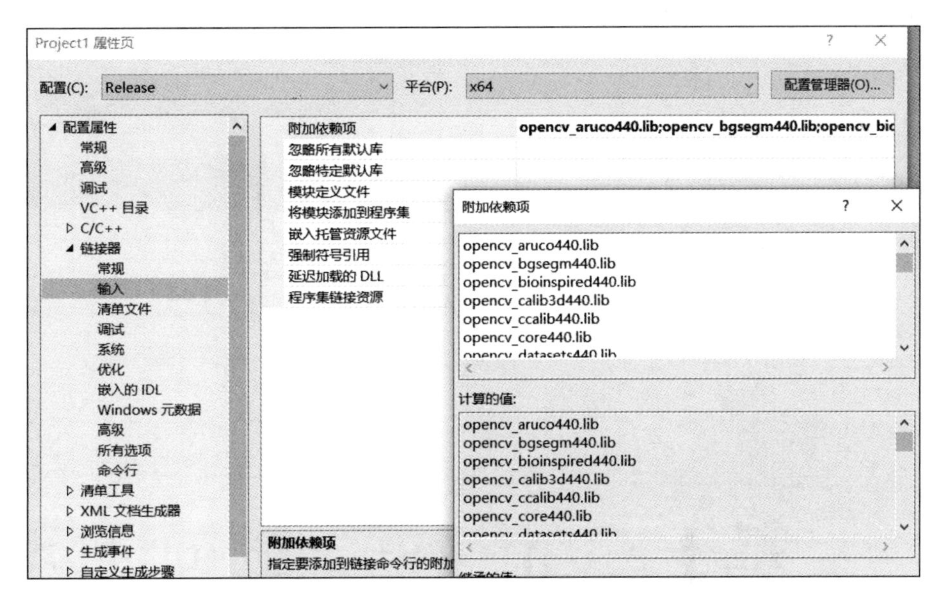

附图 2-19　Release 模式下添加的库（附加依赖项）

下面进行程序验证，示例程序如下。

```
#include <opencv2/opencv.hpp>
using namespace cv;
int main()
{
Mat image = imread("F:\\vs2019-code\\Project1\\01.jpg", IMREAD_GRAYSCALE);
if (image.empty()) {
      printf("Open Error\n");
      return -11;
}
namedWindow("image", WINDOW_AUTOSIZE);
imshow("image", image);
waitKey(0);
return 0;
}
```

如果选择 Debug 模式和 Release 模式均能出现要检测的图像窗口，说明 opencv_contrib 模块配置成功。

附录3

基于 Caffe 框架的神经网络训练过程

目前用于搭建神经网络的框架有 TensorFlow、Caffe，Keras 等，这里采用 Caffe 框架，通过 Python 简要地搭建一个神经网络模型，为 10.3 节补充相关知识。

Caffe 官方推荐使用 Ubuntu 操作系统。可下载 Ubuntu 20.04 镜像，使用虚拟机安装，Python 使用 Ubuntu 自带的 3.7 版本。

打开终端，输入命令“sudo apt install caffe-cpu”，下载 Caffe 的 CPU 版本。

输入命令“python3”，然后输入命令“import caffe”，若无报错则表示安装成功。

下面以分类手写的 0 ~ 9 这 10 个数字为例（电子资源中一起给出）进行讲解。将若干幅手写数字的图像以一定顺序保存，作为训练的数据集，如附图 3-1、附图 3-2 和附图 3-3 所示。

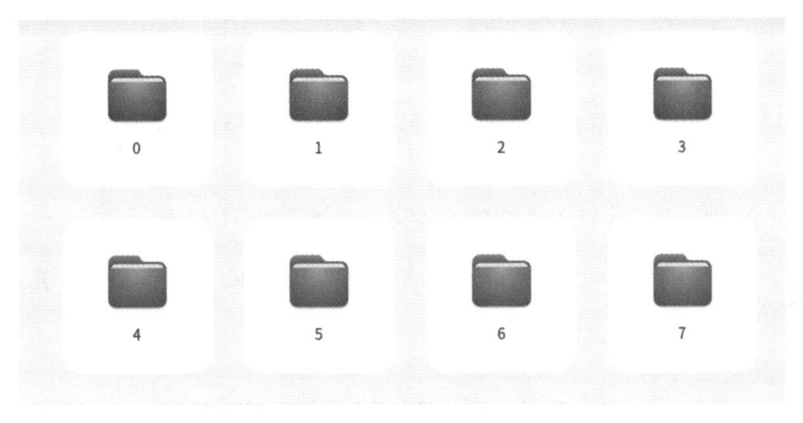

附图 3-1 训练图像目录

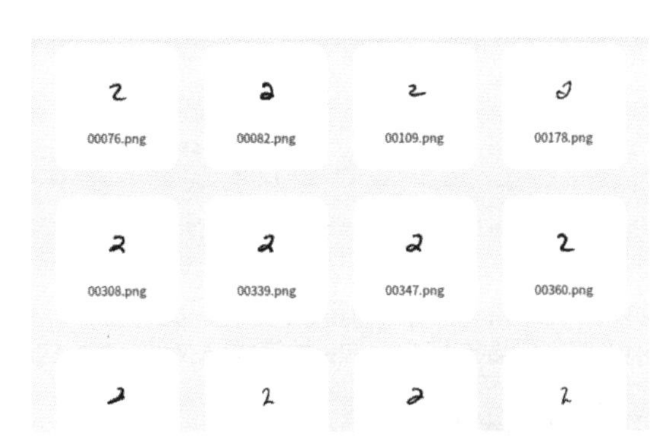

附图 3-2 数字 2 的训练图像

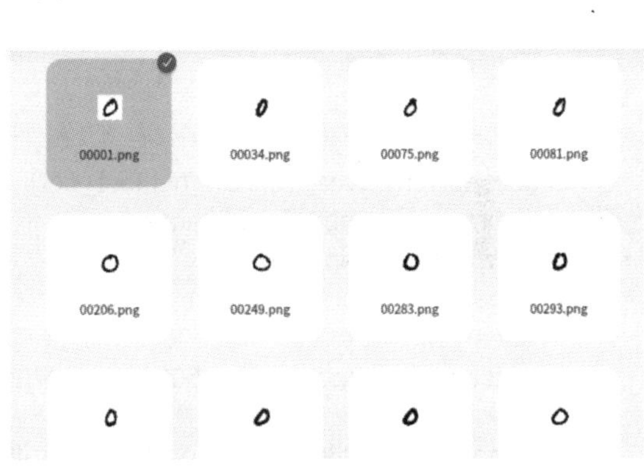

附图 3-3 数字 0 的训练图像

构建深度神经网络的一般步骤如下：导入数据集和测试集，定义神经网络的结构（如卷积层、池化层等），设置训练过程的相关参数，最后使用深度学习框架提供的训练方法训练模型。构建神经网络并得到模型后，可用测试集测试模型的准确率并保存模型文件供其他程序使用。

在 Python 中新建 mnist.py 文件，开始构建神经网络模型，具体代码如下。

```
# 导入 Caffe 框架
import caffe
from caffe import layers as L,params as P,proto,to_proto
# 设定文件的保存路径
train_list=' train.txt'   # 训练图像列表
test_list=' test.txt'     # 测试图像列表
```

```
train_proto=' train.prototxt'   # 训练配置文件，训练后生成
test_proto=' test.prototxt'     # 测试配置文件，训练后生成
solver_proto=' solver.prototxt' # 参数文件，训练后生成
# 构建神经网络的结构
def network_model(img_list,batch_size,include_acc=False):
    # 第一层：数据输入层
    data, label = L.ImageData(source=img_list, batch_size=batch_size, ntop=2,root_folder=root,
      transform_param=dict(scale= 0.00390625))
    # 第二层：卷积层
     conv1=L.Convolution(data, kernel_size=5, stride=1,num_output=20, pad=0,weight_
filler=dict(type=' xavier'))
    # 池化层
    pool1=L.Pooling(conv1, pool=P.Pooling.MAX, kernel_size=2, stride=2)
    # 卷积层
     conv2=L.Convolution(pool1, kernel_size=5, stride=1,num_output=50, pad=0,weight_
filler=dict(type=' xavier'))
    # 池化层
    pool2=L.Pooling(conv2, pool=P.Pooling.MAX, kernel_size=2, stride=2)
    # 全连接层
    fc3=L.InnerProduct(pool2, num_output=500,weight_filler=dict(type=' xavier'))
    # 激活函数层
    relu3=L.ReLU(fc3, in_place=True)
    # 全连接层
    fc4 = L.InnerProduct(relu3, num_output=10,weight_filler=dict(type=' xavier'))
    #softmax 层
loss = L.SoftmaxWithLoss(fc4, label)
# 生成模型结构文件
    return to_proto(loss)
# 编写一个函数，生成参数文件
def gen_solver(solver_file,train_net,test_net):
    s=proto.caffe_pb2.SolverParameter()
    s.train_net =train_net
    s.test_net.append(test_net)
    s.test_interval = 938   #60000/64，测试间隔参数。训练完一次所有的图像，进行一次测试
     s.test_iter.append(500)  #50000/100 测试迭代次数。需要迭代 500 次，才完成一次所有数据的
                               # 测试
    s.max_iter = 9380     #10 epochs ，最大训练次数为 938×10
    s.base_lr = 0.01   # 基础学习率
    s.momentum = 0.9  # 动量
    s.weight_decay = 5e-4 # 权值衰减项
    s.lr_policy = 'step' # 学习率变化规则
    s.stepsize=3000       # 学习率变化频率
    s.gamma = 0.1         # 学习率变化指数
    s.display = 20        # 屏幕显示间隔
    s.snapshot = 938      # 保存 caffemodel 的间隔
    s.snapshot_prefix = root+' mnist/lenet' #caffemodel 前缀
    s.type =' SGD'        # 优化算法
    s.solver_mode = proto.caffe_pb2.SolverParameter.GPU  # 加速
    # 写入 solver.prototxt 文件
    with open(solver_file, 'w') as f:
      f.write(str(s))
```

```
# 生成 train.prototxt 文件
with open(train_proto, 'w' ) as f:
f.write(str(network_model(train_list,batch_size=64)))
# 生成训练所需的参数
gen_solver(solver_proto,train_proto,test_proto)
# 开始训练
solver = caffe.SGDSolver(solver_proto)
solver.solve()
```

Caffe 训练模型过程截图如附图 3-4 所示。

```
ronghost@ronghost-PC: ~/caffe/data/mnist
^[I0807 20:15:09.961141 12153 solver.cpp:239] Iteration 900 (12.1286 iter/s, 1.649s/20 iters), loss = 0.120469
I0807 20:15:09.961235 12153 solver.cpp:258]     Train net output #0: SoftmaxWithLoss1 = 0.120469 (* 1 = 0.120469 loss)
I0807 20:15:09.961256 12153 sgd_solver.cpp:112] Iteration 900, lr = 0.01
I0807 20:15:11.600867 12153 solver.cpp:239] Iteration 920 (12.2026 iter/s, 1.639s/20 iters), loss = 0.00345175
I0807 20:15:11.600914 12153 solver.cpp:258]     Train net output #0: SoftmaxWithLoss1 = 0.00345174 (* 1 = 0.00345174 loss
)
I0807 20:15:11.600922 12153 sgd_solver.cpp:112] Iteration 920, lr = 0.01
I0807 20:15:13.009429 12153 solver.cpp:464] Snapshotting to binary proto file /home/ronghost/Downloads/mnist/lenet_iter_9
38.caffemodel
I0807 20:15:13.023169 12153 sgd_solver.cpp:284] Snapshotting solver state to binary proto file /home/ronghost/Downloads/m
nist/lenet_iter_938.solverstate
I0807 20:15:13.028089 12153 solver.cpp:347] Iteration 938, Testing net (#0)
I0807 20:15:39.107229 12153 solver.cpp:414]     Test net output #0: Accuracy1 = 0.9732
I0807 20:15:39.107271 12153 solver.cpp:414]     Test net output #1: SoftmaxWithLoss1 = 0.0750403 (* 1 = 0.0750403 loss)
I0807 20:15:39.347195 12153 solver.cpp:239] Iteration 940 (0.720825 iter/s, 27.746s/20 iters), loss = 0.10806
I0807 20:15:39.347236 12153 solver.cpp:258]     Train net output #0: SoftmaxWithLoss1 = 0.10806 (* 1 = 0.10806 loss)
I0807 20:15:39.347263 12153 sgd_solver.cpp:112] Iteration 940, lr = 0.01
I0807 20:15:40.924144 12153 solver.cpp:239] Iteration 960 (12.6904 iter/s, 1.576s/20 iters), loss = 0.010773
I0807 20:15:40.924183 12153 solver.cpp:258]     Train net output #0: SoftmaxWithLoss1 = 0.010773 (* 1 = 0.010773 loss)
I0807 20:15:40.924191 12153 sgd_solver.cpp:112] Iteration 960, lr = 0.01
I0807 20:15:42.511107 12153 solver.cpp:239] Iteration 980 (12.6103 iter/s, 1.586s/20 iters), loss = 0.100868
I0807 20:15:42.511153 12153 solver.cpp:258]     Train net output #0: SoftmaxWithLoss1 = 0.100869 (* 1 = 0.100869 loss)
I0807 20:15:42.511162 12153 sgd_solver.cpp:112] Iteration 980, lr = 0.01
I0807 20:15:44.106333 12153 solver.cpp:239] Iteration 1000 (12.5392 iter/s, 1.595s/20 iters), loss = 0.0828082
I0807 20:15:44.106376 12153 solver.cpp:258]     Train net output #0: SoftmaxWithLoss1 = 0.0828083 (* 1 = 0.0828083 loss)
I0807 20:15:44.106384 12153 sgd_solver.cpp:112] Iteration 1000, lr = 0.01
I0807 20:15:45.716852 12153 solver.cpp:239] Iteration 1020 (12.4224 iter/s, 1.61s/20 iters), loss = 0.201676
I0807 20:15:45.716899 12153 solver.cpp:258]     Train net output #0: SoftmaxWithLoss1 = 0.201676 (* 1 = 0.201676 loss)
I0807 20:15:45.716907 12153 sgd_solver.cpp:112] Iteration 1020, lr = 0.01
```

附图 3-4 Caffe 训练模型过程截图

模型的结果截图如附图 3-5 所示。

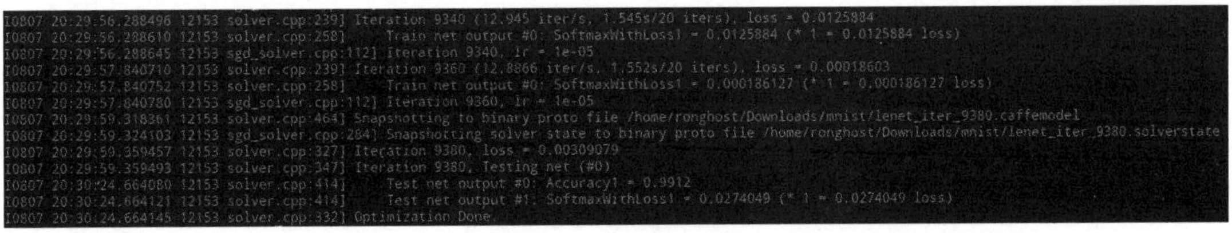

```
I0807 20:29:56.288496 12153 solver.cpp:239] Iteration 9340 (12.945 iter/s, 1.545s/20 iters), loss = 0.0125884
I0807 20:29:56.288610 12153 solver.cpp:258]     Train net output #0: SoftmaxWithLoss1 = 0.0125884 (* 1 = 0.0125884 loss)
I0807 20:29:56.288645 12153 sgd_solver.cpp:112] Iteration 9340, lr = 1e-05
I0807 20:29:57.840710 12153 solver.cpp:239] Iteration 9360 (12.8866 iter/s, 1.552s/20 iters), loss = 0.00018603
I0807 20:29:57.840752 12153 solver.cpp:258]     Train net output #0: SoftmaxWithLoss1 = 0.000186127 (* 1 = 0.000186127 loss)
I0807 20:29:57.840780 12153 sgd_solver.cpp:112] Iteration 9360, lr = 1e-05
I0807 20:29:59.318361 12153 solver.cpp:464] Snapshotting to binary proto file /home/ronghost/Downloads/mnist/lenet_iter_9380.caffemodel
I0807 20:29:59.324103 12153 sgd_solver.cpp:284] Snapshotting solver state to binary proto file /home/ronghost/Downloads/mnist/lenet_iter_9380.solverstate
I0807 20:29:59.359457 12153 solver.cpp:327] Iteration 9380, loss = 0.00309079
I0807 20:29:59.359493 12153 solver.cpp:347] Iteration 9380, Testing net (#0)
I0807 20:30:24.664080 12153 solver.cpp:414]     Test net output #0: Accuracy1 = 0.9912
I0807 20:30:24.664121 12153 solver.cpp:414]     Test net output #1: SoftmaxWithLoss1 = 0.0274049 (* 1 = 0.0274049 loss)
I0807 20:30:24.664145 12153 solver.cpp:332] Optimization Done.
```

附图 3-5 模型的结果截图

训练得到的神经网络模型保存文件如附图 3-6 所示。

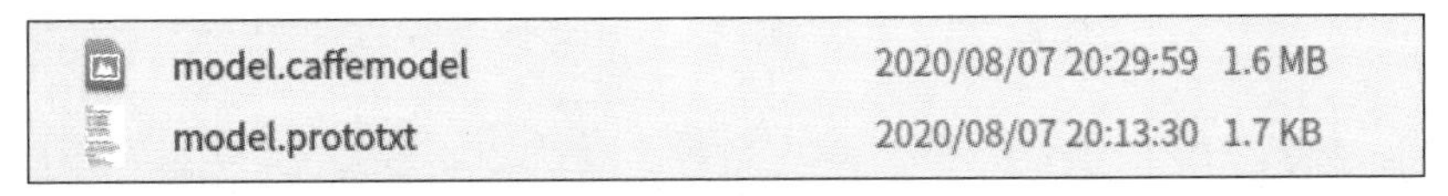

附图 3-6 训练得到的神经网络模型保存文件

可直接在 OpenCV 中调用保存的模型，如 10.3.2 小节所示。